普通高等教育机械类课程规划教材

互换性与测量技术

主　编　赵秀荣　鲁昌国
副主编　秦军伟　任金玉
参　编　刘德军　徐昆鹏
主　审　张本华　王晓方

北京理工大学出版社
BEIJING INSTITUTE OF TECHNOLOGY PRESS

内容简介

本书概括了“互换性与测量技术”基础课程的主要内容，分析介绍我国公差与配合方面的最新标准，阐述技术测量的基本原理与方法，主要包括互换性与标准化，几何测量技术基础，尺寸公差与圆柱结合的互换性，几何公差与检测，表面粗糙度与检测，光滑工件尺寸的检测，滚动轴承与孔、轴结合的互换性，圆锥的公差与配合，键与花键的公差与检测，螺纹公差与检测，圆柱齿轮公差与检测共11章，并附有各章习题。

本书可作为高等院校机械专业的教材，也可供其他工科专业及其他行业的工程技术人员学习及使用参考。

图书在版编目（CIP）数据

互换性与测量技术／赵秀荣，鲁昌国主编．—北京：北京理工大学出版社，2018.6（2018.7重印）

ISBN 978-7-5682-5725-1

Ⅰ.①互…　Ⅱ.①赵…②鲁…　Ⅲ.①零部件-高等学校-教材②零部件-测量技术-高等学校-教材　Ⅳ.①TG801

中国版本图书馆CIP数据核字（2018）第117524号

出版发行／北京理工大学出版社有限责任公司
社　　址／北京市海淀区中关村南大街5号
邮　　编／100081
电　　话／（010）68914775（总编室）
（010）82562903（教材售后服务热线）
（010）68948351（其他图书服务热线）
网　　址／http：//www.bitpress.com.cn
经　　销／全国各地新华书店
印　　刷／三河市华骏印务包装有限公司
开　　本／787毫米×1092毫米　1/16
印　　张／15
字　　数／355千字
版　　次／2018年6月第1版　2018年7月第2次印刷
定　　价／42.00元

责任编辑／杜春英
文案编辑／党选丽
责任校对／周瑞红
责任印制／李志强

图书出现印装质量问题，请拨打售后服务热线，本社负责调换

前 言

“互换性与测量技术”是高等院校机械专业、仪器仪表专业及近机类等工科专业学生必修的一门重要的专业技术基础课程。该课程将互换性原理、标准化生产管理、几何量计量标准等科学知识有机结合在一起，涉及机械产品及其零件的设计、制造、维修、质量控制与生产管理等多方面技术问题。本书适用于高校专业基础课程教学，同时也可供科研及生产企业从事产品设计、计量测试、生产检验等工作的工程技术人员使用。

本书概念多、涉及面广，牵涉的国家标准多且标准更新快。本书在参考许多已出版的同类教材的同时，融入了编者多年来教学与科研实践的经验，强调基础，力求概念清楚，突出应用，着重阐述最新国家标准的理解与使用。本书具有以下主要特点：

（1）内容最新。本书是根据国家最新标准编写的，除极少数国家标准目前仍沿用 20 世纪 90 年代的以外，其余全部采用 2000—2015 年的最新国家标准。

（2）理论联系实际。全书结合生产实例对尺寸公差、几何公差、表面精度等内容进行阐述，思路清晰，分析透彻。

（3）适用面广。适用于 20~40 学时的讲授，由于各章内容独立，可根据专业的不同进行选用。

（4）取舍适当。在内容取舍上以基础理论知识必需、够用为度，力求简单、实用，如舍弃了与机械制造工艺重复的“尺寸链”相关章节。

本书主要内容包括：互换性与标准化；测量技术基础；尺寸公差与圆柱结合的互换性；几何公差与检测；表面粗糙度；光滑工件尺寸的检测；滚动轴承与孔轴结合的互换性；圆锥的公差与配合；键与花键的公差与检测；螺纹公差与检测；圆柱齿轮的公差与检测。

本书由沈阳农业大学的赵秀荣担任主编，营口理工学院的鲁昌国担任第二主编，沈阳农业大学的秦军伟、沈阳理工大学的任金玉担任副主编。参编有沈阳农业大学的刘德军、沈阳工学院的徐昆鹏。其中第 1 章、第 2 章、第 5 章由徐昆鹏编写；第 3 章由赵秀荣编写；第 4 章由任金玉编写；第 6 章由刘德军编写；第 7 章、第 10 章、第 11 章由秦军伟编写；第 8 章、第 9 章由鲁昌国编写。本书由沈阳农业大学的张本华教授担任主审，参加审稿的还有沈阳理工大学的王晓方教授。

本书在编写过程中，得到了沈阳理工大学、沈阳农业大学、沈阳工学院、营口理工学院等兄弟院校有关同志的热情支持与帮助，在此一并表示感谢！

由于编者水平有限，书中难免存在缺点与错误，敬请广大读者批评指正。

编 者

Contents

目 录

第 1 章 互换性与标准化 ······ 001

1.1 互换性与公差的含义及作用 ······ 001

1.1.1 互换性的含义 ······ 001

1.1.2 公差的含义 ······ 001

1.1.3 互换性的分类 ······ 002

1.1.4 互换性的作用 ······ 002

1.2 标准化与优先数系 ······ 003

1.2.1 标准化 ······ 003

1.2.2 优先数系和优先数 ······ 006

习题 ······ 008

第 2 章 几何测量技术基础 ······ 009

2.1 概述 ······ 009

2.1.1 技术测量的基本概念 ······ 009

2.1.2 测量过程的四要素 ······ 010

2.1.3 计量基准与量值传递 ······ 011

2.1.4 量块的基本知识 ······ 012

2.2 计量器具和测量方法 ······ 015

2.2.1 计量器具的分类 ······ 015

2.2.2 计量器具的基本度量指标 ······ 016

2.2.3 测量方法 ······ 018

2.3 测量误差及数据处理 ······ 019

2.3.1 测量误差的基本概念 ······ 019

2.3.2 测量误差的来源 ······ 020

2.3.3 测量误差的分类 ······ 022

2.3.4 测量精度的分类 ······ 022

2.4 测量列中各类测量误差的处理 ······ 023

2.4.1 随机误差的处理及评定 ······ 023

2.4.2 测量列中系统误差的处理 ······ 028

2.4.3 测量列中粗大误差的处理 ······ 029

目录 Contents

2.4.4 等精度测量的数据处理 …… 029
习题 …… 033

第3章 尺寸公差与圆柱结合的互换性 …… 034

3.1 基本术语和定义 …… 034
3.1.1 孔与轴 …… 034
3.1.2 有关尺寸的术语和定义 …… 035
3.1.3 有关偏差和公差的术语和定义 …… 036
3.1.4 有关配合的术语和定义 …… 039
3.2 公差与配合的标准化 …… 043
3.2.1 标准公差系列 …… 043
3.2.2 基本偏差系列 …… 047
3.3 公差带与配合的标准化 …… 057
3.3.1 常用尺寸段的极限与配合 …… 057
3.3.2 大尺寸段的公差与配合 …… 060
3.4 极限与配合的选择 …… 061
3.4.1 基准制的选择 …… 061
3.4.2 标准公差等级的选择 …… 063
3.4.3 配合的选择 …… 065
3.5 线性尺寸的一般公差 …… 070
3.5.1 线性尺寸一般公差的定义 …… 070
3.5.2 线性尺寸一般公差的作用 …… 070
3.5.3 线性尺寸一般公差的极限偏差 …… 071
习题 …… 071

第4章 几何公差与检测 …… 073

4.1 几何要素及几何公差概念 …… 073
4.1.1 几何要素及其分类 …… 073
4.1.2 几何公差的特征项目、符号及公差带 …… 075
4.1.3 最小包容区域、理论正确尺寸与基准 …… 077

Contents　目录

4.2 几何公差的标注 …… 080
4.2.1 公差框格与基准符号 …… 080
4.2.2 被测要素和基准要素的标注方法 …… 082
4.3 几何公差及其公差带 …… 083
4.3.1 形状公差及公差带 …… 083
4.3.2 方向公差及公差带 …… 086
4.3.3 位置公差及其公差带 …… 093
4.3.4 跳动公差及公差带 …… 096
4.4 公差原则与公差要求 …… 099
4.4.1 相关术语及其意义 …… 099
4.4.2 公差原则 …… 103
4.5 几何公差的选择 …… 113
4.5.1 几何公差特征项目的选择 …… 113
4.5.2 公差原则和公差要求的选择 …… 113
4.5.3 几何公差值（或公差等级）的选择 …… 114
4.5.4 几何公差未注公差值的规定 …… 117
4.6 几何误差的评定与检测原则 …… 119
4.6.1 几何误差的评定 …… 119
4.6.2 几何误差的检测原则 …… 122
习题 …… 124

第5章 表面粗糙度与检测 …… 127

5.1 基本概念及其对零件使用性能的影响 …… 127
5.1.1 基本概念 …… 127
5.1.2 表面粗糙度对零件性能的影响 …… 128
5.1.3 表面粗糙度的基本术语和定义 …… 128
5.1.4 表面粗糙度的评定参数及数值 …… 131
5.2 表面粗糙度的选择及标注 …… 134
5.2.1 表面粗糙度参数值的选择 …… 134
5.2.2 表面粗糙度的符号、代号及其标注 …… 136

目 录

Contents

5.3 表面粗糙度的测量 …… 142
5.3.1 表面粗糙度常用的检测方法 …… 142
5.3.2 电感式轮廓仪的工作原理 …… 142
习题 …… 143

第6章 光滑工件尺寸的检测 …… 145

6.1 通用计量器具 …… 145
6.1.1 孔、轴实际尺寸的验收极限 …… 145
6.1.2 计量器具的选择 …… 147
6.2 光滑极限量规 …… 150
6.2.1 光滑极限量规的功用和种类 …… 150
6.2.2 量规的设计 …… 151
习题 …… 156

第7章 滚动轴承与孔、轴结合的互换性 …… 157

7.1 滚动轴承的组成、分类及公差特点 …… 157
7.1.1 滚动轴承的组成和分类 …… 157
7.1.2 滚动轴承的公差等级及应用 …… 158
7.1.3 滚动轴承的内、外径公差带 …… 159
7.2 滚动轴承配合件的公差及选用 …… 160
7.2.1 轴颈和外壳孔公差带的种类 …… 160
7.2.2 滚动轴承配合的选择 …… 161
7.2.3 轴颈和外壳孔的几何公差与表面粗糙度 …… 164
7.2.4 滚动轴承配合选择示例 …… 165
习题 …… 166

第8章 圆锥的公差与配合 …… 167

8.1 概述 …… 167
8.1.1 圆锥结合的特点 …… 167
8.1.2 圆锥配合的种类 …… 167

Contents　目录

8.2 圆锥结合的主要参数 …… 168
8.2.1 圆锥的主要几何参数 …… 168
8.2.2 圆锥公差的相关术语及定义 …… 169
8.3 圆锥公差与配合 …… 170
8.3.1 锥度与圆锥角系列 …… 170
8.3.2 圆锥公差标准 …… 171
8.3.3 圆锥配合标准 …… 172
8.3.4 圆锥尺寸及公差标注 …… 174
习题…… 176

第 9 章 键与花键的公差与检测 …… 177

9.1 单键结合的互换性 …… 177
9.1.1 单键连接的结构和主要几何参数 …… 177
9.1.2 单键连接的配合、技术要求与检测 …… 178
9.2 矩形花键结合的互换性 …… 180
9.2.1 矩形花键连接的尺寸系列、几何参数及定心方式 …… 180
9.2.2 矩形花键连接的配合及其选用 …… 181
9.2.3 矩形花键连接的技术要求、标注与检测 …… 182
习题…… 185

第 10 章 螺纹公差与检测 …… 186

10.1 螺纹的种类及几何参数偏差对互换性的影响…… 186
10.1.1 螺纹的种类、基本牙型及其主要几何参数…… 186
10.1.2 螺纹几何参数偏差对互换性的影响…… 190
10.1.3 螺纹作用中径…… 192
10.2 普通螺纹的公差配合与检测…… 193
10.2.1 普通螺纹的公差配合与标注…… 193
10.2.2 普通螺纹的检测…… 198
10.3 梯形丝杠副与滚珠丝杠副的公差…… 199
10.3.1 梯形丝杠副的公差…… 199

目 录

Contents

10.3.2 滚珠丝杠副的公差 …… 201
习题 …… 201

第 11 章 圆柱齿轮公差与检测 …… 202

11.1 齿轮的使用要求及加工误差 …… 202
11.1.1 齿轮的类型和使用要求 …… 202
11.1.2 齿轮的加工方法、误差来源和分类 …… 204
11.2 单个齿轮的评定参数及其检测 …… 206
11.2.1 影响齿轮传动平稳性的误差及检测 …… 206
11.2.2 影响传递运动准确性的因素及检测参数 …… 209
11.2.3 影响齿轮载荷分布均匀性的误差及检测 …… 212
11.2.4 影响齿轮副侧隙的因素及检测 …… 213
11.3 齿轮副的评定指标与检测 …… 216
11.3.1 轴线平行度偏差及检测 …… 216
11.3.2 接触斑点及检测 …… 217
11.3.3 齿轮副侧隙及检验 …… 217
11.3.4 中心距极限偏差 …… 218
11.3.5 齿轮副切向综合误差 …… 219
11.4 渐开线圆柱齿轮精度标准 …… 219
11.4.1 齿轮的精度等级与检测 …… 219
11.4.2 齿轮副侧隙的选择及计算 …… 221
11.4.3 齿轮精度和表面粗糙度选择与齿轮精度标注 …… 223
习题 …… 225

参考文献 …… 227

第 1 章　互换性与标准化

1.1　互换性与公差的含义及作用

1.1.1　互换性的含义

在现代制造业生产中，经常要求产品的零部件具有互换性。互换性在日常生活中随处可见。例如，灯泡坏了可以换新的，汽车、拖拉机的零件坏了也可以换新的。这是因为合格的产品和零部件具有在材料性能、几何尺寸、使用功能上彼此互换的属性。

从广义上来说，互换性是指一种产品、过程或服务代替另一种产品、过程或服务，且能满足同样要求的能力。从狭义上来说，对于机械行业，互换性通常是指同一规格的一批零部件，按照规定的技术要求制造或装配，彼此能够相互替代使用，而且具有效果相同的性能。

互换性是许多工业部门在产品设计和制造中应遵循的重要原则。它不仅涉及产品制造中零部件的可装配性，还涉及机械设计、生产及使用的重大技术和经济问题。

1.1.2　公差的含义

零件在加工过程中，由于各种因素（机床、刀具、温度等）的影响，零件的尺寸、形状及表面粗糙度等几何量难以达到理想状态，总是存在或大或小的误差。从零件的使用功能看，不必要求零件的几何量制造得绝对准确，只要零件几何量在某一规定的范围内变动，即可满足要求。人们把这个允许几何量变动的范围称为“几何量公差”，简称“公差”。

为保证零件的互换性，就要用公差来控制零件的加工误差。由于零件在加工过程中不可避免地会产生误差，因此要使零件具有互换性，就必须把完工的零件的误差控制在规定的公差范围内。设计者的任务就是正确地确定公差，并把它在图样上明确地表示出来。在满足功能要求的前提下，公差值应尽量规定得大些，这样才能获得最佳的经济效益。

1.1.3 互换性的分类

从广义上讲，零部件的互换性应包括几何量、力学性能和物理化学性能等方面。本课程仅研究零部件几何量的互换性，即机械零件的尺寸、形状、方向、位置、表面精度等方面的公差与检测问题。

1）按照生产中不同场合对互换的形式和程度的不同要求，互换性分为完全互换性和不完全互换性两类。

完全互换性简称“互换性”，是指零部件在更换或装配时，无须任何的挑选和辅助加工步骤，任取其一装到机器上，即能满足规定要求。设计时，对于易耗件、通用件、标准件以及批量生产、外协生产的产品应遵循完全互换原则。例如，汽车、拖拉机的变速箱零件，齿轮，轴承，螺钉，螺母等。

不完全互换性也称“有限互换性”，是指零部件装配时允许有附加条件的选择或调整，可以用分组装配法、调整法或其他方法来实现。对加工后的零件，通过测量，按照其实际尺寸的大小划分成若干组，使某组内零件之间实际尺寸的差别变小，然后再按对应组进行装配或更换。但是组与组之间的零件不能互换。比如，汽车、拖拉机发动机上的缸套、活塞。

当零部件结构复杂、装配要求高时，须经过综合评定其技术经济指标（如产品精度、生产规模、设备条件、技术水平）后，再决定采用完全互换还是不完全互换。

2）对于标准部件或机构来讲，互换性又可分为内互换和外互换。内互换是指部件或机构内部组成零件之间的互换性；外互换是指标准部件或机构与其相配件间的互换性。例如，滚动轴承内圈、外圈滚道直径与滚动体（滚珠或滚柱）直径间的配合为内互换；滚动轴承内圈内径与传动轴的配合、滚动轴承外圈外径与机座孔的配合为外互换。

1.1.4 互换性的作用

1. 设计方面

由于采用具有互换性的零部件，采用标准件，使许多零部件不必重新设计，从而可以简化绘图和计算过程，缩短设计周期，有利于计算机辅助设计，对发展系列产品和促进产品结构、性能的改善，都有很大的作用。

2. 制造方面

互换性有利于组织专业化生产、采用先进工艺和高效专用设备；互换性有利于采用成组技术、计算机辅助制造、柔性制造系统等现代制造技术；互换性有利于实现加工过程自动化、柔性自动化、集成化和智能化，从而提高劳动生产率、提高产品质量、降低生产成本。

3. 使用和维修方面

由于零件具有互换性，损坏后可以快速地用其他同型号的零件来代替，从而使机器维修方便，保证机器工作的连续性和持久性，延长机器的使用寿命，提高使用价值。

总之，在生产中实施互换性，对提高产品质量及产品可靠性、提高经济效益等方面均具有重大意义，所以使零部件具有互换性是机械制造中重要的原则和有效的技术措施，对促进我国的现代化工业生产起着积极的作用。

1.2 标准化与优先数系

1.2.1 标准化

现代工业社会化生产的特点是规模大、分工细、协作单位多。要实现互换性生产，必须有一种手段，能使分散的、局部的生产部门和生产环节保持必要的统一，成为一个有机的整体。标准与标准化正是保证这种生产的主要途径和手段。

标准化是组织现代化生产的重要手段之一，是实现专业化协作生产的必要前提，是科学管理的重要组成部分。标准化是制定标准和贯彻标准的全过程，是互换性生产的基础。

1. 标准

GB/T 20000. 1—2014 对标准的定义："为在一定范围内获得最佳秩序，对活动或其结果规定共同的和重复使用的规则、导则或特性文件。"标准对于改进产品质量、缩短设计周期、开发新产品和协作配套、提高社会经济效益等方面具有重要意义。

2. 标准化

GB/T 20000. 1—2014 对标准化的定义："为在一定的范围内获得最佳秩序，对实际的或潜在的问题制定共同的和重复使用的规则的活动。"标准化不是一个孤立的概念，而是一个活动过程，这个过程包括制定、贯彻、修订标准，循环往复，不断提高。制定、修订、贯彻标准是标准化活动的主要任务；而在标准化的全部活动中，贯彻标准是核心环节。

3. 标准分类

(1) 按标准的作用范围分类

按标准的作用范围分类，标准分为国际标准、国家标准、区域标准、行业标准、地方标准和企业标准。

1）国际标准用符号"ISO"（"国际标准化组织"的英文缩写）表示。国家标准用符号"GB"（汉语拼音首字母）表示。

2）区域标准又称为地区标准，用符号"DB"表示。泛用指世界某一区域标准化团体所通过的标准。

3）行业标准就是对没有国家标准，而又需要在全国某行业范围内统一的技术要求。但有了相应国家标准后，该行业标准即行废止。

4）地方标准是指没有国家标准和行业标准，但又需要在省、自治区、直辖市范围内统一的产品安全、卫生等要求。但在公布相应的国家标准或行业标准后，该地方标准即行废止。

5）企业标准就是对企业生产的产品，在没有国家标准和行业标准的情况下，制定作为组织生产的依据。对于已有国家标准或行业标准的，企业也可以制定严于国家标准或行业标准的企业标准，供企业内部使用。

（2）按标准的性质分类

按标准的性质分类，标准分为技术标准、管理标准和工作标准。

1）技术标准是指根据生产技术活动的经验和总结，作为技术上共同遵守的法则而制定的标准。

2）管理标准是指对标准化领域中需要协调统一的管理事项所制定的标准。管理标准按其对象可分为技术管理标准、生产组织标准、经济管理标准、行政管理标准等。

3）工作标准是指对工作的内容、方法、程序和质量要求所制定的标准。工作标准的内容包括各岗位的职责和任务、每项任务的数量、质量要求及完成期限，完成各项任务的程序和方法，与相关岗位的协调、信息传递方式，工作人员的考核与奖罚方法等。

（3）按标准化对象的特征分类

按标准化对象的特征分类，标准分为基础标准，产品标准，方法标准和安全、卫生与环境保护标准等。

这里只介绍基础标准。

基础标准是制定其他标准时可依据的标准，是指在一定范围内作为标准的基础并普遍使用，具有广泛指导意义的标准，如极限与配合标准、几何公差标准等。本书所涉及的标准就是基础标准。

（4）按标准的法律属性分类

按标准的法律属性分类，标准分为强制性标准和推荐性标准。

国家标准中必须执行的标准（强制性标准）记为 GB，推荐执行的标准（推荐性标准）记为 GB/T。

4. 标准化的发展历程

标准化在人类能制造工具的时代就已出现，不过远古时代的标准化只是萌芽的形式。近现代标准化的发展则是社会生产及文明进步的重要特征。所以，国际标准化的真正发展可分为三个阶段，即工业化时期近代标准化的起步、第二次世界大战后标准化的迅猛发展、新世纪标准向国际化的快速迈进。

（1）工业化时期近代标准化的起步阶段

近代工业标准化开始于 18 世纪末，首先在英国出现的纺织工业革命标志着工业化时代的开始。大机器工业生产方式促使标准化发展成为有明确目标和有系统组织的社会性活动。1798 年，美国的艾利·惠特尼发明了工序生产方法，并设计了专用机床和工装用以保证加工零件的精度，首创了生产分工专业化、产品零件标准化的生产方式，惠特尼因此被誉为“标准化之父”。1841 年，英国人 J·B·惠特沃思设计了被称为“惠氏螺纹”的统一制式螺纹，因其具有明显的优越性，很快被英国和欧洲采用。其后，美国、英国和加拿大协商将惠氏螺纹和美国螺纹合并成统一的英制螺纹。1902 年，英国纽瓦尔公司出版了纽瓦尔标准——“极限表”，这是最早出现的公差制。1906 年，英国颁布了国家公差标准。此后，螺纹、各种零件和材料等也先后实现了标准化，成百倍地提高了劳动生产率。1911 年，美国的泰勒发表了《科学管理原理》，把标准化的方法应用于制定“标准作业方法”和“标准时间”，开创了科学管理的新时代，通过管理途径标准化进一步提高了生产率。在一系列标准化和科学管理成就的基础上，美国福特汽车公司在 1914—1920 年，打破了按机群方式组织车间的传统做法，创造了汽车制造的连续生产流水线，采用建立在标准化基础上的流水作业法，把生产过程中的时间和空间组织统一起来，促进了大规模流水生产线的发展，极大地提高了生产效率。随着各种行业分工的发展、机器大工业化的进程深入，各种学术团体、行业协会等组织纷纷成立。1901年诞生了世界上第一个国家标准化机构——英国工程标准委员会。之后，在不长的时间内，先后有25个国家成立了国家标准化组织。

这个时期的标准化的发展是与当时的外部环境密切相连的。工业革命的发展、竞争的加剧，使各产业部门都在迫切寻求提高生产率的途径，标准的制定无疑在一定程度上成为提高生产效率和劳动生产力水平的法宝，为工厂缓解了无序竞争带来的压力。此外，工业化的初期，市场狭小和当时的工业标准只是对当地用户和有关工厂生产能力的反映，使用范围有限。后来，运输业的发展，导致了市场和交换范围的扩大。由于不同地区生产的同一用途的材料和零件互不统一，迫切需要在更大范围内开展标准化。

（2）第二次世界大战后标准化的迅猛发展阶段

第二次世界大战期间，由于军需品的互换性很差，规格不统一，致使盟军的供给异常紧张，许多备件要从美国运往欧洲战场，造成了极大的损失。为此，军需部门再度强调标准化。在第二次世界大战期间，美国声学协会制定了军用标准制定程序，并制定了一批军工新标准，修订了老标准，促进了军事工业的发展。

1946年，英国、中国、美国、法国等25个国家的国家标准化机构在伦敦成立了国际标准化组织（ISO）。1961年，欧洲标准化委员会（CEN）在法国巴黎成立。1976年，欧洲电工标准化委员会（CENELEC）在比利时布鲁塞尔成立。这个时期各个国家基本都处于战后恢复重建的过程中，经济恢复发展是首要目标。在这个过程中，各个国家已经认识到标准对于经济发展的重要影响，因此纷纷加大对标准化的投入力度，致使标准在这一时期迅速发展。

（3）新世纪标准向国际化的快速迈进阶段

国际经济贸易交流的开始也就意味着标准的国际化开始。进入新世纪之后，标准的国际化得到了迅速发展，其主要原因有迅速兴起的世界范围的新技术革命和以“WTO”为标志的经济全球化。一方面，信息技术的迅速发展除拓宽了标准制定的领域，也加大了各国标准之间的联系，并且缩短了标准制定的时间，推动了标准化的发展；另一方面，各国贸易交往频繁，经济一体化发展的趋势不可避免，国际贸易的扩大、跨国公司的发展、地区经济的一体化，都直接影响着世界各国的标准化。伴随着信息新技术革命以及经济全球化的发展，各国都在积极地参与国际标准化活动，采用国际标准成为普遍的现象。这种标准的国际性，不仅是国际经济贸易交往的必然要求，也是减少或消除贸易壁垒、促进国际经济发展的必要条件。WTO/TBT协定于1994年在“乌拉圭回合”中签署，成为WTO最重要的协定之一。

这一时期标准化的特点是系统性、国际性以及目标和手段的现代化。标准化的发展离不开信息技术的发展，离不开全球经济贸易的交流，并且在一定程度上标准化反过来促进了信息技术与经济贸易的发展。经济的发展与信息科学技术的发展是这个阶段标准化发展的主要推动力。

我国的标准化工作主要是在中华人民共和国成立以后逐步发展起来的，从1958年发布的第一批120个国家标准起，至今已制定了2万多个国家标准。我国现在正以国际标准为基础制定许多新的国家标准，逐渐向ISO靠拢。我国在1978年恢复为ISO成员国，1982年、1985年两届当选为ISO理事国，已经开始承担ISO技术委员会秘书处工作和国际标准的起草工作。从1979年开始，我国制定并发布了以国际标准为基础制定的新的公差标准。从1992年开始，我国又发布了以国际标准为基础而进行修订的GB/T类新公差标准。1988年全国人大常委会通过并由国家主席发布了《中华人民共和国标准化法》。我国公差标准化的水平为我们国家的现代化发展及国家经济的发展做出了重要贡献，并起着日趋重要的作用。

1.2.2 优先数系和优先数

为保证互换性，必须合理地确定零件公差。在生产中，当选定一个数值作为某种产品的参数指标后，这个数值就会按照一定规律影响与制约相关的几何尺寸，这就是数值的传播规律。如螺栓直径确定后，不仅会传播到螺母内径上，也会传播到螺纹的加工刀具和检测量具及装配工具上。

技术参数值之间即使只有很小的差别，经过多次传播后，也会造成尺寸规格的繁多杂乱，如果随意取值，就会给组织生产、协作配套和设备维修带来很大不便。因此，生产中，为了满足用户的不同需求，同一种产品的同一参数就要从大到小取不同值，从而形成不同规格的产品系列。优先数系和优先数正是对技术参数进行简化和统一的数值制度，也是公差数值标准化的理论基础。

1. 优先数系及其公比

优先数系和优先数就是对各种技术参数的数值进行协调、简化和统一的一种科学的数值标准。GB/T 321—2005《优先数和优先数系》规定，采用十进制等比数列作为优先系列，分别用系列符号R5、R10、R20、R40、R80表示，称为“R*r*系列”。其中，R5、R10、R20、R40称为“基本系列”，R80称为“补充系列”。

优先数系是19世纪末（1877年），由法国人查尔斯·雷诺（Charles Renard）首先提出的。当时载人升空的气球所使用的绳索尺寸由设计者随意规定，多达425种。

（1）基本系列（见表1-1）和补充系列

表1-1 优先数系的基本系列（常用值）（摘自GB/T 321—2005）

基本系列	1~10的常用值										
R5	1.00		1.60		2.50		4.00		6.30		10.00
R10	1.00	1.25	1.60	2.00	2.50	3.15	4.00	5.00	6.30	8.00	10.00
R20	1.00	1.12	1.25	1.40	1.60	1.80	2.00	2.24	2.50	2.80	
	3.15	3.55	4.00	4.50	5.00	5.60	6.30	7.10	8.00	9.00	10.00
R40	1.00	1.06	1.12	1.18	1.25	1.32	1.40	1.50	1.60	1.70	1.80
	1.90	2.00	2.12	2.24	2.36	2.50	2.65	2.80	3.00	3.15	3.35
	3.55	3.75	4.00	4.25	4.50	4.75	5.00	5.30	5.60	6.00	6.30
	6.70	7.10	7.50	8.00	8.50	9.00	9.50	10.00			

优先数系的公比为$q_r=\sqrt[r]{10}$，并规定了五个系列（r=5、10、20、40、80）。

基本系列和补充系列具有如下规律：

1）延伸性。移动小数点位置，可将数列向两侧无限制延伸，即数列中的优先数值每隔 r 项增加 10 倍或减小 1/10。

2）包容性与插入性。包容性是指 R5、R10、R20、R40 数列分别包容在 R10、R20、R40、R80 数列中。插入性是指 R10、R20、R40、R80 数列分别是由 R5、R10、R20、R40 数列中相邻两项之间插入一项形成的。

3）相对差比值不变性。相对差比值不变性是指在同一优先数列中，相邻两项的后项减前项与前项的比值不变。这样有利于产品的分级、分档。

优先数系的五个系列的公比都是无理数，在工程技术上不能直接应用，而实际应用的是理论公比经过化整后的近似值，各系列的公比如下：

R5 数系的公比：$q_5=\sqrt[5]{10}\approx 1.589\,4\approx 1.60$

R10 数系的公比：$q_{10}=\sqrt[10]{10}\approx 1.258\,9\approx 1.25$

R20 数系的公比：$q_{20}=\sqrt[20]{10}\approx 1.122\,0\approx 1.12$

R40 数系的公比：$q_{40}=\sqrt[40]{10}\approx 1.059\,3\approx 1.06$

R80 数系的公比：$q_{80}=\sqrt[80]{10}\approx 1.029\,1\approx 1.03$

R5、R10、R20 和 R40 四个系列，是优先数系中的常用系列，称为“基本系列”。该系列各项的数值见表 1-1。

（2）派生系列

为了使优先数系有更大的适应性，可以从 Rr 数列中，每逢 p 项取一个优先数组成新的数列，称为“派生数列”，记为“Rr/p”。派生数列首项取值不同，所得的派生数列也不同。比方，R10/3 是在 R10 系列中每逢三项取一个优先数而形成的，例如：

1.00，2.00，4.00，8.00，16.0，32.0，64.0

（3）基本系列的选用原则

在选用基本系列时，应遵循先疏后密的原则，即应按照 R5、R10、R20、R40 的顺序选取，以免规格过多。当基本系列不能满足分级要求时，可选用补充系列或派生系列。

2. 优先数

优先数系的五个系列（R5、R10、R20、R40 和 R80）中的任一个项值均称为“优先数”，根据其取值的精确程度，数值可分为以下几类。

（1）优先数的理论值

理论值即理论等比数列的项值，如 R5 理论等比数列的项值有 $\sqrt[5]{10}$、$(\sqrt[5]{10})^2$、$(\sqrt[5]{10})^3$、$(\sqrt[5]{10})^4$、10 等。

理论值一般是无理数，不便于进行实际应用。

（2）优先数的计算值

计算值是对理论值取五位有效数字的近似值，同理论值相比，其相对误差小于 1/20 000，供精确计算用。例如，1.60 的计算值为 1.584 9。

（3）优先数的常用值

优先数的常用值即通常所称的优先数，取三位有效数字进行圆整后规定的数值，是经常使用的，见表 1-1。

(4) 优先数的化整值

化整值是对基本系列中的常用数值做进一步圆整后所得的值，应遵循 GB/T 19764—2005—T（ISO 497：1973，IDT)《优先数和优先数化整值系列的选用指南》的规定。

3. 优先数系的应用

优先数系的应用很广泛，适用于各种尺寸、参数的系列化和质量指标的分级，对保证工业产品的品种、规格、系列的合理化分档和协调配套具有十分重要的意义。

(1) 机械设计中应尽可能采用优先数系

优先数系不仅应用于标准的制定，且在技术改造设计、工艺、实验、老产品整顿简化等诸多方面都应加以推广，尤其在新产品设计中，要遵循优先数系。

(2) 按重要性程度采用优先数系

对于基本参数、重要参数及在数值传播上最原始或涉及面最广的参数，应尽可能采用优先数。对其他各种参数，除由于运算上的原因或其他特殊原因不能为优先数（例如两个优先数的和或差不再为优先数）以外，原则上都宜采用优先数。

(3) 按一定要求选用优先数系

对自变量参数尽可能选用单一的基本系列，在选用基本系列时，应遵循先疏后密的原则，即按 R5、R10、R20、R40 的顺序选用。当基本系列不能满足要求时，可选择补充系列 R80 或派生系列。选择派生系列时，注意应优先采用公比较大和延伸项含有 1 值的派生系列。根据经济性和需要量等不同条件，还可分段选用最合适的系列，以复合系列的形式来组成最佳系列。

习题

1. 什么是互换性？互换性的作用有哪些？
2. 互换性分哪几类？各应用于何种场合？
3. 什么是标准及标准化？二者的区别是什么？
4. 什么叫优先数系和优先数？
5. 写出下列派生系列：R5/3、R10/2、R20/3。

第 2 章　几何测量技术基础

2.1　概　　述

测量技术是互换性得以实现的必要保障。著名科学家门捷列夫说："没有测量，就没有科学。"1982 年，国际计量技术联合会（IMEKO）第 8 届大会提出"为科学技术的发展而测量"的主题，深刻地阐明了测量的作用及发展方向。测量是进行科学实验的基本手段，也是很多行业如机械制造、农业生产、医药卫生、国内外贸易、人民生活等方面不可或缺的技术保障。在机械制造业，只有通过测量才能得知零件的几何精度是否达到设计和使用要求，才能做出零件是否合格的评价。所以，机械制造业的发展离不开测量技术的发展，测量技术的发展促进了现代制造技术的发展。

在"设计、制造、检测"三大环节中，测量占有极其重要的地位。有关检测方面的国家标准有 GB/T 3177—2009《产品几何技术规范（GPS）光滑工件尺寸的检验》、GB/T 1957—2006《光滑极限量规 技术条件》、GB/T 10920—2008《螺纹量规和光滑极限量规 型式与尺寸》、GB/T 6093—2001《几何量技术规范（GPS）长度标准 量块》、JJG 146—2011《量块》、JJF 1001—2011《通用计量术语及定义》等。

任何一个测量过程都必须有明确的被测对象和确定的计量单位，还要有与被测对象相适应的测量方法，而且测量结果还要达到所要求的测量精度。

2.1.1　技术测量的基本概念

机械制造业中所说的技术测量主要是指几何参数的测量，包括长度、角度、表面粗糙度和几何误差等。

一件制造完成后的产品是否满足设计的几何精度要求，通常有以下几种判断方式。

1. 测量

测量是通过实验获得并可合理赋予某量一个或多个量值的过程，也就是将被测量与具有计量单位的标准量在数值上进行比较，从而确定二者比值的实验认知过程。若被测几何量为 L，所采用的计量单位为 u，则它们的比值 q 为：

$$q=\frac{L}{u} \tag{2-1}$$

被测几何量的数值 L 为测量所得的数值 q 与计量单位 u 的乘积，即：

$$L=q\times u \tag{2-2}$$

式（2-2）表明，任何几何量的量值都由两部分组成，即表征几何量的数值和该几何量的计量单位，例如，10.34 m或1 034 mm。

显然，要进行测量，就必须明确被测对象和确定计量单位，采用合适的测量方法，获得测量结果。

2. 测试

测试是指具有试验研究性质的测量，也可理解为试验和测量的全过程。

3. 检验

检验主要是判断被测物理量（参数）是否合格（在极限范围内）的过程。通常不能测出被测对象的具体数值，例如，用光滑极限量规检验孔和轴，用螺纹量规检验螺纹工件。

4. 计量

计量是实现测量单位统一和量值准确可靠的活动。测量有时也称计量。

2.1.2 测量过程的四要素

任何测量过程都包含被测对象（或被测量）、计量单位、测量方法和测量误差四个要素。

1. 被测对象

被测对象就是拟测量的对象。在机械制造中，测量对象主要是几何量，包括长度、角度、表面粗糙度轮廓、形状和位置等误差以及螺纹、齿轮的几何参数等。作为被测对象的特定量称为“被测量”。例如，给定的水样品在20 ℃时的蒸汽压力。

2. 计量单位

计量单位是定量表示同种量的大小而约定的定义和采用的特定量。计量单位是涉及长度基准的确定、建立、保存、传递和使用，以保证量值准确和统一。我国的计量单位一律采用《中华人民共和国法定计量单位》。几何量中长度的基本单位为米（m），几何量中平面角的角度单位为弧度（rad），立体角为球面度（sr）。在机械制造中，常用的长度计量单位是毫米（mm）。在几何量精密测量中，常用的计量单位是微米（μm）。

3. 测量方法

测量方法是指对测量过程中使用的操作所给出的逻辑性安排的一般性描述。测量方法可用不同方式表述，如替代测量法、微差测量法、零位测量法、直接测量法和间接测量法等。根据被测对象的特点，如精度、大小、轻重、材质和数量等来确定测量方法，从而确定所用的计量器具，分析研究被测参数的特点和与其他参数的关系，确定最合适的测量条件（如环境、温度）。

4. 测量误差

测量误差（简称误差）是指用测得的量值减去参考量值，即用测量结果减去被测量的真值。由于真值不能确定，实际上用的是约定真值。约定真值常常用某量的多次测量结果来确定，具体可参见本章2、3节。测量误差大，说明测量精度低，所以，误差和精度是两个相对的概念。

2.1.3　计量基准与量值传递

在生产和科学实验中测量需要标准量，而标准量所体现的量值需要由基准提供。因此，为了保证测量的准确性，就必须建立统一、可靠的计量单位基准。

1. 计量基准

计量基准是指为了定义、实现、保存和复现计量单位的一个或多个量值，用作参考的实物量具、测量仪器、参考物质和测量系统。在几何量计量领域内，测量基准可分为长度基准和角度基准两类。

2. 长度基准与量值传递

米是国际上通用的长度计量单位，即 1 m 是光在真空中，在 1/299 792 458 s 时间间隔内的行程长度。为了保证长度测量的精度，还需要建立准确的量值传递系统。鉴于激光稳频技术的发展，用激光波长作为长度基准具有很好的稳定性和复现性。我国采用 0. 633 μm 氦氖激光辐射作为波长标准来复现“米”。

在实际应用中，不能直接使用光波作为长度基准进行测量，而是采用各种测量器具进行测量。为保证量值统一，必须把长度基准的量值准确地传递到生产中应用的计量器具和被测工件上。

图 2-1 所示为国家标准所规定的长度量值的传递系统，通过线纹尺和量块这两个主要

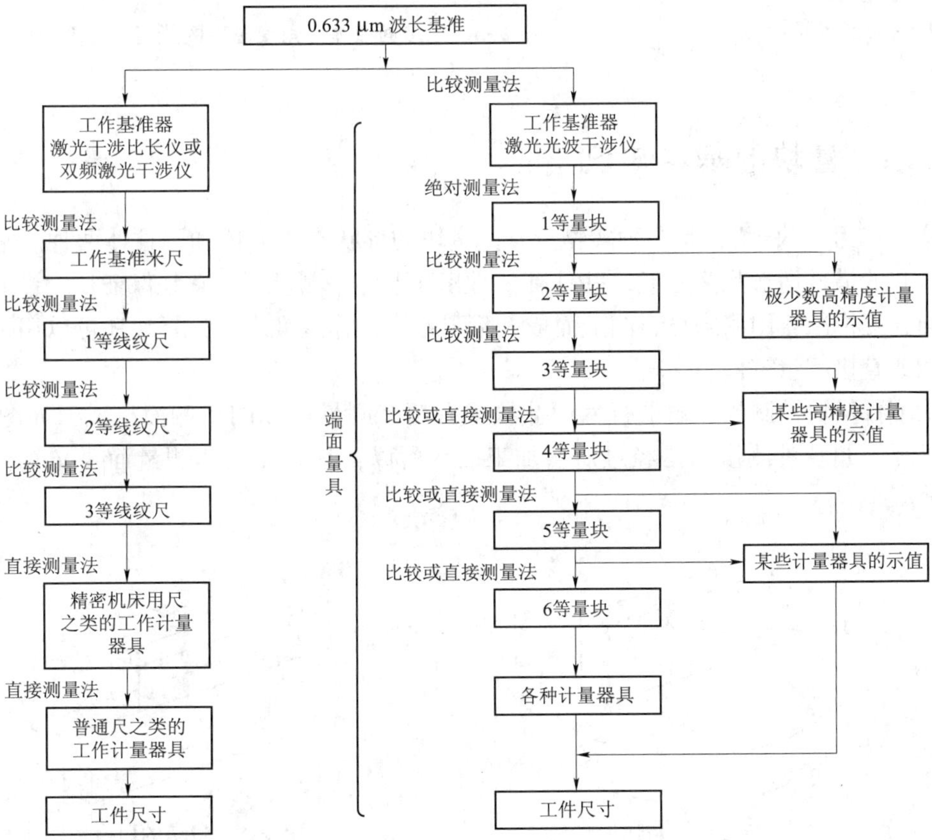

图 2-1　长度基准的量值传递系统

媒介将国家基准波长向下传递，由于传递的媒介不同，精度要求也不同，实际应用中可根据具体的要求选择不同精度的测量基准。例如，生产中常用的游标卡尺的制造是以 3 等线纹尺为基准的，而立式光学计是以量块为测量基准的。

3. 角度基准与量值传递

角度也是机械制造中重要的几何参数。常用角度单位（度）是由圆周角 360°来定义的，而弧度与度、分、秒又有确定的换算关系，因此角度度量与长度度量不同，进行角度度量不需要再建立一个自然基准。但在实际应用中，为了测量方便，角度基准的实物基准常采用由特殊合金钢或石英玻璃制成的多面棱体，并建立了角度量值的传递系统。

多面棱体的工作面数有 4、6、8、12、24、36、72 等几种。图 2-2 所示的多面棱体为正八面棱体，它所有相邻两工作面法线间的夹角均为 45°，因此用它作为角度基准可以测量任意 $n\times45°$的角度（n 为正整数）。图 2-3 所示为以多面棱体为角度基准的量值传递系统。

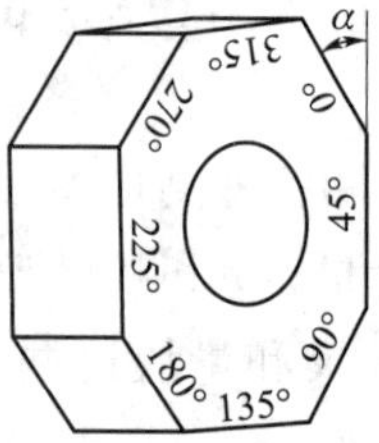

图 2-2　正八面棱体

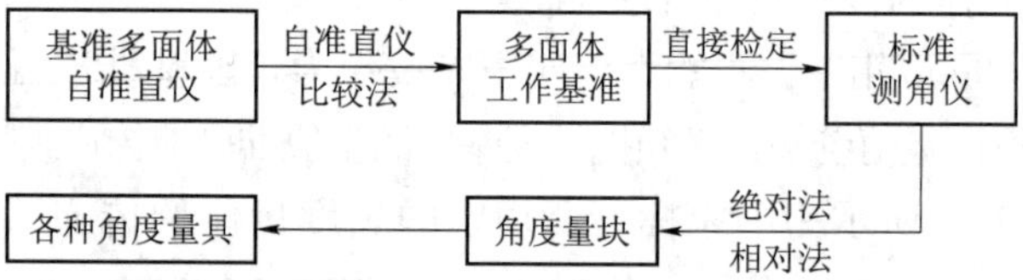

图 2-3　以多面棱体为角度基准的量值传递系统

2.1.4　量块的基本知识

量块也称为“块规”，是一种实物量具。量块的形状有长方体和圆柱体两种。常用的是长方体，它的横截面形状为矩形，并具有一对相互平行的测量面。它是保证长度量值统一的一种端面长度标准，用耐磨材料制造而成。除了作为工作基准之外，量块还可以用来调整仪器、机床或直接测量零件。

绝大多数量块被制成直角平行六面体，即有两个测量面和四个侧面构成，如图 2-4 和图 2-5 所示。量块的测量面是经过研磨加工的，所以，其表面较非测量面要光滑得多，很容易区分开来。

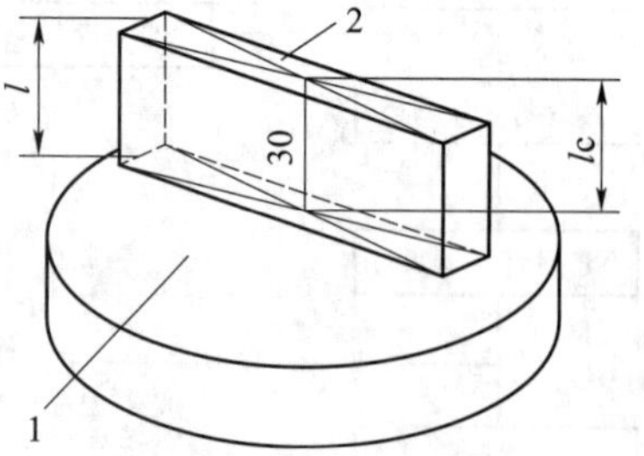

图 2-4　量块

1—辅助体平面；2—量块

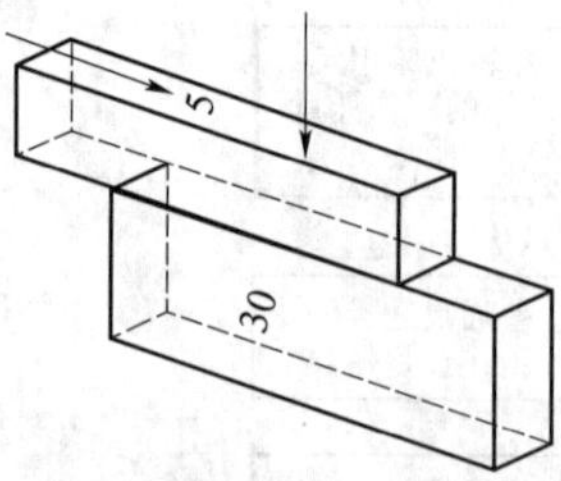

图 2-5　量块的研合

量块的长度是指测量面上任意点到与其相对的另一测量面相研合的辅助体表面之间的垂直距离，用符号“l”表示，辅助体的材料表面质量应与量块相同，如图 2-4 中所示。

量块的中心长度是指量块未研合测量面中心点的量块长度，用符号“lc”表示，见图 2-4。

量块长度的标称值是指标记在量块上，用以表明其与主单位（mm）之间关系的量值，也称为量块长度的示值或量块的标称长度，用符号“ln”表示，如图 2-5 所示中的数值 5 和 30。

当量块的标称长度不大于 5.5 mm 时，代表标称长度的数码刻在上测量面上，与其相背的为下测量面，参见图 2-5 中 5 mm 的量块。当量块的标称长度大于 5.5 mm 时，代表标称长度的数码刻在面积较大的一个侧面（非测量面）上，参见图 2-5 中 30 mm 的量块。

根据 JJG 146—2011《量块》标准规定，量块按制造精度分为 5 级，即 0、1、2、3 级和 K 级，其中 K 级为校准级，0 级的精度最高，3 级的精度最低。“级”主要是根据量块长度的极限偏差 t_e、长度变动量最大允许值 t_v来划分的，具体数值参见表 2-1。

表 2-1　各级量块精度指标的最大允许值（摘自 JJG 146—2011）

标称长度 ln/mm		K 级		0 级		1 级		2 级		3 级	
		$\pm t_e$	t_v	$\pm t_e$	t_v	$\pm t_e$	t_v	$\pm t_e$	t_v	$\pm t_e$	t_v
大于	至	最大允许值/μm									
—	10	0.20	0.05	0.12	0.10	0.20	0.16	0.45	0.30	1.0	0.50
10	25	0.30	0.05	0.14	0.10	0.30	0.16	0.60	0.30	1.2	0.50
25	50	0.40	0.06	0.20	0.10	0.40	0.18	0.80	0.30	1.6	0.55
50	75	0.50	0.06	0.25	0.12	0.50	0.18	1.00	0.35	2.0	0.55
75	100	0.60	0.07	0.30	0.12	0.60	0.20	1.20	0.35	2.5	0.60
100	150	0.80	0.08	0.40	0.14	0.80	0.20	1.6	0.40	3.0	0.65
150	200	1.00	0.09	0.50	0.16	1.00	0.25	2.0	0.40	4.0	0.70
200	250	1.20	0.10	0.60	0.16	1.20	0.25	2.4	0.45	5.0	0.75
注：距离测量面边缘 0.8 mm 范围内不计。											

根据 JJG 146—2011《量块》标准规定，量块长度测量不确定度允许值和长度变动量精度分为 5 等：1、2、3、4、5 等，其中 1 等的精度最高，精度依次降低，5 等的精度最低，具体数值参见表 2-2。

表 2-2 各等量块精度指标的最大允许值（摘自 JJG 146—2011）

标称长度 ln/mm		1等		2等		3等		4等		5等	
		测量不确定度	长度变动量	测量不确定度	长度变动量	测量不确定度	长度变动量	测量不确定度	长度变动量	测量不确定度	长度变动量
大于	至	最大允许值/μm									
—	10	0.022	0.05	0.06	0.10	0.11	0.16	0.22	0.30	0.6	0.50
10	25	0.025	0.05	0.07	0.10	0.12	0.16	0.25	0.30	0.6	0.50
25	50	0.03	0.06	0.08	0.10	0.15	0.18	0.3	0.30	0.8	0.55
50	75	0.035	0.06	0.09	0.12	0.18	0.18	0.35	0.35	0.9	0.55
75	100	0.04	0.07	0.1	0.12	0.20	0.20	0.40	0.35	1.0	0.60
100	150	0.05	0.08	0.12	0.14	0.25	0.20	0.5	0.40	1.2	0.65
150	200	0.06	0.09	0.15	0.16	0.30	0.25	0.6	0.40	1.5	0.70
200	250	0.07	0.1	0.18	0.16	0.35	0.25	0.7	0.45	1.8	0.75

注：① 距离测量面边缘 0.8 mm 范围内不计；
② 表内测量不确定度置信概率为 0.99。

量块按“级”使用时，应以量块长度的标称值作为工作尺寸，该尺寸包含了量块的制造误差，不需要加修正值，使用较方便。量块生产企业大都按“级”向市场销售量块。

量块按“等”使用时，是以检定书列出的实测中心长度作为工作尺寸，该尺寸排除了量块制造误差的影响，仅包含检定时较小的测量误差。在测量上需要加入修正值，虽麻烦一些，但可以用制造精度较低的量块进行精密的测量。因此，量块按“等”使用的测量精度比量块按“级”使用的测量精度高。但由于按“等”使用比较麻烦，且检定成本高，故在生产现场仍按“级”使用。

量块具有研合性。所谓的研合性是指量块的一个测量面与另一个测量面或另一经精加工类似量块测量面的表面，通过分子力的作用而相互黏合的性能。利用量块的研合性，可以在一定的尺寸范围内，将不同尺寸的量块进行组合而形成所需的工作尺寸。按 GB/T 6093—2001《几何量技术规范（GPS）长度标准 量块》的规定，我国生产的成套量块有 91 块、83 块、46 块、38 块等几种规格。表 2-3 分别列出了国产 83 块、46 块成套量块的尺寸构成系列。

表 2-3 成套量块（83 块、46 块）（摘自 GB/T 6093—2001）

总块数	尺寸系列/mm	间隔/mm	块数	总块数	尺寸系列/mm	间隔/mm	块数
83	0.5	—	1	46	1		1
	1	—	1		1.001~1.009	0.001	9
	1.005	—	1		1.01~1.09	0.01	9
	1.01~1.49	0.01	49		1.1~1.9	0.1	9
	1.5~1.9	0.1	5		2~9	1	8
	2.0~9.5	0.5	16		10~100	10	10
	10~100	10	10				

在量块组合时，为了减少量块组合的累计误差，应力求使用最少的块数，一般不超过 4 块。长度量块的尺寸组合一般采用消尾法，即从消去所需工作尺寸的最小尾数开始，逐一选取。例如，为了得到工作尺寸为 58.785 mm 的量块组，从 83 块一套的量块中可分别选取 1.005 mm、1.28 mm、6.5 mm 和 50 mm 4 块量块。

2.2　计量器具和测量方法

计量器具也称为“测量仪器”，是能单独地或连同辅助设备一起用以进行测量的器具。测量仪器的发展很快，许多高精度、自动化仪器的开发，使测量精度得到大大提高。

2.2.1　计量器具的分类

1. 量具类

量具类是通用的有刻度或无刻度的一系列单值或多值的量块和量具等。单值量具是指复现单一量值的量具，如量块、直角尺和砝码等，通常是成套使用。多值量具是指能复现同一物理量的一系列不同量值的量具，如线纹尺、千分尺、游标卡尺等。

2. 量规类

量规类是没有刻度且专用的计量器具，可用以检验零件要素的实际尺寸和几何误差的综合结果。使用量规检验不能得到工件的具体实际尺寸和几何误差值，只能确定被检验工件是否合格。例如，使用光滑极限量规能检验孔、轴合格与否，不能得到孔、轴的实际尺寸。

3. 计量仪器

计量仪器（简称“量仪”）是能将被测几何量和量值转换成可直接观测的示值或等效信息的一类计量器具。计量仪器按原始信号的转换原理可分为以下几种。

（1）机械量仪

机械量仪是指用机械方法实现原始信号转换的量仪，一般都有机械的测微机构。这种量仪结构简单，性能稳定，使用方便，如指示表、杠杆比较仪等。

（2）光学量仪

光学量仪是指用光学方法实现信号转换的量仪，一般都具有光学放大（测微）机构。这种量仪精度高，性能稳定，如光学比较仪、干涉仪、工具显微镜等。

（3）电动量仪

电动量仪是指能将原始信号转换为电量信号的量仪，一般都具有放大、滤波等电路。这种量仪精度高，测量信号经 A/D 转换后，易于连接计算机接口，实现测量和数据处理的自动化，如电感比较仪、电动轮廓仪、圆度仪等。

（4）气动量仪

气动量仪是以压缩空气为介质，通过气动系统流量或压力的变化来实现原始信号转换的量仪。这种量仪结构简单，测量精度和效率都高，操作方便，但示值范围小，如水柱式气动量仪、浮标式气动量仪等。

4. 计量装置

计量装置是指为确定被测几何量量值所必需的计量器具和辅助设备的总体。它能够测量同一工件上较多的几何量和形状比较复杂的工件，有助于实现检测自动化或半自动化，如齿轮综合精度检查仪、发动机缸体孔的几何精度综合测量仪等。

2.2.2 计量器具的基本度量指标

度量指标是选择和使用器具、研究和判断测量方法正确性的依据，是表征计量器具的性能和功能指标。基本度量指标主要有以下几项。

1. 标尺间距

标尺间距（刻度间距）是指沿着标尺长度的同一条线测得的两相邻标尺标记间的距离。标尺间距用长度单位表示，而与被测量的单位和标在标尺上的单位无关。为了便于人眼观察和读数，标尺间距一般为0.75~2.50 mm。例如，立式光学计的目镜视场所能见到的标尺间距为0.96 mm，如图2-6和图2-7（b）所示。

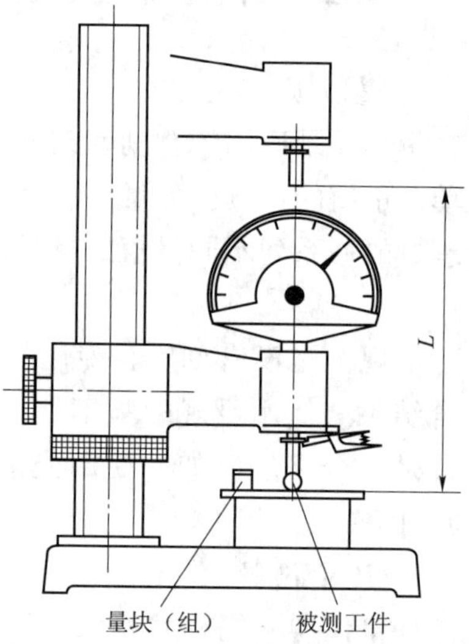

图2-6 立式光学计

2. 标尺间隔

标尺间隔（分度值）是指对应两相邻标记的两个值之差。标尺间隔用标注在标尺上的单位表示。标尺间隔也称为“分度值”，换句话说，是指计量器具的标尺或分度盘上每一标尺间距所代表的量值。一般长度计量器具的分度值有0.1 mm、0.05 mm、0.02 mm、0.01 mm、0.005 mm、0.002 mm 、0.001 mm等几种。例如，立式光学计的目镜视场所能见到的标尺间隔或分度值为0.001 mm（1 μm），如图2-7（a）所示。通常，分度值越小，计量器具的精度越高。

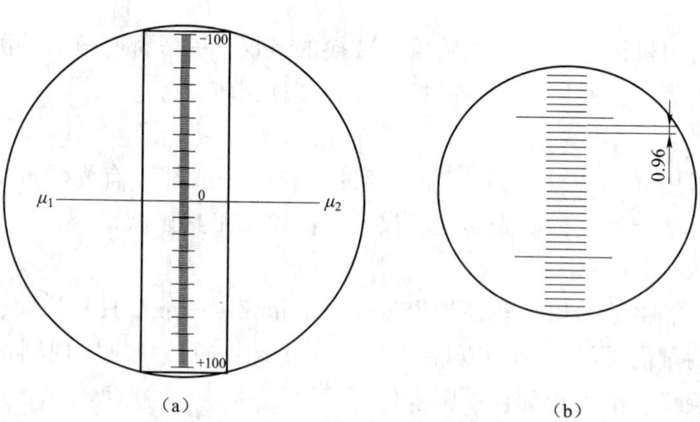

图2-7 立式光学计的目镜视场标尺像

（a）标尺像；（b）标尺像的局部放大图

3. 分辨力

分辨力是指引起相应示值产生可觉察到变化的被测量的最小变化。由于在一些量仪（如数字式量仪）中，其读数采用非标尺或非分度盘显示，因此就不能使用“分度值”这一概念，而将其称为“分辨力”，即当一个有效数字变化时示值的变化。例如，国产 JC19 型数显万能工具显微镜的分辨力为 0.5 μm。此概念也适用于记录式装置。

4. 标称量值

标称量值简称“标称值”，是指测量仪器或测量系统特征量经化整的值或近似值，以便为适当使用提供指导，如标在单刻度量杯上的量值：1 000 ml。

5. 示值区间

示值区间是极限示值界限内的一组值。示值区间可以用标在显示装置上的单位表示。在某些领域中也叫“示值范围”。对模拟显示而言，可以称为“标尺范围”。例如，立式光学计的目镜视场所能见到标尺的示值范围是±100 μm，见图 2-7（a）。

6. 标称示值区间

标称示值区间是当测量仪器或测量系统调节到特定位置时获得并用于指明该位置的、化整或近似的极限值所界定的一组量值，简称“标称区间”，也称为“测量范围”或“工作范围”。标称区间的上限值与下限值之差的绝对值称为“标称示值区间的量程”。例如，立式光学计的标称区间为 0~180 mm，量程为 180 mm。

7. 测量区间

测量区间又称“工作区间”。在规定条件下，由具有一定的仪器不确定度的测量仪器或测量系统能够测量出的一组同类量的量值。在某些领域，测量区间也称“测量范围”或“工作范围”。

8. 测量系统的灵敏度

测量系统的灵敏度是测量系统的示值变化除以相应的被测量值变化所得的商，或指测量仪器响应的变化除以对应的激励变化，即量仪对被测量变化的反应能力。若被测几何量的激励变化为 Δx，该几何量引起计量器具的响应变化为 ΔL，则灵敏度 S 为：

$$S=\frac{\Delta L}{\Delta x} \tag{2-3}$$

当式（2-3）中分子和分母为同种量时，灵敏度也称为“放大比”或“放大倍数”。对于具有等分刻度的标尺或分度盘的量仪，放大倍数等于标尺间距与分度值之比。例如，立式光学计的标尺间距为 0.96 mm，分度值为 0.001 mm，其放大倍数为 960。一般地说，分度值越小，则测量系统的灵敏度越高。

9. 示值误差

示值误差是指测量仪器示值与对应输入量的参考量之差。通常示值误差越小，则测量仪器的精度越高。

10. 修正

修正是对估计的系统误差的补偿。补偿可取不同的形式，诸如加一个修正值或乘一个修正因子，或从修正值表或修正曲线上得到。修正值用代数法与未修正测量结果相加，以补偿其系统误差的值。修正值等于负的系统误差估计值，其大小与示值误差的绝对值相等，而符号相反。例如，示值误差为-0.002 mm，则修正值为+0.002 mm。修正因子是为补偿系统误差与未修正测量结果相乘的数字因子。由于系统误差不能完全知道，因此这种补偿并不完全。

11. 测量结果的重复性

测量结果的重复性是指在相同的测量条件下，对同一个被测几何量进行连续多次测量所得的结果之间的一致性。通常重复性可用测量结果的分散性定量地表示。

12. 测量不确定度

测量不确定度是根据所用到的信息，表征赋予被测量量值分散性的非负参数，此参数可以是诸如标准偏差或其倍数之类，或说明置信水平区间的半宽度。

2.2.3 测量方法

测量方法有很多种分类，这里是按获得测量结果的方式从不同的角度分类的。

1. 直接测量和间接测量

（1）直接测量

直接测量是指被测的量值直接按照计量器具读出。例如，用游标卡尺、千分尺测量零件直径并读出相应的值。

（2）间接测量

间接测量是指欲测量的量值由几个实测的量值按一定的函数关系式运算后获得的。例如，用弓高、弦长法间接测量圆弧样板的半径 R，为了得到 R 的量值，只要测得弓高 h 和弦长 b 的量值，然后按下式进行计算即可，它们的关系式为：

$$R=\frac{b^2}{8h}+\frac{h}{2} \tag{2-4}$$

直接测量过程简单，其测量精度只与这一测量过程有关，而间接测量的精度不仅取决于几个实际测量的测量精度，还与所依据的计算公式和计算的精度有关。因此，间接测量只用于受条件所限而无法进行直接测量的场合，如角度、锥度、孔心距或因尺寸较大而无法用常规量具进行直接测量的情况等。

2. 绝对测量和相对测量

（1）绝对测量

绝对测量是指计量器具显示或指示的示值即被测几何量的量值。例如，用游标卡尺、千分尺测量零件直径。

（2）相对测量

相对测量也称为“比较测量”，是指计量器具显示或指示出被测几何量相对于已知标准量的偏差，测量结果为已知标准量与该偏差值的代数和。例如，用立式光学计测量轴径，测量时先根据轴的公称尺寸用量块调整量仪示值零位，然后换上被测轴进行测量，该仪器指示出的示值为被测轴径相对于量块尺寸的偏差值，即实际偏差。一般来说，相对测量的测量精度比绝对测量得高。

3. 接触测量和非接触测量

（1）接触测量

接触测量是指测量时计量器具的测头与被测表面直接接触。例如，用游标卡尺、千分尺、立式光学计测量轴径，用触针式轮廓仪测量表面粗糙度轮廓。

（2）非接触测量

非接触测量是指测量时计量器具的测头不与被测表面接触。例如，用光切显微镜测量表面粗糙度轮廓，用工具显微镜测量孔径和螺纹参数。

在接触测量中，由于接触时有机械作用的测量力，使接触可靠，但测头与被测表面的接触会引起弹性形变，产生测量误差。而非接触测量则无此影响，故适用于软质表面或薄壁易变形工件的测量，但不适合测量表面有油污或切削液的零件。

4. 单项测量和综合测量

（1）单项测量

单项测量是指分别对工件上的各被测几何量进行独立测量。例如，用工具显微镜分别测量外螺纹的螺距、牙侧角和中径。

（2）综合测量

综合测量是指同时测量零件上几个相关参数的综合效应或综合指标，以判断综合结果是否合格。例如，用螺纹量规通规综合检验螺纹的螺距、牙侧角和中径是否合格。就零件整体来说，单项测量的效率比综合测量的低，但单项测量便于进行工艺分析；综合测量适用于大批量生产，且只要求判断合格与否，不需要得到具体误差值的情况。

5. 被动测量和主动测量

（1）被动测量

被动测量是指在零件加工后进行的测量。测量结果只能用来判断零件是否合格。

（2）主动测量

主动测量是指在零件加工过程中进行的测量。其测量结果可及时显示加工是否正常，可用以随时控制加工过程的依据，及时防止废品的产生，缩短零件生产周期。

主动测量常用于生产线上，因此，亦称“在线测量”。它使检测与加工过程紧密结合，充分发挥检测的作用，是检测技术发展的方向。

6. 动态测量和静态测量

（1）动态测量

动态测量是指在测量过程中，被测表面与测头处于相对运动状态的测量。例如，用圆度仪测量圆度误差，用触针式轮廓仪测量表面粗糙度轮廓。

（2）静态测量

静态测量是指在测量过程中，量值不随时间变化的测量，即被测表面与测头处于相对静止的状态。例如，用游标卡尺、千分尺、立式光学计测量轴径。

动态测量效率高，并能测出工件上几何参数连续变化时的情况。但对计量器具要求高，否则会影响检测结果。

2.3　测量误差及数据处理

2.3.1　测量误差的基本概念

由于计量器具和测量条件的限制，测量误差是始终存在的，所以测得的实际尺寸就不可能为真值，即使是对同一零件的同一部位进行多次测量，其结果也会有所差异，这就是测量误差的表现形式。

测量误差可用绝对误差或相对误差来表示。

1. 绝对误差

绝对误差是测量结果减去被测量的真值，常称为“测量误差”或“误差”。测量结果是由测量所得到的赋予被测量的值。

$$\delta = L - L_0 \tag{2-5}$$

式中 δ——绝对误差；

L——测量结果；

L_0——被测量的真值。

用绝对误差表示测量精度，只能用于评比大小相同的被测值的测量精度，而对于大小不相同的被测值，则需要用相对误差来评价其测量精度。

2. 相对误差

相对误差是测量误差（取绝对值）除以被测量的真值。由于被测量的真值不能确定，因此，在实际应用中常以被测量的约定真值或实际测得值代替真值进行估算，即相对误差等于绝对误差与被测值之比。

$$f = \frac{|\delta|}{L_0} \approx \frac{|\delta|}{L} \tag{2-6}$$

式中 f——相对误差。

例如，测得两个轴径大小分别为 50 mm 和 30 mm，它们的绝对误差都是 0. 01 mm，则它们的相对误差分别为 $f_1 = 0.01/50 = 0.000\,2$，$f_2 = 0.01/30 = 0.000\,33$，因此，前者的测量精度比后者高。相对误差通常用百分比来表示，即 $f_1 = 0.02\%$，$f_2 = 0.033\%$。

2. 3. 2 测量误差的来源

在实际测量中，引起测量误差的因素很多，归结起来主要有以下 4 个方面。

1. 测量方法误差

测量方法误差是指由测量方法的不完善引起的误差。例如，在测量中，工件安装、定位不准确或测头偏离、测量基准面本身的误差和计算不准确等所造成的误差。

2. 计量器具误差

计量器具误差是指测量仪器本身所具有的误差以及各种辅助测量工具、附件等的误差。

（1）原理误差

原理误差是指测量仪器的测量原理、结构设计和计算不严格等所造成的误差。例如，设计计量器具时，为了简化结构而采用近似设计的方法，结构设计违背了阿贝原则，所谓的阿贝原则是指测量长度时，应使被测量的测量线与量仪中作为标准量的测量线重合或在同一条直线上。

如图 2-8 所示，用游标卡尺测量轴的直径，游标卡尺的读数刻度尺（标准量）与被测轴的直径不在同一条直线上，两者相距 S，违背了阿贝原则。在测量过程中，卡尺活动量爪倾斜一个角度 φ，此时产生的测量误差 δ 按下式计算：

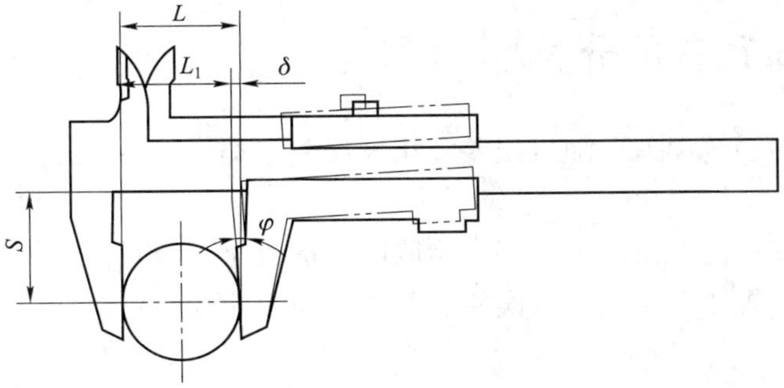

图 2-8　用游标卡尺测量轴径

$$\delta = L - L_1 = S\tan\varphi \approx S\varphi$$

设 $S = 30$ mm，$\varphi = 1' \approx 0.0003$ rad，则由于卡尺结构不符合阿贝原则而产生的测量误差：

$$\delta = 30 \times 0.0003 = 0.009\ (\text{mm}) = 9\ \mu\text{m}$$

由此可见，游标卡尺之所以精度较低，就是因为不符合阿贝原则而造成测量误差。

（2）制造和调整误差

制造和调整误差是指测量仪器的零件制造和装配误差引起的测量误差。例如，读数装置中分划板、标尺、刻度盘的刻度不准确和装配偏心、倾斜，仪器传动装置中的杠杆、齿轮副、螺旋副的制造和装配误差；光学系统的制造和调整误差；传动元件之间的间隙、摩擦和磨损；电子元件的质量误差；等等。

（3）测量力引起的测量误差

在接触测量时，为了保证接触可靠，必须有一定的测量力，会引起被测零件表面和量仪的测量系统产生弹性变形，产生测量误差。但是这类误差值很小，一般可以忽略不计。

另外，相对测量时使用的标准量（如量块）的制造误差也会产生测量误差。

3. 测量环境误差

测量环境误差是指测量时环境条件不符合标准的测量条件所引起的误差。例如，环境温度、湿度、气压、照明（引起视差）等不符合标准以及振动、电磁场等的影响都会引起测量误差的产生，在长度测量中温度的影响是主要的，其余各因素只在高精度测量或有要求时才考虑。

当温度偏离标准温度（20 ℃）时，引起的测量误差为：

$$\Delta L = L\left[\alpha_1(t_1 - 20) - \alpha_2(t_2 - 20)\right] \qquad (2\text{-}7)$$

式中　L——被测长度；

α_1，α_2——被测零件、计量器具的线膨胀系数；

t_1，t_2——测量时被测零件、计量器具的温度，℃。

因此，测量时应根据测量精度的要求，合理控制环境温度，以减小温度对测量精度的影响。

4. 主观误差

主观误差是指测量人员的主观因素造成的人为差错，它也会产生测量误差。例如，测量人员使用计量器具不正确、眼睛的视差或分辨能力造成的瞄准不准确、读数或估读错误等，都会引起测量误差的产生。

2.3.3 测量误差的分类

测量误差可分为系统误差、随机误差和粗大误差三类。

1. 系统误差

系统误差是指在相同的条件下，多次测取同一量值时，绝对值和符号均保持不变，或者绝对值和符号按某一规律变化的测量误差。前者称为“定值系统误差”，后者称为“变值系统误差”。

定值系统误差指对测量引起的误差大小是不变的。例如，在光学比较仪上用相对法测量零件尺寸时，调整量仪所用量块的误差，对每一次测量引起的误差大小是不变的。

变值系统误差指对测量的影响是按一定的规律变化的。例如，量仪的分度盘的偏心引起仪器的示值按正弦规律周期变化、刀具正常磨损引起的加工误差和温度均匀变化引起的测量误差等。

根据系统误差的性质和变化规律，系统误差可以用计算或实验对比的方法确定，用修正值（校正值）从测量结果中予以消除。但在某些情况下，由于变化规律比较复杂，系统误差不易确定，因而难以消除。

2. 随机误差

随机误差是指在相同的条件下，多次测取同一量值时，绝对值和符号以不可确定的方式变化着的测量误差。

随机误差主要是由测量过程中一些偶然性因素或不稳定因素引起的。例如，量仪传动机构的间隙、摩擦、测量力的不稳定以及温度波动等引起的测量误差，都属于随机误差。

对单次测量而言，随机误差的绝对值和符号无法预先知道。但对于连续多次重复测量，随机误差还是符合一定的概率统计规律的，因此，可以应用概率论和数理统计的方法来对它进行分析与计算，从而判断其误差范围。

3. 粗大误差

粗大误差是指超出在规定测量条件下预计的测量误差。

粗大误差是由于测量者粗心大意造成测量、读数、记录及计算上的错误，以及外界条件的突然变化等原因造成的误差。所以，该误差很容易被发现和剔除。正确的测量过程应该避免粗大误差的出现。

2.3.4 测量精度的分类

测量精度是指被测几何量的测得值与其真值的接近程度。它和测量误差是从两个不同的角度来说明同一概念的术语。测量误差越大，则测量精度就越低。测量精度有以下几种分类。

1. 正确度

正确度反映测量结果中系统误差的影响程度。系统误差小，则正确度就高。

2. 精密度

精密度反映测量结果中随机误差的影响程度。随机误差小，则精密度就高。

3. 准确度

准确度反映测量结果中系统误差和随机误差的综合影响程度。如果系统误差和随机误差都小，则准确度就高。

如图 2-9（a）所示，系统误差大，正确度差，随机误差小，精密度高，所以弹着点距靶心较远，弹着点却密集。

如图 2-9（b）所示，系统误差小，正确度高，随机误差大，精密度差，所以弹着点虽围绕靶心，弹着点却较散。

如图 2-9（c）所示，系统误差小，正确度高，随机误差小，精密度高，所以弹着点距靶心较近，弹着点密集，准确度高。

如图 2-9（d）所示，系统误差大，正确度差，随机误差大，精密度低，所以弹着点距靶心较远，弹着点也很散，准确度低。

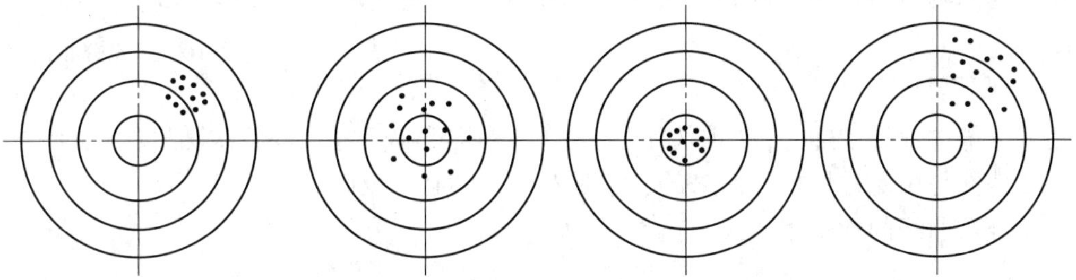

（a）　（b）　（c）　（d）

图 2-9　精密度、正确度和准确度

（a）精密度高；（b）正确度高；（c）准确度高；（d）准确度低

2.4　测量列中各类测量误差的处理

通过对同一被测量在重复性条件下进行无限多次的测量（实际上是有限次的），得到一系列的测量数据（测得值）即测量列，可以对该测量列进行数据处理，以消除或减小测量误差的影响，提高测量精度。

由于测得值 L 可能大于或小于真值 L_0，因而绝对误差可能为正值也可能为负值，这样，被测量的真值可以写为：

$$L_0 = L \pm |\delta| \tag{2-8}$$

在实际应用中，由于测量误差的存在，真值是不能确定的，往往要求通过分析或估算来获得真值的近似值。利用式（2-8）可以得知真值必落在测得值 L 附近，即 δ 的绝对值越小，测得值 L 就越接近于真值 L_0，因此测量精度就越高；反之，测量精度就越低。

2.4.1　随机误差的处理及评定

随机误差不可能被修正或消除，但可以应用概率与数理统计的方法，估计随机误差的大小和规律，并设法减小其影响。

1. 随机误差的特性及分布规律

通过对大量的测试实验数据进行统计分析，随机误差通常服从正态分布规律（随机误差还存在其他分布规律，如等概率分布、三角分布、反正弦分布等），其正态分布曲线如图 2-10 所示。

正态分布的随机误差具有下列 4 个基本特性。

（1）单峰性

绝对值越小的，随机误差出现的概率越大；反之，则越小。

（2）对称性

绝对值相等的，正、负随机误差出现的概率相等，即曲线以 y 轴为对称轴。

（3）有界性

在一定的测量条件下，随机误差的绝对值不会超过一定的界限。

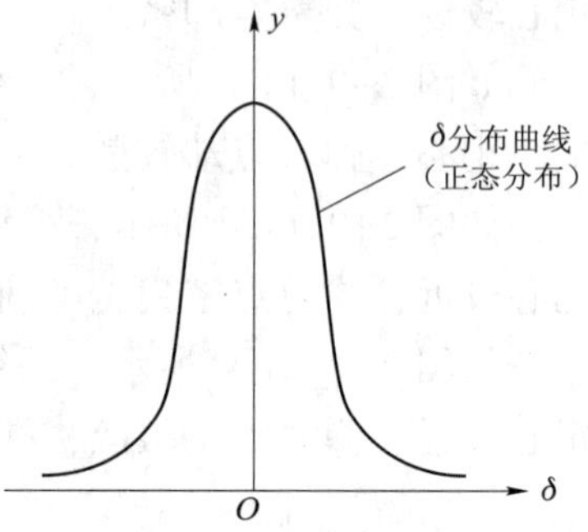

图 2-10　正态分布曲线

（4）抵偿性

随着测量次数的增加，各次随机误差的算术平均值趋于零，即各次随机误差的代数和趋于零。该特性是由对称性推导而来的，它是对称性的必然反映。

正态分布曲线的数学表达式为：

$$y=\frac{1}{\sigma\sqrt{2\pi}}e^{-\frac{\delta^2}{2\sigma^2}} \tag{2-9}$$

式中　y——概率密度；

σ——标准偏差；

δ——随机误差；

e——自然对数的底，e=2.718 28……。

概率密度 y 的大小与随机误差 δ、标准偏差 σ 有关。概率密度最大值随标准偏差大小的不同而异。当 $\sigma_1<\sigma_2<\sigma_3$，则 $y_{1\max}>y_{2\max}>y_{3\max}$，即 σ 越小，则曲线就越陡，随机误差的分布就越集中，测量精度就越高；反之，σ 越大，则曲线就越平坦，随机误差的分布就越分散，测量精度就越低。

随机误差的标准偏差 σ 可用下列计算得到：

$$\sigma=\sqrt{\frac{\delta_1^2+\delta_2^2+\cdots+\delta_N^2}{N}} \tag{2-10}$$

式中　δ_1，δ_2，δ_3，…，δ_N——测量列中各测得值相应的随机误差；

N——测量次数。

标准偏差 σ 是反映测量列中测得值分散程度的一项指标，是测量列中单次测量值（任一测得值）的标准偏差。

由于随机误差具有有界性，因此它的大小不会超过一定的范围。随机误差的极限值就是测量极限误差。

由概率论可知，正态分布曲线和横坐标轴间所包含的面积等于所有随机误差出现的概率总和，若随机误差区间为（$-\infty$，$+\infty$），则其概率为 1，即：

$$P=\int_{-\infty}^{+\infty} y\mathrm{d}\delta=\int_{-\infty}^{+\infty}\frac{1}{\sigma\sqrt{2\pi}}\mathrm{e}^{-\frac{\delta^2}{2\sigma^2}}\mathrm{d}\delta=1 \tag{2-11}$$

如果随机误差区间落在（$-\delta$，$+\delta$），则其概率小于 1，即：

$$P=\int_{-\delta}^{+\delta} y\mathrm{d}\delta=\int_{-\delta}^{+\delta}\frac{1}{\sigma\sqrt{2\pi}}\mathrm{e}^{-\frac{\delta^2}{2\sigma^2}}\mathrm{d}\delta \tag{2-12}$$

为了化成标准正态分布，将上式进行变量置换，设：$t=\frac{\delta}{\sigma}$，$\mathrm{d}t=\frac{\mathrm{d}\delta}{\sigma}$，则上式化为：

$$P=\frac{1}{\sqrt{2\pi}}\int_{-t}^{+t}\mathrm{e}^{-\frac{t^2}{2}}\mathrm{d}t=\frac{2}{\sqrt{2\pi}}\int_{0}^{t}\mathrm{e}^{-\frac{t^2}{2}}\mathrm{d}t=2\phi(t) \tag{2-13}$$

函数 $\phi(t)$ 称为“拉普拉斯函数”，也称“正态分布概率积分”。表 2-4 列出了不同 t 值对应的 $\phi(t)$ 值。

表 2-4　正态分布概率积分 $\phi(t)$ 值

t	$\phi(t)$	t	$\phi(t)$	t	$\phi(t)$	t	$\phi(t)$	t	$\phi(t)$
0.00	0.000 0	0.55	0.208 8	1.10	0.364 3	1.65	0.450 5	2.40	0.491 8
0.05	0.019 9	0.60	0.225 7	1.15	0.374 9	1.70	0.455 4	2.50	0.493 8
0.10	0.039 8	0.65	0.242 2	1.20	0.384 9	1.75	0.459 9	2.60	0.495 3
0.15	0.059 6	0.70	0.258 0	1.25	0.394 4	1.80	0.464 1	2.70	0.496 5
0.20	0.079 3	0.75	0.273 4	1.30	0.403 2	1.85	0.467 8	2.80	0.457 4
0.25	0.098 7	0.80	0.288 1	1.35	0.411 5	1.90	0.471 3	2.90	0.498 1
0.30	0.117 9	0.85	0.302 3	1.40	0.419 2	1.95	0.474 4	3.00	0.498 65
0.35	0.136 8	0.90	0.315 9	1.45	0.426 5	2.00	0.477 2	3.20	0.499 31
0.40	0.155 4	0.95	0.328 9	1.50	0.433 2	2.10	0.482 1	3.42	0.499 66
0.45	0.173 6	1.00	0.341 3	1.55	0.439 4	2.20	0.486 1	3.60	0.499 841
0.50	0.191 5	1.05	0.353 1	1.60	0.445 2	2.30	0.489 3	3.80	0.499 928

表 2-5 给出 $t=1$、2、3、4 这 4 个特殊值对应的 $2\phi(t)$ 值和［$1-2\phi(t)$］值。由此表可见，当 $t=3$ 时，在 $\delta=\pm3\sigma$ 范围内的概率为 99.73%，δ 超出该范围的概率仅为 0.27%，即连续进行 370 次的测量，随机误差超出 $\pm3\sigma$ 的只有 1 次。

表 2-5　四个特殊 t 值对应的概率

t	$\delta=\pm t\sigma$	不超出 δ 的概率 $P=2\phi(t)$	超出 $\vert\delta\vert$ 的概率 $P=1-2\phi(t)$
1	1σ	0.682 6	0.317 4
2	2σ	0.954 4	0.045 6
3	3σ	0.997 3	0.002 7
4	4σ	0.999 36	0.000 64

在实际测量时，测量次数一般不会太多。随机误差超出 $\pm3\sigma$ 的情况实际上很难出现。因此，可取 $\delta=\pm3\sigma$ 作为随机误差的极限值，记作：

$$\delta_{\lim}=\pm3\sigma \tag{2-14}$$

显然，$\delta_{\lim}$ 也是测量列中单次测量值的测量极限误差。选择不同的 t 值，就对应不同的概率，测量极限误差的可信程度也就不一样。随机误差在 $\pm t\sigma$ 范围内出现的概率称为“置信概率”，t 称为“置信因子”或“置信系数”。在测量中，通常取置信因子 $t=3$，则置信概率为 99.73%。

例如，对一轴径进行测量，测得值为 20.003 mm。若已知标准偏差 $\sigma=0.0003$ mm，置信概率取 99.73%，则测量结果为：

$$20.003\pm3\times0.0003=20.003\pm0.0009\ (\mathrm{mm})$$

即被测量的真值有 99.73%的可能性为 20.0021～20.0039 mm。

2. 随机误差的处理步骤

对某一被测量在相同的测量条件下重复测量 N 次，得到测量列的测得值为 L_1，L_2，L_3，…，L_N。设测量列的测得值中不包含系统误差和粗大误差，被测量的真值为 L_0，则可得出相应各次测得值的随机误差分别为：

$$\delta_1=L_1-L_0;\ \delta_2=L_2-L_0;\ \cdots;\ \delta_N=L_N-L_0$$

则对随机误差的处理首先应按式（2-10）计算单次测量值的标准偏差，然后再由式（2-14）计算得到随机误差的极限值 $\delta_{\lim}$。

故测量结果为：

$$L=L_0\pm\delta_{\lim}=L_0\pm3\sigma$$

但是，由于被测量的真值 L_0 未知，所以不能按式（2-10）计算求得标准偏差 σ 的数值。在实际测量时，当测量次数 N 充分大时，随机误差的算术平均值趋于零，因此，可以用测量列中各个测得值的算术平均值代替真值，并用一定的方法估算出标准偏差，进而确定测量结果。具体处理过程如下：

（1）计算测量列中各个测得值的算术平均值

设测量列的各个测得值分别为 x_1，x_2，…，x_n，则算术平均值 $\bar{x}$ 为：

$$\bar{x}=\frac{\sum_{i=1}^{N}x_i}{N} \tag{2-15}$$

式中　N——测量次数。

（2）计算残差

用算术平均值代替真值后，计算各个测得值 x_i 与算术平均值 $\bar{x}$ 之差称为“残余误差”（简称“残差”），记为“v_i”，即：

$$v_i=x_i-\bar{x} \tag{2-16}$$

残差具有如下两个特性：

1）残差的代数和等于零，即 $\sum_{i=1}^{N}v_i=0$。这一特性可用来校核算术平均值及残差计算的准确性。

2）残差的平方和为最小，即 $\sum_{i=1}^{N} v_i^2 = \min$。由此可以说明，用算术平均值作为测量结果是最可靠且最合理的。

（3）估算测量列中单次测量值的标准偏差

用测量列中各个测得值的算术平均值代替真值计算得到各个测得值的残差后，可按贝赛尔（Bessel）公式计算出单次测量值的标准偏差的估计值。贝赛尔公式为：

$$\sigma = \sqrt{\frac{\sum_{i=1}^{N} v_i^2}{N-1}} \tag{2-17}$$

式（2-17）中根号内的分母为 $N-1$，而不是 N，这是因为受“N 个测得的残差代数和等于零”这个条件约束，所以，N 个残差只能等效于 $N-1$ 个独立的随机变量。

这时，单次测量值的测量结果 x_{ei} 可表示为：

$$x_{ei} = x_i \pm 3\sigma \tag{2-18}$$

（4）计算测量列算术平均值的标准偏差

若在相同的测量条件下，对同一被测量进行多组测量（每组皆测量 N 次），则对应每组 N 次测量都有一个算术平均值，各组的算术平均值不相同。不过，它们的分散程度要比单次测量值的分散程度小得多。根据误差理论，测量列算术平均值的标准偏差 $\sigma_{\bar{x}}$ 与测量列单次测量值的标准偏差 σ 存在如下关系，如图 2-11 所示。

$$\sigma_{\bar{x}} = \frac{\sigma}{\sqrt{N}} \tag{2-19}$$

式中　N——每组的测量次数。

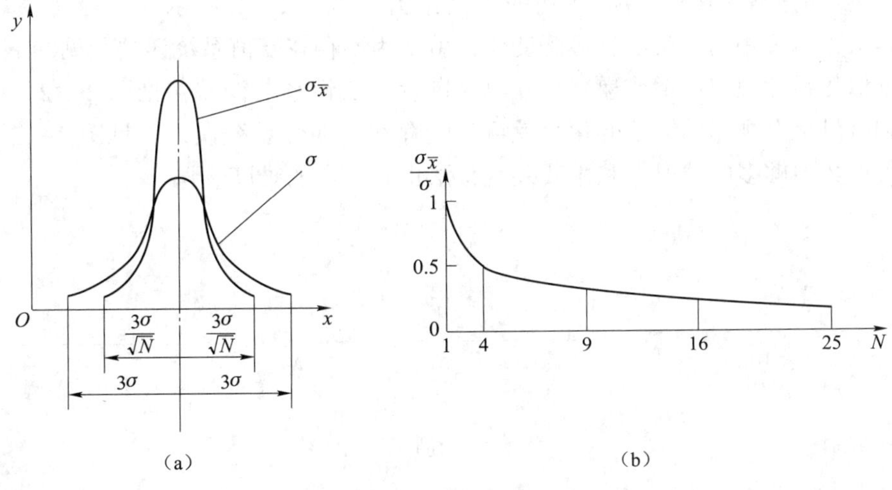

图 2-11　σ 与 $\sigma_{\bar{x}}$ 的关系

由式（2-19）可知，多组测量的算术平均值的标准偏差 $\sigma_{\bar{x}}$ 为单次测量值的标准偏差的 $\frac{1}{\sqrt{N}}$。这说明测量次数越多，$\sigma_{\bar{x}}$ 就越小，测量精密度就越高，但测量次数不必过多，一般情况下，取 $N=10\sim15$ 次。

(5) 多次测量取算术平均值

通过多次测量所得算术平均值测量结果的表达式为：

$$x_e = \bar{x} \pm 3\sigma_{\bar{x}} \tag{2-20}$$

2.4.2 测量列中系统误差的处理

在实际测量中，系统误差对测量结果的影响是不能忽视的。揭示系统误差出现的规律性，消除系统误差对测量结果的影响，是提高测量精度的有效措施。

1. 发现系统误差的方法

在测量过程中导致系统误差的因素是复杂多样的，查明所有的系统误差是很困难的事情，同时也不可能完全消除系统误差的影响。

要想发现系统误差必须根据具体测量过程和计量器具进行全面仔细的分析，但目前还没有找到可以发现各种系统误差的方法，下面介绍适用于发现某些系统误差常用的两种方法。

(1) 实验对比法

实验对比法就是通过改变产生系统误差的测量条件，进行不同测量条件下的测量来发现系统误差。这种方法适用于发现定值系统误差。例如，量块按标称尺寸使用时，在测量结果中，就存在由于量块尺寸偏差而产生的大小和符号均不变的定值系统误差，通过重复测量也不能发现这一误差，只有用另一块更高等级的量块进行对比，才能发现它。

(2) 残差观察法

残差观察法是指根据测量列的各个残差大小和符号的变化规律，直接由残差数据或残差曲线来判断有无系统误差，这种方法主要适用于发现大小和符号按一定规律变化的变值系统误差。根据测量的先后顺序，将测量列的残差作图，如图 2-12 所示，以观察残差的规律。若残差大体上正、负相间，又没有显著变化，就认为不存在变值系统误差，见图 2-12 (a)；若残差按近似的线性规律递增或递减，就可判断存在线性系统误差，见图 2-12 (b)；若残差的大小和符号呈有规律的周期变化，就可判断存在周期性系统误差，见图 2-12 (c)。但是对于测量次数不够多的情况，利用残差观察法也有一定的难度。

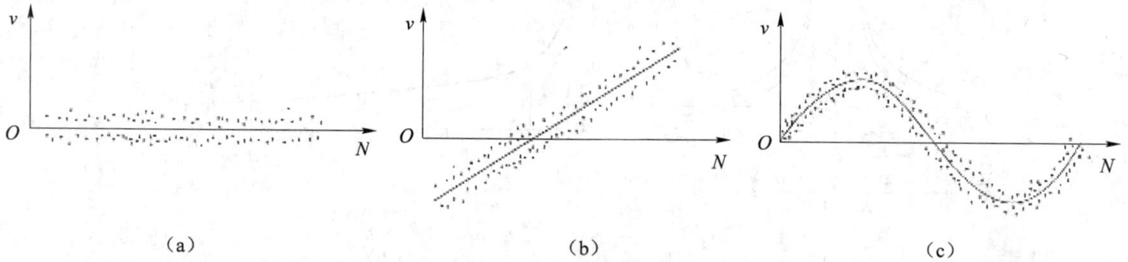

图 2-12 测量列的残差

(a) 不存在变值系统误差；(b) 存在线性系统误差；(c) 存在周期性系统误差

2. 消除系统误差的方法

(1) 从产生误差根源上消除系统误差

这要求测量人员对测量过程中可能产生系统误差的各个环节做仔细的分析，并在测量前就将系统误差从产生根源上加以消除。例如，用立式光学计测量轴径时，为了防止测量过程中仪器示值零位的变动，测量开始和结束时都需检查示值零位。

（2）用修正法消除系统误差

这种方法是预先将计量器具的系统误差检定或计算出来，制出误差表或误差曲线，然后取与系统误差数值相同而符号相反的值作为修正值，将测得值加上相应的修正值，即可得到不包含系统误差的测量结果。

（3）用抵消法消除定值系统误差

这种方法要求在对称位置上分别测量一次，以使通过这两次测量所测得的数据出现的系统误差大小相等、符号相反，取这两次测量中数据的平均值作为测得值，即可消除定值系统误差。例如，在工具显微镜上测量螺纹螺距时，为了消除螺纹轴线与量仪工作台移动方向倾斜而引起的系统误差，可分别测螺纹左、右牙侧的螺距，然后取它们的平均值作为螺距测得值。

（4）用半周期法消除周期性系统误差

对周期性系统误差可以每相隔半个周期进行一次测量，以相邻两次测量数据的平均值作为一个测得值，即可有效消除周期性系统误差。例如，仪器刻度盘安装偏心、测量表指针回转中心与刻度盘中心有偏心等引起的周期性误差，皆可用半周期法予以消除。

消除和减小系统误差的关键是找出误差产生的根源和规律。实际上，系统误差不可能完全消除，但一般来说，系统误差若能减小到使其影响程度相当于随机误差的程度，则可认为已被消除。

2.4.3　测量列中粗大误差的处理

粗大误差的数值（绝对值）相当大，其明显歪曲了测量结果，在测量中应尽可能避免。如果粗大误差已经产生，则应根据判断粗大误差的准则予以剔除，通常用拉依达准则来判断。

拉依达准则又称“3σ 准则”。当测量列服从正态分布时，残差落在$\pm3\sigma$ 外的概率很小，仅有 0.27%，即在连续 370 次测量中只有一次测量的残差会超出$\pm3\sigma$，而实际上连续测量的次数不会超过 370 次，测量列中就不应该有超出$\pm3\sigma$ 的残差。因此当出现绝对值大于 3σ 的残差时，则认为该残差对应的测得值含有粗大误差，应予以剔除。（注意：拉依达准则不适用于测量次数小于或等于 10 的情况）

2.4.4　等精度测量的数据处理

等精度测量是指在测量条件（包括量仪、测量人员、测量方法及环境条件等）不变的情况下，对某一被测量进行的连续多次的测量，虽然在此条件下得到的各个测得值不相同，但影响各个测得值精度的因素和条件相同，故测量精度视为相等。相反，如果在测量过程中全部或部分因素和条件发生改变，则称为“不等精度测量”。在一般情况下，为了简化对测量数据的处理，大多数采用等精度测量。这里仅介绍等精度测量结果的数据处理方法。

1. 直接测量列的数据处理

对某量进行直接测量，为了得到正确的测量结果，应按前述误差理论对随机误差、系统误差和粗大误差进行分析处理，现以实例说明测量数据的处理方法和步骤。

例 2-1 在立式光学计上对某一轴径进行等精度测量 15 次，按测量顺序将各测得值依次列于表 2-6 中，试求测量结果。

表 2-6 数据处理计算

测量序号	测得值 L_i/mm	残差 $v_i=L_i-\overline{L}$/μm	残差的平方 $v_i{}^2$/μm
1	25.99	0	0
2	25.987	−3	9
3	25.989	−1	1
4	25.99	0	0
5	25.992	2	4
6	25.994	4	16
7	25.99	0	0
8	25.993	3	9
9	25.99	0	0
10	25.988	−2	4
11	25.989	−1	1
12	25.986	−4	16
13	25.987	−3	9
14	25.997	7	49
15	25.988	−2	4
计算结果	$\overline{L}=25.99$	$\sum_{i=1}^{N} v_i=0$	$\sum_{i=1}^{N} v_i^2=122\ \mu m^2$

解：假设计量器具已经检定且测量环境得到有效控制，可认为测量列中不存在定值系统误差。

1）求测量列算术平均值，根据式（2-15）有：

$$\overline{L}=\frac{\sum_{i=1}^{N} L_i}{N}=25.990\ (\text{mm})$$

2）判断系统误差。

根据残差的计算结果，见表 2-6，误差的符号大体上正负相同，且无显著变化规律，因此，可以认为测量列中不存在变值系统误差。

3）计算测量列单次测量值的标准偏差，由式（2-17）得：

$$\sigma=\sqrt{\frac{\sum_{i=1}^{N} v_i^2}{N-1}}=\sqrt{\frac{122}{15-1}}\approx 2.95\ (\mu\text{m})$$

4）判断粗大误差。

按 3σ 准则，$3\sigma=3\times2.95=8.85$（μm），而表 2-6 中测量列中所有的残差的绝对值 $|v_i|<$

3σ，因此，可判断该测量列中不存在粗大误差。

5）计算测量列算术平均值的标准偏差。

由式（2-19）得：

$$\sigma_{\bar{L}}=\frac{\sigma}{\sqrt{N}}=\frac{2.95}{\sqrt{15}}\approx 0.762\ (\mu\text{m})$$

6）计算测量列算术平均值的测量极限误差。

$$\delta_{\lim(\bar{L})}=\pm 3\sigma_{\bar{L}}=\pm 3\times 0.762=\pm 2.286\ (\mu\text{m})$$

7）确定测量结果，由式（2-8）得：

$$L=\bar{L}\pm\delta_{\lim(\bar{L})}=25.990\pm 0.002\ (\text{mm})$$

这时的置信概率为 99.73%。

2. 间接测量的数据处理

间接测量的特点是所需的测量值不是直接测得的，而是通过直接测量与所需的量值有函数关系的独立量值，再通过计算获得的。例如，在大型轴的轴径测量中所采用的测量弓高和弦长，然后通过计算间接获得轴径。其数据处理的方法和步骤如下：

（1）函数误差的基本计算公式

间接测量中，被测量通常是直接测量值（实测量）的多元函数，它表示为：

$$y=F(x_1,\ x_2,\ \cdots,\ x_i,\ \cdots,\ x_n) \tag{2-21}$$

式中　y——被测量；

x_1，x_2，…，x_i，…，x_n——各个实测量。

由于直接测量的测得值误差也按一定的函数关系传递到被测量的测量结果中，所以间接测量误差则是各个直接测得值误差的函数，这种误差为函数误差。

$$y+\Delta y=F(x_1+\Delta x_1,\ x_2+\Delta x_2,\ \cdots,\ x_n+\Delta x_n) \tag{2-22}$$

该函数的增量可用函数的全微分来表示，即：

$$\mathrm{d}y=\sum_{i=1}^{m}\frac{\partial F}{\partial x_i}\mathrm{d}x_i \tag{2-23}$$

式中　$\mathrm{d}y$——被测量的测量误差；

$\mathrm{d}x_i$——各个实测量的测量误差；

$\frac{\partial F}{\partial x_i}$——各个实测量测量误差的传递系数。

式（2-23）为函数误差的基本计算公式。

（2）函数的系统误差计算公式

如果各个实测量 x_i 的测得值中存在着系统误差 Δx_i，那么被测量 y 也存在着系统误差 Δy。以 Δx_i 代替式（2-23）中的 $\mathrm{d}x_i$，则可近似得到函数系统误差的计算公式，即：

$$\Delta y=\sum_{i=1}^{m}\frac{\partial F}{\partial x_i}\Delta x_i \tag{2-24}$$

式（2-24）即为间接测量中系统误差的计算公式。

（3）函数随机误差的计算

由于各个实测量 x_i 的测量值中存在着随机误差，因此被测量 y 也存在着随机误差。根据误差理论，函数的标准偏差 σ_y 与各个实测量的标准偏差 σ_{x_i} 的关系为：

$$\sigma_y = \sqrt{\sum_{i=1}^{m}\left(\frac{\partial F}{\partial x_i}\right)^2 \sigma_{x_i}^2} \tag{2-25}$$

如果各个实测几何量的随机误差均服从正态分布，则由式（2-25）可推导出函数的测量极限误差的计算公式，即：

$$\delta_{\lim(y)} = \pm\sqrt{\sum_{i=1}^{m}\left(\frac{\partial F}{\partial x_i}\right)^2 \delta_{\lim(x_i)}^2} \tag{2-26}$$

式中　$\delta_{\lim(y)}$——被测几何量的测量极限误差；

$\delta_{\lim(x_i)}$——各个实测量的测量极限误差。

（4）测量结果的计算

$$y' = (y-\Delta y) \pm \delta_{\lim(y)} \tag{2-27}$$

（5）间接测量列的数据处理步骤

1）找出函数表达式 $y=F(x_1, x_2, x_3, \cdots, x_m)$。

2）求出欲测几何量（函数）值 y。

3）计算函数的系统误差值 Δy。

4）计算函数的标准差值 σ_y 和函数的测量极限误差值 $\delta_{\lim(y)}$。

5）给出欲测几何量（函数）的结果表达式 $y_e = (y-\Delta y) \pm \delta_{\lim(y)}$。

例 2-2　用弓高弦长法间接测量圆弧样板的半径 R。测得弓高 $h=50$ mm，弦长 $b=400$ mm，其系统误差和测量极限误差分别为 $\Delta h=-0.2$ mm；$\delta_{\lim(h)}=\pm 0.05$ mm；$\Delta b=1$ mm；$\delta_{\lim(b)}=\pm 0.1$ mm。试确定圆弧半径 R 的测量结果。

解：1）由式（2-4）计算圆弧半径 R：

$$R=\frac{b^2}{8h}+\frac{h}{2}=\frac{400^2}{8\times 50}+\frac{50}{2}=425\ (\text{mm})$$

2）按式（2-23）计算圆弧半径 R 的系统误差 ΔR：

$$\begin{aligned}\Delta R &= \frac{\partial F}{\partial b}\Delta b+\frac{\partial F}{\partial h}\Delta h=\frac{b}{4h}\Delta b-\left(\frac{b^2}{8h^2}-\frac{1}{2}\right)\Delta h \\ &= \frac{400\times(1)}{4\times 50}-\left(\frac{400^2}{8\times 50^2}-\frac{1}{2}\right)\times(-0.2)=3.5\ (\text{mm})\end{aligned}$$

3）按式（2-25）计算圆弧半径 R 的测量极限误差 $\delta_{\lim(R)}$：

$$\begin{aligned}\delta_{\lim(R)} &= \pm\sqrt{\left(\frac{b}{4h}\right)^2\delta_{\lim(b)}^2+\left(\frac{b^2}{8h^2}-\frac{1}{2}\right)^2\delta_{\lim(h)}^2} \\ &= \pm\sqrt{\left(\frac{400}{4\times 50}\right)^2\times 0.1^2+\left(\frac{400^2}{8\times 50^2}-\frac{1}{2}\right)^2\times 0.05^2}=\pm 0.42\ (\text{mm})\end{aligned}$$

4）按式（2-26）确定测量结果 R'：

$$\begin{aligned}R' &= (R-\Delta R)\pm\delta_{\lim(R)}=(425-3.5)\pm 0.42 \\ &= 421.5\pm 0.42\ (\text{mm})\end{aligned}$$

根据测量与计算结果可判断该圆弧样板是否合格。

习题

1. 测量的实质是什么？测量和检验有何区别？

2. “刻度间距”与“标尺间隔”有何不同？“放大比”与“灵敏度”有何关系？标尺的“示值范围”与测量器具的“测量范围”有何区别？

3. 量块是怎样分“等”和“级”的？按“等”和按“级”使用量块有什么不同？

4. 试用 83 块一套的量块，选择 47.685 mm 和 30.555 mm 的量块组。

5. 测量误差分为几类？各有何特征？测量方法的分类有几种？

6. 如何减少测量误差对测量结果的影响？

7. 在相同的测量条件下，对某一尺寸重复测量 15 次，测得的值分别为（单位 mm）：20.534 8、20.533 7、20.534 5、20.533 8、20.534 2、20.534 6、20.534 0、20.534 1、20.534 5、20.533 9、20.534 5、20.534 1、20.534 2、20.534 4、20.534 6。试求该零件的测量结果。

第3章　尺寸公差与圆柱结合的互换性

机械行业在国民经济中占有举足轻重的地位，而孔、轴配合是机械制造中最广泛的一种配合，它对机械产品的使用性能和寿命有很大的影响，所以说孔、轴配合是机械工程中重要的基础标准，它不仅适用于圆柱形孔、轴的配合，也适用于由单一尺寸确定的配合表面的配合。为了保证互换性，统一设计、制造、检验、使用和维修，特制定孔、轴的极限与配合的国家标准。

为适应科学技术的飞速发展，适应国际贸易、技术和经济交流以及采用国家标准的需要，为了使我国的标准尽可能与国际标准一致或等同，经国家技术监督局批准，依据国际标准 ISO286 等修订并颁布了公差与配合标准。

新修订的孔、轴极限与配合标准由以下几部分组成：

1）GB/T 1800.1—2009《产品几何技术规范（GPS）极限与配合　第1部分：公差、偏差和配合的基础》。

2）GB/T 1800.2—2009《产品几何技术规范（GPS）极限与配合　第2部分：标准公差等级和孔轴的极限偏差表》。

3）GB/T 1801—2009《产品几何技术规范（GPS）极限与配合　公差带和配合的选择》。

4）GB/T 1803—2003《极限与配合　尺寸至18 mm孔、轴公差带》。

5）GB/T 1804—2000《一般公差　未注公差的线性和角度尺寸的公差》。

本章就上述标准的基本概念、基本原理及其应用进行阐述。

3.1　基本术语和定义

3.1.1　孔与轴

1. 孔

孔是圆柱形的内表面及由单一尺寸确定的内表面。孔的内部没有材料，从装配关系上看孔是包容面。孔的直径用大写字母“D”表示。

2. 轴

轴是圆柱形的外表面及由单一尺寸确定的外表面。轴的内部有材料，从装配关系上看轴是被包容面。轴的直径用小写字母“d”表示。

如图3-1所示，在圆柱与圆孔、键与键槽的结合中，圆柱和键就是轴，圆孔和键槽就是孔。

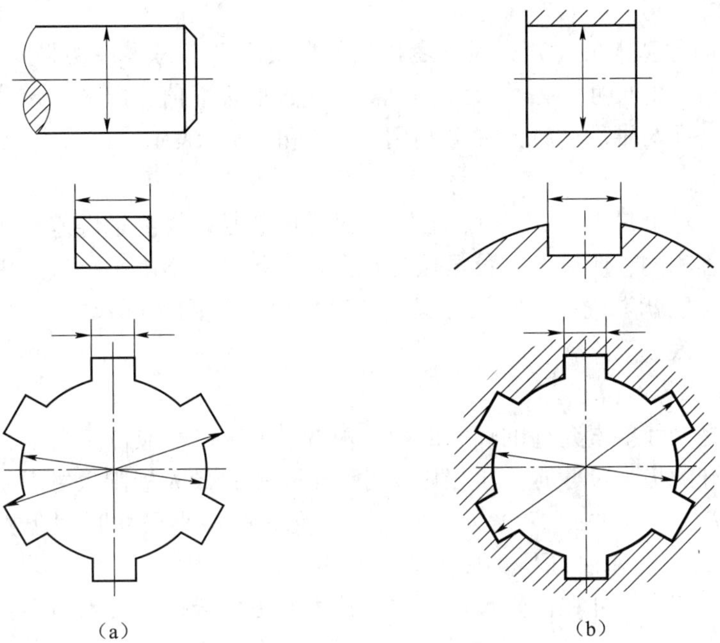

图 3-1　孔与轴

（a）轴；（b）孔

这里的孔和轴是广义的，它包括圆柱形的和非圆柱形的孔和轴。从加工过程看，随着余量的切除，孔的尺寸由小变大，轴的尺寸由大变小。就测量而言，也有所不同，例如，测孔用内卡尺，测轴用外卡尺。图 3-2 中由标注尺寸 D_1、D_2、D_3、D_4 所确定的部分皆为孔，而由 d_1、d_2、d_3、d_4 所确定的部分皆为轴。

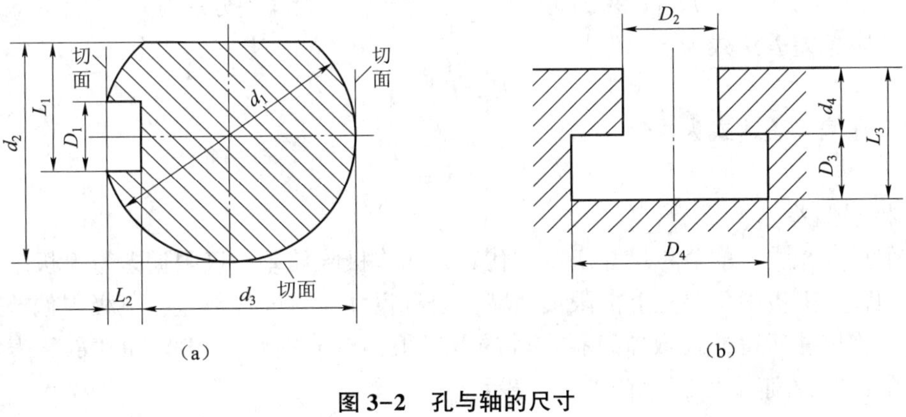

图 3-2　孔与轴的尺寸

3.1.2　有关尺寸的术语和定义

1. 线性尺寸

线性尺寸是以特定单位表示的两点之间的距离，如长度、宽度、高度、半径、直径及中心距等。在机械工程图中，通常以毫米（mm）为单位。

2. 公称尺寸

公称尺寸（旧称基本尺寸）是设计者根据使用要求，考虑零件的强度、刚度和结构后，经过计算、圆整给出的尺寸。公称尺寸一般都尽量选取标准值，以减少定值刀具、夹具和量具的规格和数量。孔与轴的公称尺寸分别用“D”和“d”表示。

3. 实际尺寸

实际尺寸是经过测量得到的尺寸。在测量过程中总是存在测量误差，而且测量位置不同所得的测量值也不相同，所以，真值虽然客观存在但是测量不出来，只能用一个近似真值的测量值代替真值。也就是说，实际尺寸具有不确定性。孔的实际尺寸用“D_a”表示，轴的实际尺寸用“d_a”表示。

4. 极限尺寸

极限尺寸就是尺寸要素允许的尺寸的两个极端。实际尺寸应位于其中，也可达到极限尺寸。尺寸要素允许的最大尺寸叫“上极限尺寸”（旧称“最大极限尺寸”），孔和轴的上极限尺寸分别用“D_{max}”和“d_{max}”表示；尺寸要素允许的最小尺寸叫“下极限尺寸”（旧称“最小极限尺寸”），孔和轴的下极限尺寸分别用“D_{min}”和“d_{min}”表示。极限尺寸是用来限制实际尺寸的。实际尺寸在极限尺寸范围内，表明工件合格，否则为不合格。

3.1.3 有关偏差和公差的术语和定义

1. 偏差

尺寸偏差是某一尺寸（实际尺寸、极限尺寸等）减去公称尺寸所得的“代数差”。偏差又分为实际偏差和极限偏差。

（1）实际偏差

实际尺寸减去它的公称尺寸所得的偏差叫作实际偏差。实际偏差分别用“E_a”和“e_a”表示。

孔的实际偏差表达式为：

$$E_a = D_a - D \tag{3-1}$$

轴的实际偏差表达式为：

$$e_a = d_a - d \tag{3-2}$$

（2）极限偏差

用极限尺寸减去它的公称尺寸所得的代数差叫作极限偏差。极限偏差有上极限偏差和下极限偏差两种。上极限偏差是上极限尺寸减去公称尺寸所得的代数差，下极限偏差是下极限尺寸减去公称尺寸所得的代数差。孔和轴的上极限偏差分别用“ES”和“es”表示，孔和轴的下极限偏差分别用“EI”和“ei”表示。

极限偏差可用下列公式表示：

$$\mathrm{ES} = D_{max} - D \tag{3-3}$$

$$\mathrm{EI} = D_{min} - D \tag{3-4}$$

$$\mathrm{es} = d_{max} - d \tag{3-5}$$

$$\mathrm{ei} = d_{min} - d \tag{3-6}$$

偏差值是代数值，可以为正值、负值或零，计算或标注时除零以外都必须带正、负号。合格的孔和轴，其实际偏差应位于极限偏差范围内，即对于孔而言，应有：

$$EI \leqslant E_a \leqslant ES \tag{3-7}$$

对于轴而言，应有：

$$ei \leqslant e_a \leqslant es \tag{3-8}$$

2. 公差

尺寸公差（简称“公差”）是允许尺寸的变动量，它等于上极限尺寸与下极限尺寸相减所得的代数差，也等于上极限偏差与下极限偏差相减所得的代数差。公差是绝对值，不能为负值，也不能为零（公差为零，零件将无法加工）。孔和轴的公差分别用“T_h”和“T_s”表示。

尺寸公差、极限尺寸和极限偏差的关系如下：

孔的公差与极限尺寸、极限偏差的关系表达式为：

$$T_h = |D_{max} - D_{min}| = |ES - EI| \tag{3-9}$$

轴的公差与极限尺寸、极限偏差的关系表达式为：

$$T_s = |d_{max} - d_{min}| = |es - ei| \tag{3-10}$$

公差与偏差是两个不同的概念，主要区别如下：

1）偏差可以为正值、负值或零，而公差一定是正值。

2）极限偏差用于限制实际偏差，而公差用于限制误差。

3）单个零件，只能测出尺寸“实际偏差”；对数量足够多的一批零件，才能确定尺寸误差。

4）偏差取决于加工机床的调整，如车削时进刀的位置，不反映加工难易；而公差表示对制造精度的要求，反映一批零件尺寸的均匀程度，反映加工难易。

5）基本偏差主要反映公差带位置，影响配合松紧程度，而公差反映公差值的大小，影响配合精度。

例 3-1　已知孔和轴的公称尺寸分别为孔 $\phi 50^{+0.039}_{0}$ mm，轴 $\phi 50^{-0.009}_{-0.034}$ mm，求孔与轴的极限尺寸与公差。

解：根据极限偏差与公差的计算公式，可得：

孔的上极限尺寸　$D_{max} = ES + D = +0.039 + 50.000 = 50.039$（mm）

孔的下极限尺寸　$D_{min} = EI + D = 0 + 50.000 = 50.000$（mm）

孔的公差　$T_h = |D_{max} - D_{min}| = |50.039 - 50.000| = 0.039$（mm）

或 $T_h = |ES - EI| = |0.039 - 0| = 0.039$（mm）

轴的上极限尺寸　$d_{max} = es + d = -0.009 + 50.000 = 49.991$（mm）

轴的下极限尺寸　$d_{min} = ei + d = -0.034 + 50.000 = 49.966$（mm）

轴的公差　$T_s = |d_{max} - d_{min}| = |49.991 - 49.966| = 0.025$（mm）

或 $T_s = |es - ei| = |-0.009 - (-0.034)| = 0.025$（mm）

3. 公差带图解

（1）公差带图

由于公差及偏差的数值与尺寸数值相比，差别甚大，不能使用同一比例表示，故采用公差与配合图解，简称“公差带图”。它直观地说明了公称尺寸、偏差和公差三者之间的关系，如图 3-3 所示。

（2）零线

在公差带图中，表示公称尺寸的一条直线称为“零线”，以其为基准确定偏差和公差。零线通常沿水平方向绘制，正极限偏差位于零线上方，负极限偏差位于零线下方。

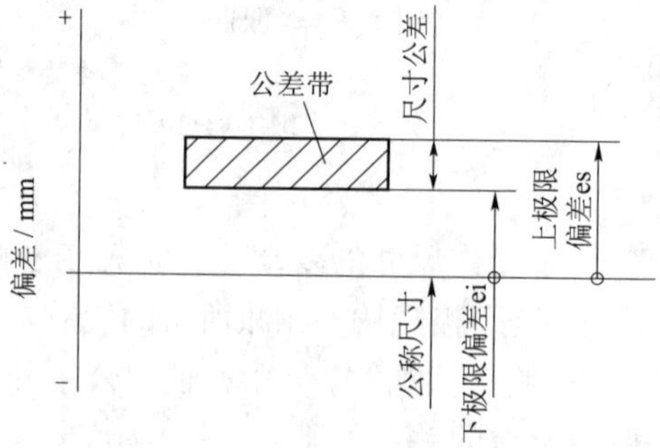

图 3-3　公差带图

（3）尺寸公差带

在公差带图中，由代表上、下极限偏差的两条直线所限定的一个区域，称为“尺寸公差带”，如图 3-4 所示。

公差带有两个基本参数，即公差带大小与公差带位置。公差带的位置由基本偏差决定，公差带的大小（指公差带的纵向距离）由标准公差决定。

在绘制公差带图时，应该用不同的方式来区分孔、轴公差带，如图 3-4 所示，孔、轴公差带可用不同方向的剖面线区分。公差带的位置和大小应按比例绘制。公差带的横向宽度没有实际意义，可在图中适当选取。

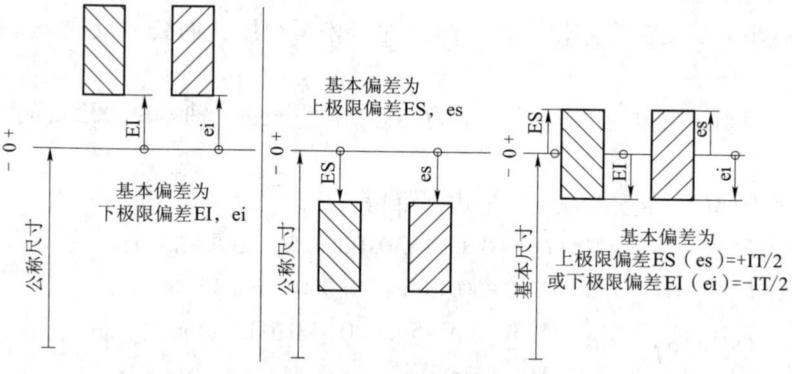

图 3-4　基本偏差示意图

（4）基本偏差

在国家极限与配合标准中，把距离零线最近的那个上极限偏差或下极限偏差称为“基本偏差”，它是用来确定公差带与零线相对位置的偏差，见图 3-4。

公差带图中，公称尺寸和上、下极限偏差的量纲可省略不写，公称尺寸的量纲默认为毫米（mm），上、下极限偏差的量纲默认为微米（μm）。公称尺寸应书写在标注零线的公称尺寸线左方，字体方向与图中“公称尺寸”一致。上、下极限偏差书写（零可以不写）必须带正、负号。

（5）标准公差

标准公差指在 ISO 极限与配合制中所规定的任一公差，通常用“IT”表示，即国际公差（International Tolerance）。

4. 加工误差和公差的关系

工件加工后的实际几何参数（几何尺寸、几何形状和相互位置等）与理想几何参数之间的偏差程度称为“加工误差”，主要包括尺寸误差、几何误差。

3.1.4　有关配合的术语和定义

1. 配合

配合是指公称尺寸相同的、相互结合的孔和轴公差带之间的关系，如图 3-5 所示。

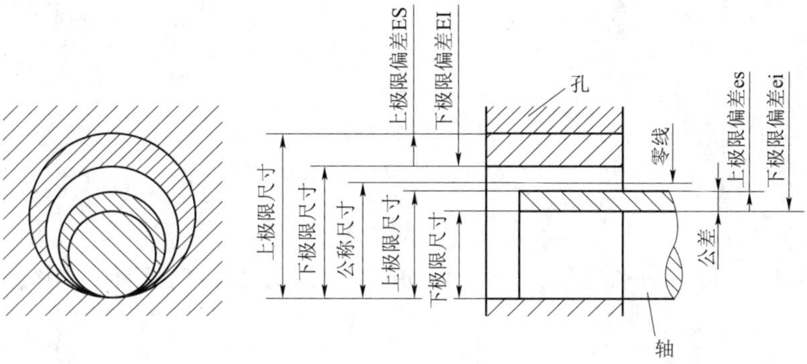

图 3-5　公差与配合示意图

2. 间隙与过盈

孔的尺寸减去相结合的轴的尺寸所得的代数差为正时，称为“间隙”，用大写字母“X”表示。孔的尺寸减去相结合的轴的尺寸所得的代数差为负时，称为“过盈”，用大写字母“Y”表示，如图 3-6 所示。

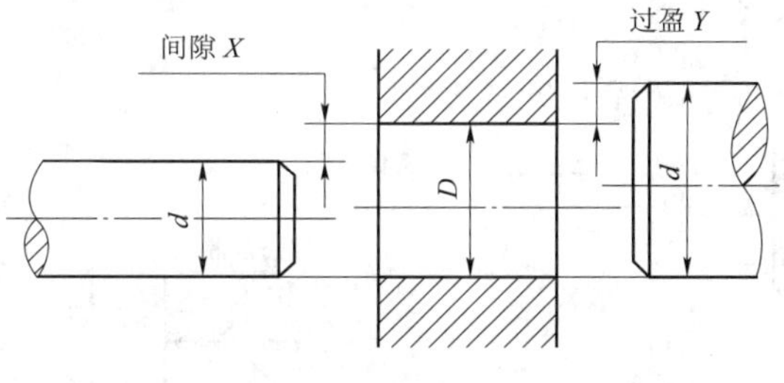

图 3-6　间隙与过盈

3. 配合的种类

(1) 间隙配合

具有间隙的配合（包括间隙为零）称为“间隙配合”。当配合为间隙配合时，孔的公差带在轴的公差带上方，如图 3-7 所示。

在间隙配合中，孔的上极限尺寸减去轴的下极限尺寸之差称为“最大间隙”，用“X_{max}”表示，可用公式表示为：

$$X_{max}=D_{max}-d_{min}=\mathrm{ES}-\mathrm{ei} \tag{3-11}$$

孔的下极限尺寸减去轴的上极限尺寸之差称为“最小间隙”，用“X_{min}”表示，可用公式表示为：

$$X_{min}=D_{min}-d_{max}=\mathrm{EI}-\mathrm{es} \tag{3-12}$$

最大、最小间隙统称为“极限间隙”，它们是允许间隙的两个极端。实际间隙 X_a 应满足：

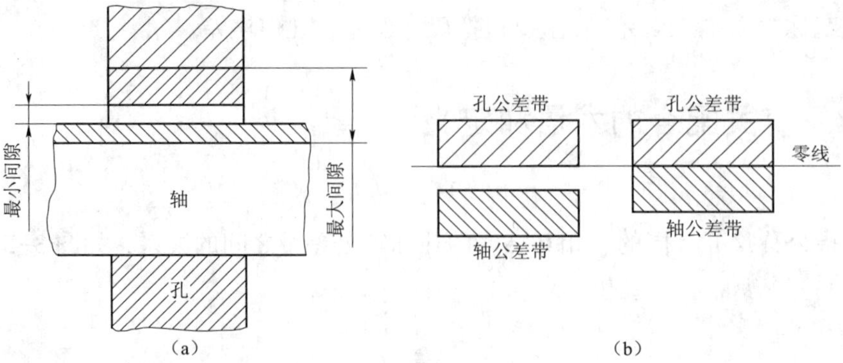

图 3-7 间隙配合

(a) 示意图；(b) 公差带

$$X_{min} \leqslant X_a \leqslant X_{max} \tag{3-13}$$

最大间隙与最小间隙的平均值称为“平均间隙”，用“X_{av}”表示，用公式表示为：

$$X_{av} = \frac{X_{max} + X_{min}}{2} \tag{3-14}$$

此时的配合公差或称“间隙公差”，用“T_f”表示，是允许间隙的变动量，它等于最大间隙与最小间隙差的绝对值，也等于孔的公差与轴的公差之和，可用公式表示为：

$$T_f = |X_{max} - X_{min}| = T_s + T_h \tag{3-15}$$

(2) 过盈配合

具有过盈的配合（包括过盈为零）称为“过盈配合”。当配合为过盈配合时，孔的公差带在轴的公差带下方，如图 3-8 所示。

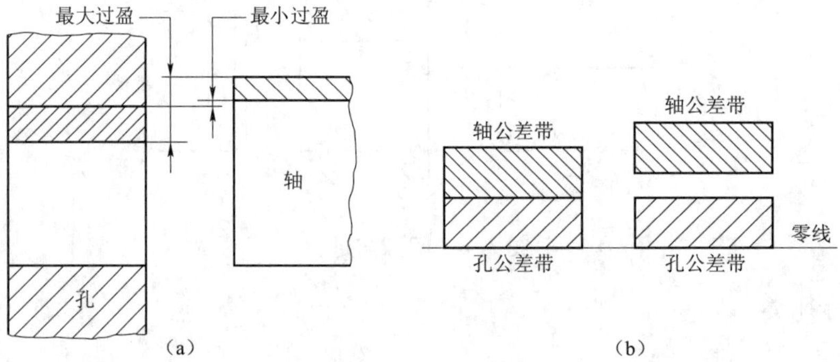

图 3-8 过盈配合

(a) 示意图；(b) 公差带

在过盈配合中，孔的下极限尺寸减去轴的上极限尺寸之差称为“最大过盈”，用“Y_{max}”表示，用公式表示为：

$$Y_{max} = D_{min} - d_{max} = \text{EI} - \text{es} \tag{3-16}$$

孔的上极限尺寸减去轴的下极限尺寸之差称为“最小过盈”，用“Y_{min}”表示，用公式表示为：

$$Y_{min} = D_{max} - d_{min} = \text{ES} - \text{ei} \tag{3-17}$$

最大、最小过盈统称为“极限过盈”，它们是允许过盈的两个极端。实际过盈 Y_a 应满足：

$$|Y_{min}| \leqslant |Y_a| \leqslant |Y_{max}| \tag{3-18}$$

最大过盈与最小过盈的平均值称为“平均过盈”，用“Y_{av}”表示，用公式表示为：

$$Y_{av}=\frac{Y_{max}+Y_{min}}{2} \tag{3-19}$$

配合公差或称“过盈公差”，是允许过盈的变动量，它等于最大过盈与最小过盈差的绝对值，也等于孔的公差与轴的公差之和，用公式表示为：

$$T_f=|Y_{max}-Y_{min}|=T_s+T_h \tag{3-20}$$

（3）过渡配合

可能具有间隙，也可能具有过盈（针对大批零件而言）的配合称为“过渡配合”。当配合为过渡配合时，孔的公差带和轴的公差带相互交叉，如图 3-9 所示。

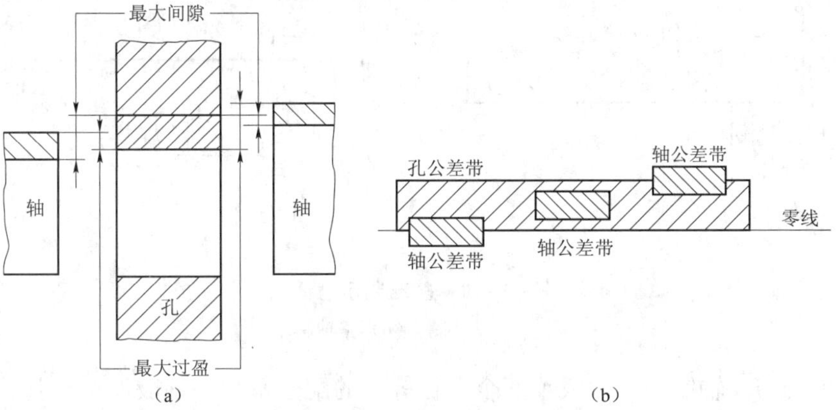

图 3-9　过渡配合

（a）示意图；（b）公差带

在过渡配合中，用孔的上极限尺寸（或孔的上极限偏差）减去轴的下极限尺寸（或轴的下极限偏差）所得的代数差为过渡配合的最大间隙，可由式（3-11）来计算；孔的下极限尺寸（或孔的下极限偏差）减去轴的上极限尺寸（或轴的上极限偏差）所得的代数差为过渡配合最大过盈，可由式（3-16）计算。

平均间隙或过盈按下式计算：

$$X_{av}\text{（或 }Y_{av}\text{）}=\frac{X_{max}+Y_{max}}{2} \tag{3-21}$$

式（3-21）结果为“正”时是平均间隙，为“负”时是平均过盈。实际间隙或过盈应满足：

$$X_a \leqslant X_{max}\text{；}\ |Y_a| \leqslant |Y_{max}| \tag{3-22}$$

过渡配合的配合公差，是允许间隙或过盈的变动量，等于最大间隙与最大过盈差的绝对值，也等于孔的公差与轴的公差之和，可用公式表示为：

$$T_f=|X_{max}-Y_{max}|=T_h+T_s \tag{3-23}$$

4. 配合制

配合制是同一极限制的孔和轴组成配合的一种制度，亦称“基准制”。GB/T 1800. 1—2009 对配合规定了两种配合制，即基孔制配合和基轴制配合。

（1）基孔制配合

基孔制是指基本偏差为一定的孔的公差带与不同基本偏差的轴的公差带形成各种配合的

一种制度，称为基孔制配合。在该配合中，孔为基准孔，它的公差带位于零线上方，基本偏差为下极限偏差，且 EI 为零，用代号 H 表示，如图 3-10（a）所示。

（2）基轴制配合

基轴制是指基本偏差为一定的轴的公差带与不同基本偏差的孔的公差带形成各种配合的一种制度，称为“基轴制配合”。在该配合中，轴为基准轴，它的公差带位于零线下方，基本偏差为上极限偏差，且 es 为零，用代号 h 表示，如图 3-10（b）所示。

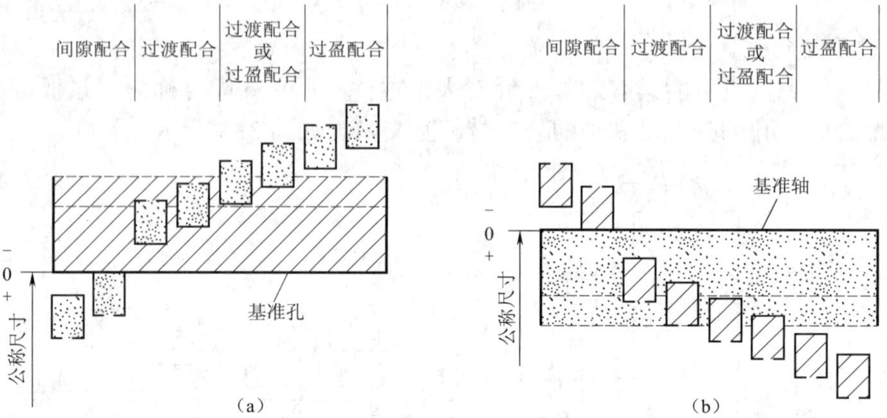

图 3-10　基准制示意图

（a）基孔制；（b）基轴制

基孔制配合与基轴制配合构成了两个平行等效的配合系列。一般地，在基孔制配合中给出的配合种类，在基轴制配合中也有相应的配合。

例 3-2　已知孔和轴的公称尺寸 D（d）$=\phi80$ mm，孔的上极限尺寸 $D_{max}=\phi80.046$ mm，孔的下极限尺寸 $D_{min}=\phi80.000$ mm，轴的上极限尺寸 $d_{max}=\phi80.015$ mm，轴的下极限尺寸 $d_{min}=\phi79.985$ mm。求孔、轴的极限偏差、公差、最大间隙或最大过盈、平均间隙或平均过盈、配合公差，画出尺寸公差带图解，并说明该配合属于哪种基准制，是什么配合。

解： 孔的极限偏差

$$ES=D_{max}-D=80.046-80=+0.046\ (\text{mm})$$

$$EI=D_{min}-D=80.000-80=0\ (\text{mm})$$

轴的极限偏差

$$es=d_{max}-d=80.015-80=+0.015\ (\text{mm})$$

$$ei=d_{min}-d=79.985-80=-0.015\ (\text{mm})$$

孔的公差

$$T_h=|ES-EI|=|0.046-0|=0.046\ (\text{mm})$$

轴的公差

$$T_s=|es-ei|=|0.015-(-0.015)|=0.030\ (\text{mm})$$

最大间隙

$$X_{max}=ES-ei=0.046-(-0.015)=+0.061\ (\text{mm})$$

最大过盈

$$Y_{max}=EI-es=0-0.015=-0.015\ (\text{mm})$$

平均间隙

$$X_{av}=\frac{(X_{max}+Y_{max})}{2}=\frac{(0.061-0.015)}{2}=0.023\ (mm)$$

配合公差

$$T_f=T_h+T_s=0.046+0.030=0.076\ (mm)$$

该配合为基孔制过渡配合，尺寸公差带如图 3-11 所示。

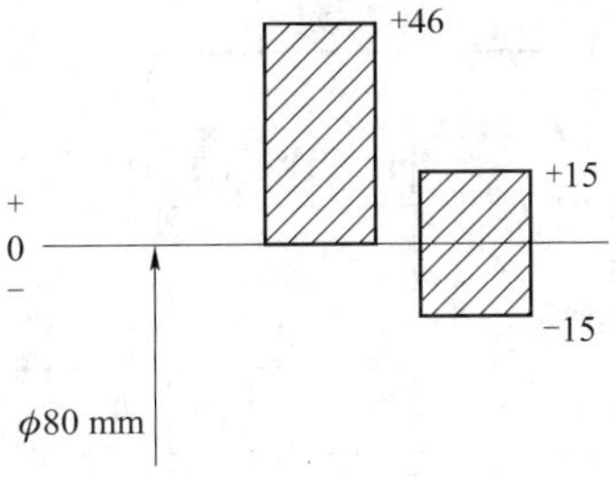

图 3-11　例 3-2 尺寸公差带

3.2　公差与配合的标准化

3.2.1　标准公差系列

机械产品中的孔、轴结合主要有三种形式：孔、轴有相对运动，孔、轴固定连接和孔、轴之间定位可拆连接。为了满足这三种配合需求，极限与配合国家标准规定了标准公差系列和基本偏差系列，标准公差用于确定公差带的大小，基本偏差用于确定公差带的位置。

标准公差是指极限与配合国家标准中所规定的任一公差，具体数值见表 3-1。标准公差的数值是由公差等级和公称尺寸确定的。

表 3-1　标准公差数值（摘自 GB/T 1800.1—2009）

公称直径/mm	公差等级																	
	IT1	IT2	IT3	IT4	IT5	IT6	IT7	IT8	IT9	IT10	IT11	IT12	IT13	IT14	IT15	IT16	IT17	IT18
	μm												mm					
≤3	0.8	1.2	2	3	4	6	10	14	25	40	60	100	0.14	0.25	0.40	0.60	1.0	1.4
>3~6	1	1.5	2.5	4	5	8	12	18	30	48	75	120	0.18	0.30	0.48	0.75	1.2	1.8
>6~10	1	1.5	2.5	4	6	9	15	22	36	58	90	150	0.22	0.36	0.58	0.90	1.5	2.2
>10~18	1.2	2	3	5	8	11	18	27	43	70	110	180	0.27	0.43	0.70	1.10	1.8	2.7
>18~30	1.5	2.5	4	6	9	13	21	33	52	84	130	210	0.33	0.52	0.84	1.30	2.1	3.3
>30~50	1.5	2.5	4	7	11	16	25	39	62	100	160	250	0.39	0.62	1.00	1.60	2.5	3.9
>50~80	2	3	5	8	13	19	30	46	74	120	190	300	0.46	0.74	1.20	1.90	3.0	4.6
>80~120	2.5	4	6	10	15	22	35	54	87	140	220	350	0.54	0.87	1.40	2.20	3.5	5.4
>120~180	3.5	5	8	12	18	25	40	63	100	160	250	400	0.63	1.00	1.60	2.50	4.0	6.3
>180~250	4.5	7	10	14	20	29	46	72	115	185	290	460	0.72	1.15	1.85	2.90	4.6	7.2
>250~315	6	8	12	16	23	32	52	81	130	210	320	520	0.81	1.30	2.10	3.20	5.2	8.1
>315~400	7	9	13	18	25	36	57	89	140	230	360	570	0.89	1.40	2.30	3.60	5.7	8.9
>400~500	8	10	15	20	27	40	63	97	155	250	400	630	0.97	1.55	2.50	4.00	6.3	9.7
>500~630	9	11	16	22	32	44	70	110	175	280	440	700	1.10	1.75	2.8	4.4	7.0	11.0
>630~800	10	13	18	25	36	50	80	125	200	320	500	800	1.25	2.0	3.2	5.0	8.0	12.5
>800~1 000	11	15	21	29	40	56	90	140	230	360	560	900	1.40	2.3	3.6	5.6	9.0	14.0

续表

公称直径/mm	公差等级																	
	IT1	IT2	IT3	IT4	IT5	IT6	IT7	IT8	IT9	IT10	IT11	IT12	IT13	IT14	IT15	IT16	IT17	IT18
	μm												mm					
>1 000~1 250	13	18	24	33	47	66	105	165	260	420	660	1 050	1. 65	2. 6	4. 2	6. 6	10. 5	16. 5
>1 250~1 600	15	21	29	39	55	78	125	195	310	500	780	1 250	1. 95	3. 1	5. 0	7. 8	12. 5	19. 5
>1 600~2 000	18	25	35	46	65	92	150	230	370	600	920	1 500	2. 30	3. 7	6. 0	9. 2	15. 0	23. 0
>2 000~2 500	22	30	41	55	78	110	175	280	440	700	1 100	1 750	2. 80	4. 4	7. 0	11. 0	17. 5	28. 0
>2 500~3 150	26	36	50	68	96	135	210	330	540	860	1 350	2 100	3. 30	5. 4	8. 6	13. 5	21. 0	33. 0

注：① 公称尺寸大于 500 mm 的 IT1~IT5 的标准公差数值为试行的。

② 公称尺寸小于或等于 1 mm 时，无 IT14~IT18。

1. 标准公差等级

在极限与配合国家标准中，同一公差等级对所有公称尺寸的一组公差被认为具有同等精确程度。国家标准在公称尺寸不大于 500 mm 范围内规定了 20 个标准公差等级，用 IT（ISO Tolerance 的简写）加阿拉伯数字表示，即 IT01、IT0、IT1、IT2、…、IT18。从 IT01 到 IT18，等级依次降低，而相应的标准公差值依次增大。在公称尺寸大于 500 mm 而小于 3 150 mm 的范围内，规定了 IT1~IT18 共 18 个标准公差等级。

2. 标准公差因子

标准公差因子（又称"公差单位"）是计算标准公差值的基本单位，是制定标准公差数值（见表 3-1）系列的基础。利用统计法在生产中可发现：在相同的加工条件下，公称尺寸不同的孔或轴加工后产生的加工误差不相同，而且误差的大小无法比较；在尺寸较小时加工误差与公称尺寸呈立方抛物线关系，在尺寸较大时接近线性关系。由于误差是由公差来控制，所以，利用这个规律可反映公差与公称尺寸之间的关系。

对于公称尺寸不大于 500 mm 的常用尺寸段，标准公差因子 i 为：

$$i=0.45\sqrt[3]{D}+0.001D\ (\mu m) \tag{3-24}$$

式中 D——公差尺寸分段的计算尺寸，mm。

式（3-24）中的第一项反映加工误差的影响，第二项反映测量误差的影响，主要是温度变化测量误差的影响。

对于公称尺寸大于 500 mm 而小于 3 150 mm 的大尺寸段，其标准公差因子 I 为：

$$I=0.004D+2.1\ (\mu m) \tag{3-25}$$

尺寸大时，测量误差是主要因素，特别是温度变化引起的测量误差对测量结果的影响比较大，所以，标准公差因子与公称尺寸之间呈线性关系，如图 3-12 所示。

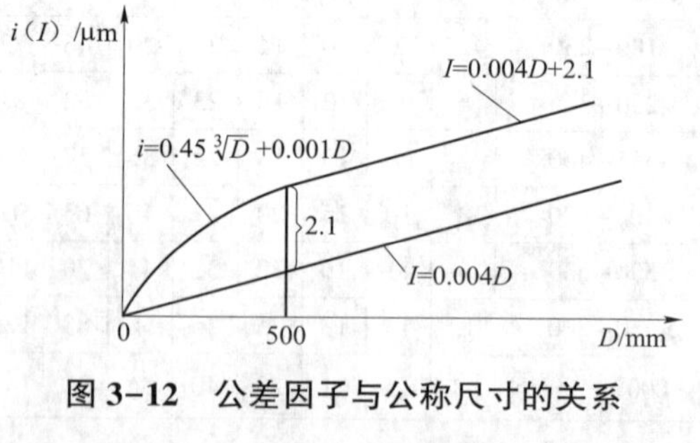

图 3-12　公差因子与公称尺寸的关系

3. 标准公差的计算

公称尺寸不大于 500 mm 的各公差等级的标准公差计算公式见表 3-2。

表 3-2　公称尺寸不大于 500 mm 时标准公差计算公式（摘自 GB/T 1800.1—2009）

标准公差等级	计算公式	标准公差等级	计算公式	标准公差等级	计算公式
IT01	$0.3+0.008D$	IT6	$10i$	IT13	$250i$
IT0	$0.5+0.012D$	IT7	$16i$	IT14	$400i$
IT1	$0.8+0.02D$	IT8	$25i$	IT15	$640i$
IT2	$(IT1)(IT5/IT1)^{1/4}$	IT9	$40i$	IT16	$1\,000i$
IT3	$(IT1)(IT5/IT1)^{1/2}$	IT10	$64i$	IT17	$1\,600i$
IT4	$(IT1)(IT5/IT1)^{3/4}$	IT11	$100i$	IT18	$2\,500i$
IT5	$7i$	IT12	$160i$		

对于高精度 IT01、IT0 和 IT1 级，主要考虑测量误差，其标准公差和公称尺寸呈线性关系，见表 3-2。

IT2～IT4 是在 IT1～IT5 插入三级，按等比数列递增，公比为 $a=(IT5/IT1)^{1/4}$，见表 3-2。

对于 IT5～IT18 级，标准公差计算公式为：

$$IT=ai \tag{3-26}$$

式中　a——公差等级系数。

公差等级系数 a 的值见表 3-2，采用 R5 优先数系中的数值。R5 优先数系是公比为 1.6 的等比数列。从 IT6 起，每增加 5 个等级，标准公差值增加 10 倍。

在国家标准各个公差等级之间，数值分布的规律性很强，便于标准的发展和扩大使用，如有必要，可插入中间等级。

公称尺寸大于 500～3 150 mm 的公差等级的标准公差计算公式见表 3-3。

表 3-3　公称尺寸大于 500～3 150 mm 的标准公差计算公式（摘自 GB/T 1800.1—2009）

标准公差等级																	
IT1	IT2	IT3	IT4	IT5	IT6	IT7	IT8	IT9	IT10	IT11	IT12	IT13	IT14	IT15	IT16	IT17	IT18
$2I$	$2.7I$	$3.7I$	$5I$	$7I$	$10I$	$16I$	$25I$	$40I$	$64I$	$100I$	$160I$	$250I$	$400I$	$640I$	$1\,000I$	$1\,600I$	$2\,500I$

4. 公称尺寸分段

标准公差计算公式中包含标准公差因子，而标准公差因子是公称尺寸的函数，每个公称尺寸都对应一个标准公差值。公称尺寸数目很多，相应的公差值也很多，这将使标准公差数值表相当庞大，使用起来很不方便，而且相近的公称尺寸，其标准公差值相差很小。为了简化标准公差数值表，国家标准将公称尺寸分成主段落和中间段落，具体分段见表 3-4。一般在标准公差表中，使用较疏分段的主段落，如表 3-1 中所示；分段较密的中间段落，应用于对过盈和间隙比较敏感的配合，如基本偏差表 3-6 和表 3-7 所示，将在 3.2.2 中予以阐述。

表 3-4　公称尺寸分段（摘自 GB/T 1800.1—2009）　　mm

主段落		中间段落	
大于	至	大于	至
—	3	无细分段	
3	6		
6	10		
10	18	10	14
		14	18
18	30	18	24
		24	30
30	50	30	40
		40	50
50	80	50	65
		65	80
80	120	80	100
		100	120
120	180	120	140
		140	160
		160	180
180	250	180	200
		200	225
		225	250

主段落		中间段落	
大于	至	大于	至
250	315	250	280
		280	315
315	400	315	355
		355	400
400	500	400	450
		450	500
500	630	500	560
		560	630
630	800	630	710
		710	800
800	1 000	800	900
		900	1 000
1 000	1 250	1 000	1 120
		1 120	1 250
1 250	1 600	1 250	1 400
		1 400	1 600
1 600	2 000	1 600	1 800
		1 800	2 000
2 000	2 500	2 000	2 240
		2 240	2 500
2 500	3 150	2 500	2 800
		2 800	3 150

公称尺寸分段后，在同一尺寸段内，只要公差等级相同，不论尺寸大小，标准公差值都相同。在标准公差计算公式中，公称尺寸 D 用每一尺寸段的首、尾两个尺寸的几何平均值，即：

$$D=\sqrt{D_1 \times D_2} \qquad (3\text{-}27)$$

例 3-3　公称尺寸为 20 mm，求 IT6、IT7 的公差值。

解：公称尺寸为 20 mm，属于 18~30 mm 的尺寸段范围，则：

$$D=\sqrt{18\times 30}=23.24\ (\text{mm})$$

公差单位

$$i=0.45\sqrt[3]{D}+0.001D$$

$$=0.45\sqrt[3]{23.24}+0.001\times 23.24=1.31\ (\mu\text{m})$$

查表 3-2 可得，$IT6=10i$，$IT7=16i$，即：

$$IT6=10i=10\times 1.31=13.1\ (\mu\text{m})\approx 13\ \mu\text{m}$$

$$IT7=16i=16\times 1.31=20.96\ (\mu\text{m})\approx 21\ \mu\text{m}$$

按此种方法即可得到标准公差数值表，见表 3-1。

3.2.2　基本偏差系列

1. 基本偏差

基本偏差（Fundamental Deviation）是国家标准极限与配合制（GB/T 1800.1—2009）中确定公差带相对零线位置的那个极限偏差，它可以是上极限偏差或下极限偏差，一般为靠近零线的那个极限偏差。

2. 基本偏差代号

为了满足各种不同配合的需要，国家标准对孔和轴分别规定了 28 种基本偏差，其代号用拉丁字母表示，大写代表孔，小写代表轴，如图 3-13 所示。从 26 个字母中去掉 5 个容易和其他参数混淆的字母“I（i）、L（l）、O（o）、Q（q）、W（w）”外，其余 21 个字母再加上 7 个双写字母“CD（cd）、EF（ef）、FG（fg）、JS（js）、ZA（za）、ZB（zb）、ZC（zc）”，共计 28 个字母作为 28 种基本偏差的代号。在 28 个基本偏差代号中，其中 JS 和 js 的公差带是关于零线对称的，并且逐渐代替近似对称的基本偏差 J 和 j，它的基本偏差与公差等级有关，而其他基本偏差与公差等级没有关系。

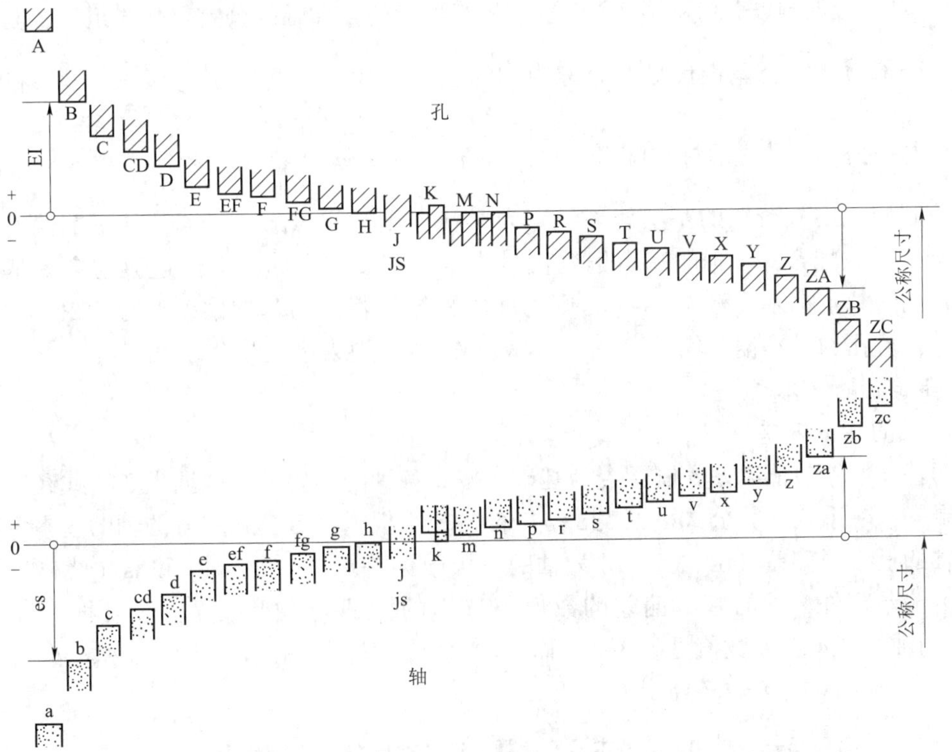

图 3-13　基本偏差系列图

从图 3-13 中可见，基本偏差具有下列特点：

1）孔基本偏差中，A~G 的基本偏差为下极限偏差 EI（正值），J~ZC 的基本偏差为上极限偏差 ES（除 J、K 外，其余均为负值）。轴基本偏差中，a~g 的基本偏差为上极限偏差 es

（负值），j～zc 的基本偏差为下极限偏差 ei（除 j、k 外，其余均为正值）。

2）H 和 h 分别为基准孔和基准轴的基本偏差代号，H 的基本偏差 EI＝0，h 的基本偏差 es＝0。

3）基本偏差代号 JS 和 js 的公差带对称分布于零线两侧，因此，它们的基本偏差既可以是上极限偏差（+IT/2）也可以是下极限偏差（−IT/2）。

4）基本偏差的大小一般与公差等级无关。如 A～H 和 a～h 的基本偏差值不论公差等级如何，均为一定值。但对于 js、j、k 以及 JS、J～ZC，其基本偏差值则与公差等级有关。

3. 公差带和配合的表示方法

（1）公差带的表示方法

公差带用基本偏差代号和公差等级数字表示，称为“公差带代号”。例如，F8、H7、M6、P7 是孔的公差带代号，f6、g7、h6、m6 是轴的基本偏差代号。

在零件图上，应在公称尺寸之后标注公差带代号或标注上、下极限偏差值，或同时标注公差带代号和上、下极限偏差值。例如，某孔的公差带可有三种标注方式：$\phi30H7$、$\phi30^{+0.021}_{0}$ 和 $\phi30H7(^{+0.021}_{0})$；某轴的公差带也有三种标注方式：$\phi30f6$、$\phi30^{-0.020}_{-0.033}$ 和 $\phi30f6(^{-0.020}_{-0.033})$。

（2）配合的表示方法

配合可以用配合代号表示。配合代号由相互配合的孔和轴的公差带代号组成，写成分数的形式，分子为孔的公差带代号，分母为轴的公差带代号。例如，$\frac{H7}{g6}$或 H7/g6。在装配图上，应在同一公称尺寸之后标注配合代号。如 $\phi30\frac{H7}{g6}$或 $\phi30H7/g6$。

基孔制配合中，若轴的基本偏差代号为 a～h，则为间隙配合；若轴的基本偏差代号为 p～zc，则为过盈配合；若轴的基本偏差代号为 js、j、k、m、n，则为过渡配合。基轴制配合中，若孔的基本偏差代号为 A～H，则为间隙配合；若孔的基本偏差代号为 P～ZC，则为过盈配合；若孔的基本偏差代号为 JS、J、K、M、N，则为过渡配合。

4. 轴和孔的基本偏差

（1）轴的基本偏差

轴的基本偏差数值以基孔制配合为基础，按照各种配合要求，根据生产实践经验和统计分析结果得出一系列计算公式，见表 3-5。表 3-5 中根据计算公式求得的轴的基本偏差，即 a～h 为轴的上极限偏差（es），k～zc 为轴的下极限偏差（ei）。除轴 j 和 js（严格地说，两者无基本偏差）外，轴的基本偏差的数值与选用的标准公差等级无关。公称尺寸不大于 500 mm 的轴的基本偏差数值见表 3-6，而轴的另一个偏差是根据基本偏差和标准公差的关系，按照 es＝ei+IT 或 ei＝es−IT 计算得出。

表 3-5　轴和孔的基本偏差计算公式（摘自 GB/T 1800.1—2009）

公称尺寸/mm		轴			公式	孔		
大于	至	基本偏差	符号	极限偏差		基本偏差	符号	极限偏差
1	120	a	−	es	265+1.3D	A	+	EI
120	500			es	3.5D			

续表

公称尺寸/mm		轴			公式	孔		
大于	至	基本偏差	符号	极限偏差		基本偏差	符号	极限偏差
1	160	b	−	es	约 140+0.85D	B	+	EI
160	500			es	约 1.8D			
0	40	c	−	es	52$D^{0.2}$	C	+	EI
40	500			es	95+0.8D			
0	10	cd	−	es	C、c 和 D、d 值的几何平均值	CD	+	EI
0	3 150	d	−	es	16$D^{0.44}$	D	+	EI
0	3 150	e	−	es	11$D^{0.41}$	E	+	EI
0	10	ef	−	es	E、e 和 F、f 值的几何平均值	EF	+	EI
0	3 150	f	−	es	5.5$D^{0.41}$	F	+	EI
0	10	fg	−	es	F、f 和 G、g 值的几何平均值	FG	+	EI
0	3 150	g	−	es	2.5$D^{0.34}$	G	+	EI
0	3 150	h	无符号	es	偏差=0	H	无符号	EI
0	500	j			无公式	J		
0	3 150	js	+ −	es ei	0.5IT_n	JS	+ −	EI ES
0	500	k	+	ei	+0.6$\sqrt[3]{D}$	K	−	ES
500	3 150		无符号		偏差 0		无符号	
0	500	m	+	ei	IT7−IT6	M	−	ES
500	3 150				0.024D+12.6			
0	500	n	+	ei	5$D^{0.34}$	N	−	ES
500	3 150				0.04D+21			
0	500	p	+	ei	IT7+（0~5）	P	−	ES
500	3 150				0.072D+37.8			
0	3 150	r	+	ei	P、p 和 S、s 值的几何平均值	R	−	ES
0	50	s	+	ei	IT8+（1~4）	S	−	ES
50	3 150				IT7+0.4D			
24	3 150	t	+	ei	IT7+0.63D	T	−	ES
0	3 150	u	+	ei	IT7+D	U	−	ES
14	500	v	+	ei	IT7+1.25D	V	−	ES
0	500	x	+	ei	IT7+1.6D	X	−	ES
18	500	y	+	ei	IT7+2D	Y	−	ES
0	500	z	+	ei	IT7+2.5D	Z	−	ES
0	500	za	+	ei	IT8+3.15D	ZA	−	ES
0	500	zb	+	ei	IT9+4D	ZB	−	ES
0	500	zc	+	ei	IT10+5D	ZC	−	ES

表 3-6　公称尺寸≤500 mm 的轴的基本偏差（摘自 GB/T 1800. 1—2009）

μm

基本偏差		上极限偏差（es）											js	下极限偏差（ei）				
		a	b	c	cd	d	e	ef	f	fg	g	h		j			k	
公称尺寸/mm		公差等级																
大于	至	所有的级												5、6	7	8	4~7	≤3 >7
—	3	−270	−140	−60	−34	−20	−14	−10	−6	−4	−2	0	偏差等于 $\pm\frac{IT_n}{2}$	−2	−4	−6	0	0
3	6	−270	−140	−70	−46	−30	−20	−14	−10	−6	−4	0		−2	−4	—	+1	0
6	10	−280	−150	−80	−56	−40	−25	−18	−13	−8	−5	0		−2	−5	—	+1	0
10	14	−290	−150	−95	—	−50	−32	—	−16	—	−6	0		−3	−6	—	+1	0
14	18																	
18	24	−300	−160	−110	—	−65	−40	—	−20	—	−7	0		−4	−8	—	+2	0
24	30																	
30	40	−310	−170	−120	—	−80	−50	—	−25	—	−9	0		−5	−10	—	+2	0
40	50	−320	−180	−130														
50	65	−340	−190	−140	—	−100	−60	—	−30	—	−10	0		−7	−12	—	+2	0
65	80	−360	−200	−150														
80	100	−380	−220	−170	—	−120	−72	—	−36	—	−12	0		−9	−15	—	+3	0
100	120	−410	−240	−180														
120	140	−460	−60	−200	—	−145	−85	—	−43	—	−14	0		−11	−18	—	+3	0
140	160	−520	−280	−210														
160	180	−580	−310	−230	−170	−100	—	−50	—	−15	0			−13	−21	—	+4	0
180	200	−660	−340	−240														
200	225	−740	−380	−260	—	−190	−110	—	−56	—	−17	0		−16	−26	—	+4	0
225	250	−820	−420	−280														
250	280	−920	−480	−300														
280	315	−1 050	−540	−330	—	−210	−125	—	−62	—	−18	0		−18	−28	—	+4	0
315	355	−1 200	−600	−360														
355	400	−1 350	−680	−400														
400	450	−1 500	−760	−440	—	−230	−135	—	−68	—	−20	0		−20	−32	—	+5	0
450	500	−1 650	−840	−480														

注：1 mm 以下各级 a 和 b 均不采用。

续表

基本偏差		下极限偏差（ei）													
		m	n	p	r	s	t	u	v	x	y	z	za	zb	zc
公称尺寸/mm		公差等级													
大于	至	所有的级													
—	3	+2	+4	+6	+10	+14	—	+18	—	+20	—	+26	+32	+40	+60
3	6	+4	+8	+12	+15	+19	—	+23	—	+28	—	+35	+42	+50	+80
6	10	+6	+10	+15	+19	+23	—	+28	—	+34	—	+42	+52	+67	+97
10	14	+7	+12	+18	+23	+28	—	+33	—	+40	—	+50	+64	+90	+130
14	18								+39	+45	—	+60	+77	+108	+150
18	24	+8	+15	+22	+28	+35	—	+41	+47	+54	+63	+73	+90	+136	+188
24	30						+41	+48	+55	+64	+75	+88	+118	+160	+218
30	40	+9	+17	+26	+34	+43	+48	+60	+68	+80	+94	+112	+148	+200	+274
40	50						+54	+70	+81	+97	+114	+136	+180	+242	+325
50	65	+11	+20	+32	+41	+53	+66	+87	+102	+122	+144	+172	+226	+300	+405
65	80				+43	+59	+75	+102	+120	+146	+174	+210	+274	+360	+480
80	100	+13	+23	+37	+51	+71	+91	+124	+146	+178	+214	+258	+335	+445	+585
100	120				+54	+79	+104	+144	+172	+210	+254	+310	+400	+525	+690
120	140	+15	+27	+43	+63	+92	+122	+170	+202	+248	+300	+365	+470	+620	+800
140	160				+65	+100	+134	+190	+228	+280	+340	+415	+535	+700	+900
160	180				+68	+108	+146	+210	+252	+310	+380	+465	+600	+780	+1 000
180	200	+17	+31	+50	+77	+122	+166	+236	+284	+350	+425	+520	+670	+880	+1 150
200	225				+80	+130	+180	+258	+310	+385	+470	+575	+740	+960	+1 250
225	250				+84	+140	+196	+284	+340	+425	+520	+640	+820	+1 050	+1 350
250	280	+20	+34	+56	+94	+158	+218	+315	+385	+475	+580	+710	+920	+1 200	+13 550
280	315				+98	+170	+240	+350	+425	+525	+650	+790	+1 000	+1 300	+1 700
315	355	+21	+37	+62	+108	+190	+268	+390	+475	+590	+730	+900	+1 150	+1 500	+1 900
355	400				+114	+208	+294	+435	+530	+660	+820	+1 000	+1 300	+1 650	+2 100
400	450	+23	+40	+68	+126	+232	+3 130	+490	+595	+740	+920	+1 100	+1 450	+1 850	+2 400
450	500				+132	+252	+360	+540	+660	+820	+1 000	+1 250	+1 600	+2 100	+2 600

例 3-4 已知图样上标注的轴公差带分别为 ϕ30g6 和 ϕ100t7，试确定它们的上极限偏差和下极限偏差。

解：查表 3-6 可得 ϕ30g6 的基本偏差 es = -0. 007 mm。

查表 3-1 可得标准公差 IT6 = 0. 013 mm，则下极限偏差为：

$$ei = es - IT6 = -0.007 - 0.013 = -0.020\ (mm)$$

由此可得：$\phi30g6\left(^{-0.007}_{-0.020}\right)$。

同样，查表 3-6 可得 ϕ100*t*7 的基本偏差 ei = +0. 091 mm，

查表 3-1 可得标准公差 IT7 = 0. 035 mm，则上极限偏差为：

$$es = ei + IT7 = +0.091 + 0.035 = +0.126\ (mm)$$

由此可得：$\phi100t7\left(^{+0.126}_{+0.091}\right)$。

（2）孔的基本偏差

对于公称尺寸≤500 mm 的孔的基本偏差是根据轴的基本偏差换算得出的。换算的基本原则为：在孔、轴同级配合或孔比轴低一级的配合中，基轴制配合中孔的基本偏差代号与基孔制配合中轴的基本偏差代号相当时，例如 ϕ40G7/h6 中孔的基本偏差 G 对应于 ϕ40H6/g7 中轴的基本偏差 g，应该保证基轴制和基孔制的配合性质相同（极限间隙或极限过盈相同）。

根据上述换算的基本原则，孔的基本偏差可以按下面两种规则计算：

1）通用规则。用同名代号（如 A 和 a）表示的孔、轴的基本偏差绝对值相等，而符号相反。孔的基本偏差与轴的基本偏差关于零线对称，即：

$$EI = -es \tag{3-38}$$

$$ES = -ei \tag{3-29}$$

通用规则的适用范围如下：

公称尺寸不大于 500 mm，所有标准公差等级的 A～H（无论孔、轴的公差等级是否相同）；

公称尺寸不大于 500 mm，标准公差等级低于 IT8（IT9、IT10、…）的 K、M、N（孔、轴公差等级相同）；

公称尺寸不大于 500 mm，标准公差等级低于 IT7（IT8、IT9、IT10、…）的 P～ZC（孔、轴公差等级相同）；

但有个别例外，对标准公差等级低于 IT8，公称尺寸在 3～500 mm 内的 N，其数值 ES = 0。

2）特殊规则。公称尺寸不大于 500 mm，当标准公差等级较高时，由于孔的加工和测量要比相同等级的轴困难，因而设计时应选择孔的标准公差等级比轴的低一级，使孔和轴具有相同的工艺等价性。此时必须按照特殊规则来确定孔的基本偏差，才能保证所形成的基轴制配合和同名代号的基孔制配合具有相同的配合性质。

特殊规则中，孔的基本偏差和轴的基本偏差符号相反，绝对值相差一个 Δ 值，可表示为：

$$\begin{cases} ES = -ei + \Delta \\ \Delta = IT_n - IT_{n-1} \end{cases} \tag{3-30}$$

特殊规则的适用范围如下：

公称尺寸不大于 500 mm，标准公差等级等于或高于 IT8（IT8、IT7、IT6、…）的 J、K、M、N（孔的公差等级比轴的低一级）。

公称尺寸不大于 500 mm，标准公差等级等于或高于 IT7（IT7、IT6、IT5、…）的 P～ZC（孔的公差等级比轴的低一级）。

由上述可知，特殊规则总是适用于孔的公差等级比轴的公差等级低一级的情形，除此之外就是通用规则的适用范围。

按照轴的基本偏差计算公式和孔的基本偏差换算原则，国家标准列出了孔的基本偏差数值表，见表 3-7。在孔的基本偏差数值表中查找基本偏差时，不要忘记查找表中的修正值 Δ。

例 3-5　用查表法确定 $\phi25H8/p8$ 和 $\phi25P8/h8$ 的极限偏差值。

解：查表 3-1 得 IT8 = 0. 033 mm。

查表 3-6 得 $\phi25p8$ 的基本偏差 ei = +0. 022 mm，则上极限偏差为：

$$es = ei + IT8 = +0.022 + 0.033 = 0.055\ (mm)$$

$\phi25H8$ 的基本偏差 EI = 0，则上极限偏差为：

$$es = ei + IT8 = 0 + 0.033 = 0.033\ (mm)$$

由此可得：$\phi25\dfrac{H8}{p8}\left\{\dfrac{\begin{matrix}+0.033\\0\end{matrix}}{\begin{matrix}+0.055\\+0.022\end{matrix}}\right\}$。

查表 3-7 得 $\phi25P8$ 的基本偏差 ES = -0. 022 mm，则下极限偏差为：

$$EI = ES - IT8 = -0.022 - 0.033 = -0.055\ (mm)$$

$\phi25h8$ 的基本偏差 es = 0，则下极限偏差：

$$ei = es - IT8 = 0 - 0.033 = -0.033\ (mm)$$

由此可得：$\phi25\dfrac{P8}{h8}\left\{\dfrac{\begin{matrix}-0.022\\-0.055\end{matrix}}{\begin{matrix}0\\-0.033\end{matrix}}\right\}$。

则孔、轴配合的公差带如图 3-14 所示。

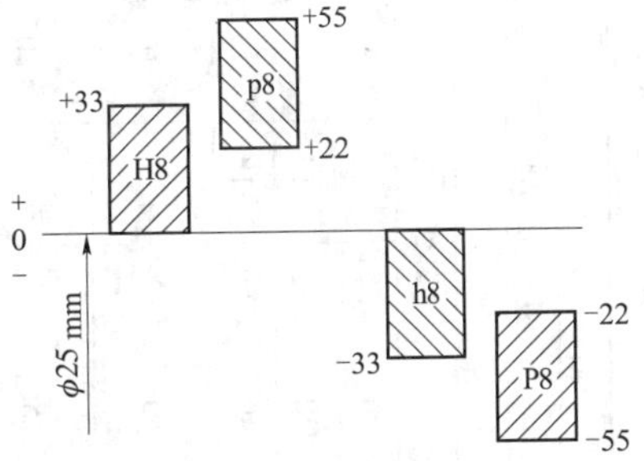

图 3-14　例 3-5 孔、轴配合的公差带

例 3-6　确定 $\phi25H7/p6$ 和 $\phi25P7/h6$ 的极限偏差，其中轴的极限偏差用查表法确定，孔的极限偏差用公式计算确定。

解：查表 3-1 得 IT7 = 0. 021 mm，IT6 = 0. 013 mm。

再查表 3-6 得 $\phi25p6$ 的基本偏差 ei = +0. 022 mm，则上极限偏差为：

$$es = ei + IT6 = +0.022 + 0.013 = 0.035\ (mm)$$

$\phi25H7$ 的基本偏差 EI = 0，则上极限偏差为：

$$es = ei + IT7 = 0 + 0.021 = 0.021\ (mm)$$

由此可得：$\phi25\dfrac{H7}{p6}\left\{\dfrac{\begin{matrix}+0.021\\0\end{matrix}}{\begin{matrix}+0.035\\+0.022\end{matrix}}\right\}$。

$\phi25P7$ 的基本偏差为上极限偏差，应按特殊规则计算，即：

$$ES = -ei + \Delta$$

表 3-7　公称尺寸≤500 mm 的孔的基本偏差（摘自 GB/T 1800. 1—2009）

μm

基本偏差		下极限偏差（EI）											JS	上极限偏差（ES）								
		A	B	C	CD	D	E	EF	F	FG	G	H		J			K		M		N	
公称尺寸/mm		公差等级																				
大于	至	所有的等级												6	7	8	≤8	>8	≤8	>8	≤8	>8
–	3	+270	+140	+60	+34	+20	+14	+10	+6	+4	+2	0	偏差等于 $\pm\frac{IT_n}{2}$	+2	+4	+6	0	0	−2	−2	−4	−4
3	6	+270	+140	+70	+46	+30	+20	+14	+10	+6	+4	0		+5	+6	+10	−1+Δ	—	−4+Δ	−4	−8+Δ	0
6	10	+280	+150	+80	+56	+40	+25	+18	+13	+8	+5	0		+5	+8	+12	−1+Δ	—	−6+Δ	−6	−10+Δ	0
10	14	+290	+150	+95	—	+50	+32	—	+16	—	+6	0		+6	+10	+15	1+Δ	—	−7+Δ	−7	−12+Δ	0
14	18																					
18	24	+300	+160	+110	—	+65	+40	—	+20	—	+7	0		+8	+12	+20	−2+Δ	—	−8+Δ	−8	−15+Δ	0
24	30																					
30	40	+310	+170	+120	—	+80	+50	—	+25	—	+9	0		+10	+14	+24	−2+Δ	—	−9+Δ	−9	−17+Δ	0
40	50	+320	+180	+130																		
50	65	+340	+190	+140	—	+100	+60	—	+30	—	+10	0		+13	+18	+28	−2+Δ	—	−11+Δ	−11	−20+Δ	0
65	80	+360	+200	+150																		
80	100	+380	+220	+170	—	+120	+72	—	+36	—	+12	0		+16	+22	+34	−3+Δ	—	−13+Δ	−13	−23+Δ	0
100	120	+410	+240	+180																		
120	140	+460	+260	+200	—	+145	+85	—	+43	—	+14	0		+18	+26	+41	−3+Δ	—	−15+Δ	−15	−27+Δ	0
140	160	+520	+280	+210																		
160	180	+580	+310	+230																		
180	200	+660	+340	+240	—	+170	+100	—	+50	—	+15	0		+22	+30	+47	−4+Δ	—	−17+Δ	−17	−31+Δ	0
200	225	+740	+380	+260																		
225	250	+820	+420	+280																		
250	280	+920	+480	+300	—	+190	+110	—	+56	—	+17	0		+25	+36	+55	−4+Δ	—	−20+Δ	−20	−34+Δ	0
280	315	+1 050	+540	+330																		
315	355	+1 200	+600	+360	—	+210	+125	—	+62	—	+18	0		+29	+39	+60	−4+Δ	—	−21+Δ	−21	−37+Δ	0
355	400	+1 350	+680	+400																		
400	450	+1 500	+760	+440	—	+230	+135	—	+68	—	+20	0		+33	+43	+66	−5+Δ	—	−23+Δ	−23	−40+Δ	0
450	500	+1 650	+840	+480																		

续表

基本偏差		上极限偏差（ES）													Δ					
		P 到 ZC	P	R	S	T	U	V	X	Y	Z	ZA	ZB	ZC						
公称尺寸/mm		公差等级																		
大于	至	≤7	>7 级												3	4	5	6	7	8
-	3	在大于IT7的相应数值上增加一个Δ值	-6	-10	-14	—	-18	—	-20	—	-26	-32	-40	-60	0					
3	6		-12	-15	-19	—	-23	—	-28	—	+35	-42	-50	-80	1	1.5	1	3	4	6
6	10		-15	-19	-23	—	-28	—	-34	—	-42	-52	-67	-97	1	1.5	2	3	6	7
10	14		-18	-23	-28	—	-33	—	-40	—	-50	-64	-90	-130	1	2	3	3	7	9
14	18							-39	-45	—	-60	-77	-108	-150						
18	24		-22	-28	-35	—	-41	-47	-54	-63	-73	-98	-136	-188	1.5	2	3	4	8	12
24	30					-41	-48	-55	-64	-75	-88	-118	-160	-218						
30	40		-26	-34	-43	-48	-60	-68	-80	-94	-112	-148	-200	-274	1.5	3	4	5	9	14
40	50					-54	-70	-81	-97	-114	-136	-180	-242	-325						
50	65		-32	-41	-53	-66	-87	-102	-122	-144	-172	-226	-300	-405	2	3	5	6	11	16
65	80			-43	-59	-75	-102	-120	-146	-174	-210	-274	-360	-480						
80	100		-37	-51	-71	-91	-124	-146	-178	-214	-258	-335	-445	-585	2	4	5	7	13	19
100	120			-54	-79	-104	-144	-172	-210	-254	-310	-400	-525	-690						
120	140		-43	-63	-92	-122	-170	-202	-248	-300	-365	-470	-620	-800	3	4	6	7	15	23
140	160			-65	-100	-134	-190	-228	-280	-340	-415	-535	-700	-900						
160	180		-50	-68	-108	-146	-210	-252	-310	-380	-465	-600	-780	-1 000	3	4	6	9	17	26
180	200			-77	-122	-166	-236	-284	-350	-425	-520	-670	-880	-1 150						
200	225			-80	-130	-180	-258	-310	-385	-470	-575	-740	-960	-1 250						
225	250		-56	-84	-140	-196	-284	-340	-425	-520	-640	-820	-1 050	-1 350	4	4	7	9	20	29
250	280			-94	-158	-218	-315	-385	-475	-580	-710	-920	-1 200	-1 550						
280	315			-98	-170	-240	-350	-425	-525	-650	-790	-1 000	-1 300	-1 700						
315	355		-62	-108	-190	-268	-390	-475	-590	-730	-900	-1 150	-1 500	-1 900	4	5	7	11	21	32
355	400			-114	-208	-294	-435	-530	-660	-820	-1 000	-1 300	-1 650	-2 100						
400	450		-68	-126	-232	-330	-490	-595	-740	-920	-1 100	-1 450	-1 850	-2 400	5	5	7	13	23	34
450	500			-132	-252	-360	-540	-660	-820	-1 000	-1 250	-1 600	-2 100	-2 600						

$$\Delta = IT7 - IT6 = 0.021 - 0.013 = 0.008\ (mm)$$

由此可得：

$$ES = -ei + \Delta = -0.022 + 0.008 = -0.014\ (mm)$$

则下极限偏差 $EI = ES - IT7 = -0.014 - 0.021 = -0.035\ (mm)$。

ϕ25h6 的基本偏差 es=0，则下极限偏差为：

$$ei = es - IT6 = 0 - 0.013 = -0.013\ (mm)$$

由此可得：$\phi 25\dfrac{P7}{h6}\begin{Bmatrix}0.014\\0.035\\0\\0.013\end{Bmatrix}$。

则孔、轴配合的公差带如图 3-15 所示。

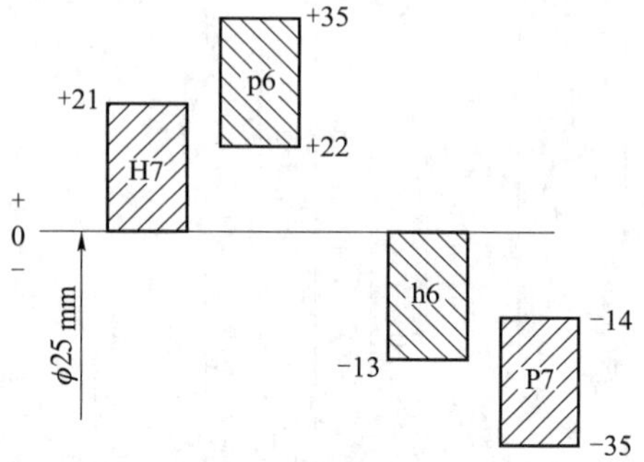

图 3-15　例 3-6 孔、轴配合的公差带

在公称尺寸大于 500 mm 时，孔、轴一般都采用同级配合，只要孔、轴基本偏差代号相对应（如 F 对应 f），它们的基本偏差数值相等，符号相反，故孔与轴的基本偏差适用于同一表格。公称尺寸在 500~3 150 mm 内轴和孔的基本偏差数值见表 3-8。

从表 3-8 中可以看出，一般情况下，公差等级只用到 IT6~IT18，基本偏差只用到 D（d）~U（u），在此范围内不用 EF（ef）、FG（fg）和 J（j）等基本偏差。G 和 g 相对大尺寸来说基本偏差数值很小，由于存在测量等误差，想让它形成间隙配合的可能性是很小的，所以在表 3-8 中对 G 和 g 加有括号，选用时应特别注意。

表 3-8　公称尺寸>500~3 150 mm 的孔与轴的基本偏差

轴	代号	基本偏差代号	d	e	f	(g)	h	js	k	m	n	p	r	s	t	u
		公差等级	6~18													
	偏差	表中偏差为	es						ei							
		另一偏差计算式	ei=es−IT						es=ei−IT							
		表中偏差正负号	−	−	−	−				+	+	+	+	+	+	+
直径分段/mm	>500~560	偏差数值/μm	260	145	76	22	0	偏差等于 $\pm\frac{IT_n}{2}$	0	26	44	78	150	280	400	600
	>560~630												155	310	450	660
	>630~710		290	160	80	24	0		0	30	50	88	175	340	500	740
	>710~800												185	380	560	840
	>800~900		320	170	86	26	0		0	34	56	100	210	430	620	940
	>900~1 000												220	470	680	1 050
	>1 000~1 120		350	195	98	28	0		0	40	60	120	250	520	780	1 150
	>1 120~1 250												260	580	840	1 300
	>1 250~1 400		390	220	110	30	0		0	48	78	140	300	640	960	1 450
	>1 400~1 600												330	720	1 050	1 600
	>1 600~1 800		430	240	120	32	0		0	58	92	170	370	820	1 200	1 850
	>1 800~2 000												400	920	1 350	2 000

续表

			d	e	f	(g)	h	js	k	m	n	p	r	s	t	u
轴	代号	基本偏差代号	d	e	f	(g)	h	js	k	m	n	p	r	s	t	u
轴	代号	公差等级	6~18													
轴	偏差	表中偏差为	es					偏差等于 $\pm\frac{IT_n}{2}$	ei							
轴	偏差	另一偏差计算式	ei=es−IT						es=ei−IT							
轴	偏差	表中偏差正负号	−	−	−	−				+	+	+	+	+	+	+
直径分段/mm	>2 000~2 240	偏差数值/μm	480	240	120	32	0		0	68	110	195	440	1 000	1 500	2 300
直径分段/mm	>2 240~2 500	偏差数值/μm											460	1 100	1 650	2 500
直径分段/mm	>2 500~2 800	偏差数值/μm	520	290	145	38	0		0	76	135	240	550	1 250	1 900	2 900
直径分段/mm	>2 800~3 150	偏差数值/μm											580	1 400	2 100	3 200
			+	+	+	+				−	−	−	−	−	−	−
孔	偏差	表中偏差正负号	ES=EI+IT						EI=ES−IT							
孔	偏差	另一偏差计算式	EI						ES							
孔	代号	表中偏差为	6~18													
孔	代号	公差等级	D	E	F	(G)	H	JS	K	M	N	P	R	S	T	U
孔	代号	基本偏差代号														

3.3 公差带与配合的标准化

3.3.1 常用尺寸段的极限与配合

在极限与配合国家标准中，对孔和轴分别规定了 20 种公差等级和 28 种基本偏差代号，其中孔基本偏差代号 J 仅保留 3 个公差等级（IT6、IT7 和 IT8），其余公差等级被 JS 取代；轴基本偏差代号 j 仅保留 4 个公差等级（IT5、IT6、IT7 和 IT8），其余公差等级被 js 取代。由此孔的公差带有 $(28-1)\times20+3=543$ 种，轴的公差带有 $(28-1)\times20+4=544$ 种。孔和轴又可以组成大量的配合，其可组合成接近 30 万对配合。如此之多的配合，虽然有利于满足各行各业的广泛需要，但是若全部投入使用显然是不经济的，为减少定值刀具、量具和设备等的数目，应对公差带和配合加以限制。

在公称尺寸不大于 500 mm 的常用尺寸段内，国家标准推荐了孔、轴的一般、常用和优先选用的公差带，分别见表 3-9 和表 3-10。对于轴的一般公差带，国家标准规定了 119 种，其中常用公差带为 59 种（见表 3-9 中方框内部分），优先公差带 13 种（见表 3-9 方框中小方框部分）。对于孔的一般、常用和优先公差带国家标准规定了常用公差带 105 种，其中表 3-10 中方框内的 44 种为常用公差带，小方框内的 13 种公差带为优先选用的公差带。

在选用公差带时，应按照优先、常用和一般公差带的顺序选取。当一般公差带不能满足使用要求时，允许按国家标准规定的基本偏差和标准公差等级组成所需的公差带。

表 3-9　公称尺寸≤500 mm 轴的一般、常用、优先公差带（摘自 GB/T 1801—2009）

							h1		js1												
							h2		js2												
							h3		js3												
						g4	h4		js4	k4	m4	n4	p4	r4	s4						
					f5	g5	h5	j5	js5	k5	m5	n5	p5	r5	s5	t5	u5	v5	x5		
				e6	f6	g6	h6	j6	js6	k6	m6	n6	p6	r6	s6	t6	u6	v6	x6	y6	z6
			d7	e7	f7	g7	h7	j7	js7	k7	m7	n7	p7	r7	s7	t7	u7	v7	x7	y7	z7
		c8	d8	e8	f8	g8	h8		js8	k8	m8	n8	p8	r8	s8	t8	u8	v8	x8	y8	z8
a9	b9	c9	d9	e9	f9		h9		js9												
a10	b10	c10	d10	e10			h10		js10												
a11	b11	c11	d11				h11		js11												
a12	b12	c12					h12		js12												
a13	b13	c13					h13		js13												

表 3-10　公称尺寸≤500 mm 孔的一般、常用、优先公差带（摘自 GB/T 1801—2009）

							H1		JS1												
							H2		JS2												
							H3		JS3												
							H4		JS4	K4	M4										
						G5	H5	J5	JS5	K5	M5	N5	P5	R5	S5						
					F6	G6	H6	J6	JS6	K6	M6	N6	P6	R6	S6	T6	U6	V6	X6	Y6	Z6
			D7	E7	F7	G7	H7	J7	JS7	K7	M7	N7	P7	R7	S7	T7	U7	V7	X8	Y7	Z7
		C8	D8	D8	F8	G8	H8		JS8	K8	M8	N8	P8	R8	S8	T8	U8	V8	X8	Y8	Z8
A9	B9	C9	D9	E9	F9		H9		JS9			N9	P9								
A10	B10	C10	D10	E10			H10		JS10												
A11	B11	C11	D11				H11		JS11												
A12	B12	C12					H12		JS12												
							H13		JS13												

国家标准在推荐了孔、轴公差带的基础上，还推荐了孔、轴公差带的配合，分别见表 3-11 和表 3-12。对于基孔制规定了 59 种常用配合，在常用配合中又规定了 13 种优先配合（见表 3-11 中标示符号“◤”的配合）；对于基轴制规定了 47 种常用配合，在常用配合

中又规定了 13 种优先配合（见表 3-12 中标示符号“◤”的配合）。

表 3-11 中，与基准孔配合，当轴的公差小于或等于 IT7 时，是与低一级的基准孔配合，其余是与同级的基准孔配合。

表 3-12 中，与基准轴配合，当孔的公差小于或等于 IT8 时，是与高一级的基准轴配合，其余是与同级的基准轴配合。

表 3-11　基孔制优先、常用配合（摘自 GB/T 1801—2009）

基准孔	轴																				
	a	b	c	d	e	f	g	h	js	k	m	n	p	r	s	t	u	v	x	y	z
	间隙配合								过渡配合			过盈配合									
H6						$\frac{H6}{f5}$	$\frac{H6}{g5}$	$\frac{H6}{h5}$	$\frac{H6}{js5}$	$\frac{H6}{k5}$	$\frac{H6}{m5}$	$\frac{H6}{n5}$	$\frac{H6}{p5}$	$\frac{H6}{r5}$	$\frac{H6}{s5}$	$\frac{H6}{t5}$					
H7						$\frac{H7}{f6}$	◤$\frac{H7}{g6}$	◤$\frac{H7}{h6}$	$\frac{H7}{js6}$	◤$\frac{H7}{k6}$	$\frac{H7}{m6}$	◤$\frac{H7}{n6}$	◤$\frac{H7}{p6}$	$\frac{H7}{r6}$	◤$\frac{H7}{s6}$	$\frac{H7}{t6}$	◤$\frac{H7}{u6}$	$\frac{H7}{v6}$	$\frac{H7}{x6}$	$\frac{H7}{y6}$	$\frac{H7}{z6}$
H8					$\frac{H8}{e7}$	◤$\frac{H8}{f7}$	$\frac{H8}{g7}$	◤$\frac{H8}{h7}$	$\frac{H8}{js7}$	$\frac{H8}{k7}$	$\frac{H8}{m7}$	$\frac{H8}{n7}$	$\frac{H8}{p7}$	$\frac{H8}{r7}$	$\frac{H8}{s7}$	$\frac{H8}{t7}$	$\frac{H8}{u7}$				
				$\frac{H8}{d8}$	$\frac{H8}{e8}$	$\frac{H8}{f8}$		$\frac{H8}{h8}$													
H9			$\frac{H9}{c9}$	◤$\frac{H9}{d9}$	$\frac{H9}{e9}$	$\frac{H9}{f9}$		◤$\frac{H9}{h9}$													
H10			$\frac{H10}{c10}$	$\frac{H10}{d10}$				$\frac{H10}{h10}$													
H11	$\frac{H11}{a11}$	$\frac{H11}{b11}$	◤$\frac{H11}{c11}$	$\frac{H11}{d11}$				◤$\frac{H11}{h11}$													
H12		$\frac{H12}{b12}$						$\frac{H12}{h12}$													

注：① 在公称尺寸小于或等于 3 mm 和小于或等于 100 mm 时，为过渡配合。

② 标注符号“◤”的配合为优先配合。

表 3-12　基轴制优先、常用配合（摘自 GB/T 1801—2009）

基准轴	轴																				
	A	B	C	D	E	F	G	H	JS	K	M	N	P	R	S	T	U	V	X	Y	Z
	间隙配合								过渡配合			过盈配合									
h5						$\frac{F6}{h5}$	$\frac{G6}{h5}$	$\frac{H6}{h5}$	$\frac{JS6}{h5}$	$\frac{K6}{h5}$	$\frac{M6}{h5}$	$\frac{N6}{h5}$	$\frac{P6}{h5}$	$\frac{R6}{h5}$	$\frac{S6}{h5}$	$\frac{T6}{h5}$					
h6						$\frac{F7}{h6}$	◤$\frac{G7}{h6}$	◤$\frac{H7}{h6}$	$\frac{JS7}{h6}$	◤$\frac{K7}{h6}$	$\frac{M7}{h6}$	◤$\frac{N7}{h6}$	◤$\frac{P7}{h6}$	$\frac{R7}{h6}$	◤$\frac{S7}{h6}$	$\frac{T7}{h6}$	◤$\frac{U7}{h6}$				
h7					$\frac{E8}{h7}$	◤$\frac{F8}{h7}$		◤$\frac{H8}{h7}$	$\frac{JS8}{h7}$	$\frac{K8}{h7}$	$\frac{M8}{h7}$	$\frac{N8}{h7}$									

续表

基准轴	轴																					
	A	B	C	D	E	F	G	H	JS	K	M	N	P	R	S	T	U	V	X	Y	Z
	间隙配合								过渡配合			过盈配合									
h8				$\frac{D8}{h8}$	$\frac{E8}{h8}$	$\frac{F8}{h8}$		$\frac{H8}{h8}$													
h9				◤$\frac{D9}{h9}$	$\frac{E9}{h9}$	$\frac{F9}{h9}$		◤$\frac{H9}{h9}$													
h10				$\frac{D10}{h10}$				$\frac{H10}{h10}$													
h11	$\frac{A11}{h11}$	$\frac{B11}{h11}$	◤$\frac{C11}{h11}$	$\frac{D11}{h11}$				◤$\frac{H11}{h11}$													
h12		$\frac{B12}{h12}$						$\frac{H12}{h12}$													
注：标注符号“◤”的配合为优先配合。																					

3.3.2 大尺寸段的公差与配合

公称尺寸大于500 mm，有些甚至超过10 000 mm的零件尺寸称为“大尺寸”。在重型机械制造（如矿山机械、船舶制造、大型发电机组、飞机制造等）中常遇到大尺寸公差与配合的问题。

1. 影响大尺寸加工误差的主要因素

影响大尺寸加工误差的主要因素是测量误差，主要体现在以下几个方面：

1）在测量大尺寸孔与轴时，其测量值往往小于实际值，主要是测量时不容易找到真正的直径，同时测量困难，时间长，导致量具温度升高而造成误差。

2）大直径内孔测量一般采用结构简单、轻便、刚性好的内径千分尺或经过仪器校准的量杆进行测量，而外径测量用的是自重大、易变形的量具，因此大尺寸外径比内径测量更难掌握，测量误差更大。

3）在大尺寸测量中，测量基准的准确性和测量时量具轴线与被测工件的中心线的对准问题对测量精度有影响。

4）被测工件与量具之间的温度差对测量误差也有较大影响。

2. 考虑大尺寸公差与配合时应注意的问题

基于大尺寸工件在测量及其他方面存在的特殊问题，在考虑大尺寸公差与配合时应注意以下几点：

1）在大尺寸段零件的公差单位公式中，应充分反映测量误差的影响，并注意测量误差对配合性质的影响。

2）由于大尺寸零件在制造和测量方面有困难，因此在大尺寸范围内一般选用公差值IT6～IT12。

3）由于大轴比大孔更难测量，所以推荐孔和轴采用同级配合。

4）除了采用互换配合外，根据其制造特点，可采用配制配合（即以一个零件的实际尺寸来配制另一个零件的一种工艺措施）。

国家标准规定公称尺寸（500~3 150 mm，不包括 500 mm）的大尺寸段轴的常用公差带见表 3-13，孔的常用公差带见表 3-14。其中轴的公差带有 46 种，孔的公差带有 33 种。对于大尺寸段的配合，国家标准规定一般采用基孔制的同级配合，推荐基孔制优先和常用配合。

表 3-13　公称尺寸>500~3 150 mm 轴的常用公差带（摘自 GB/T 1801—2009）

		f6	g6	h6	js6	k6	m6	n6	p6	r6	s6	t6	u6
	e7	f7	g7	h7	js7	k7	m7	n7	p7	r7	s7	t7	u7
d8	e8	f8	g8	h8	js8								
d9	e9	f9		h9	js9								
d10	e10			h10	js10								
d11				h11	js11								
d12				h12	js12								

表 3-14　公称尺寸>500~3 150 mm 孔的常用公差带（摘自 GB/T 1801—2009）

			G6	H6	JS6	K6	S6	T6
		F7	G7	H7	JS7	K7		T7
D8	E8	F8	G8	H8	JS8			
D9	E9	F9	G9	H9	JS9			
D10				H10	JS10			
D11				H11	JS11			
D12				H12	JS12			

3.4　极限与配合的选择

极限与配合的选择是机械设计和制造中一个很重要的环节，选择得是否合适，将直接影响机器的使用性能、寿命、互换性和经济性。极限与配合的选择主要包括基准制的选择、标准公差等级的选择和配合的选择。

3.4.1　基准制的选择

选择基准制时，应综合考虑相关零部件的结构特点，加工与装配工艺以及经济效益等因素，并遵循下列原则来确定。

1. 一般情况下应优先选用基孔制配合

因为中小尺寸的孔多采用价格较贵的定值刀具（如钻头、绞刀、拉刀等）加工，用定值量具（如光滑极限量规）检验。通常这些定值刀具形状较复杂、材料较贵、制造困难，且每一种规格的定值刀具和定值量具只能用来加工和检验一种尺寸的孔。而加工轴的过程中，一把刀具（如车刀或磨刀）可以加工不同尺寸的轴，轴还可以用通用量具测量。采用基孔制配合可以减少孔的公差带数量，以及大大减少孔用定值刀具和量具的规格数量，从而获得显著的经济效益，也有利于刀具、量具的标准化和系列化。

2. 某些情况下选用基轴制配合更经济合理

在纺织机械、农业机械中，有些光轴常常适用于具有一定精度的冷拉钢材，其表面有一定的精度（机械制造中常采用公差等级 IT7~IT9 的冷拉钢材），尺寸、形状相当准确，不需要再加工，此时选用基轴制配合在技术和经济上都是合理的。

由于结构的需要，同一公称尺寸的轴与多个孔相配合，且配合性质不同。在这种情况下采用基轴制配合更为经济合理。图 3-16（a）所示为发动机的活塞销轴，同时与连杆衬套孔和活塞孔之间进行配合。根据工作要求，活塞销轴与连杆衬套孔间应采用间隙配合（G6/h5），活塞销轴两端与活塞孔间配合应紧些，应采用过渡配合（M6/h5）。同一公称尺寸的轴须在不同部位与三个孔形成不同松紧的配合，若采用基孔制配合，三个孔的公差带一样，活塞销要做成两头粗（m5）、中间细（g5）的阶梯轴，如图 3-16（b）所示。这样既不便于加工又不便于装配。另外，活塞销轴两端直径大于活塞孔径，装配时会刮伤装配表面，影响装配质量。从强度方面考虑，受力最大的截面轴径反而细，也不符合设计要求。若采用基轴制配合，活塞销可制成一根光轴，便于生产和装配，如图 3-16（c）所示。所以，在这种情况下采用基轴制较为有利。

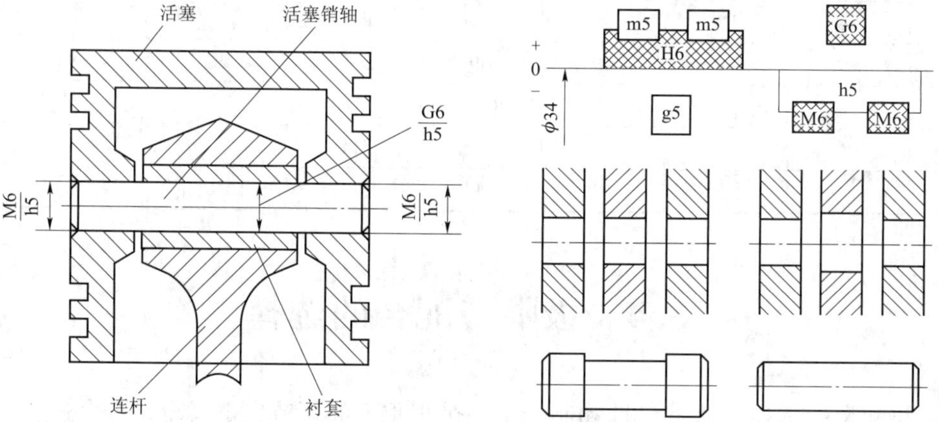

图 3-16　基准制选择示例

（a）配合示意图；（b）基孔制；（c）基轴制

3. 以标准件为基准件确定基准制

标准件即标准零件或部件，如滚动轴承、键、销等，一般由专业厂家生产，供各行业使用。当与标准件配合时，应以标准件为基准件来确定基准制。如图 3-17 所示，滚动轴承是标准件，滚动轴承的外圈与壳体孔的配合应选用基轴制配合，因此应把与其配合的壳体孔的公差带标注为 ϕ110J7；内圈与轴颈的配合应选用基孔制配合，与其配合的轴颈的公差带应标注为 ϕ50k7。

4. 某些特殊场合允许采用任一孔、轴公差带组成的非基准件配合

非基准件配合是指相配合的两个零件既不是基准孔，也不是基准轴。当一个孔与几个轴相配合，或一个轴与几个孔配合，其配合性质又各不相同时，有的配合采用非基准件的配合较为合理。图 3-17 中，轴承外圈与轴承座孔之间的配合为基轴制，孔公差带为 J7；轴承盖与轴承座内孔之间的配合，为拆卸方便，应采用间隙配合，因此选用 $\phi110J7/f9$，属于任意孔、轴公差带组成的配合。

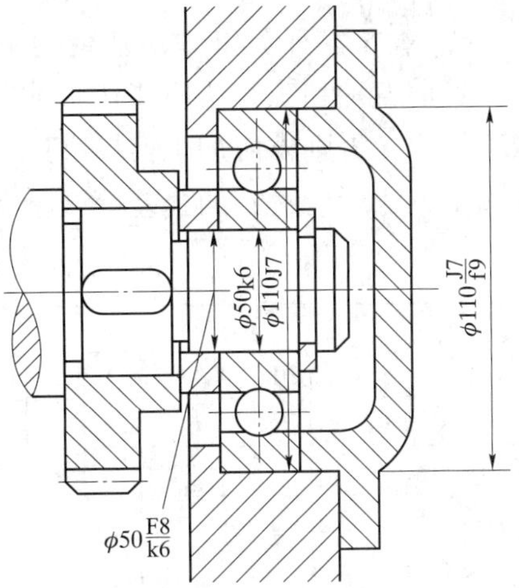

图 3-17　滚动轴承的配合

3.4.2 标准公差等级的选择

公差等级的高低直接影响产品使用性能和加工成本。若公差等级过低，将不能满足产品使用性能和保证产品质量；若公差等级过高，将会增加产品的生产成本和降低生产效率。所以，选择公差等级的过程就是正确处理零件的使用要求和加工成本之间矛盾的过程。

公差等级的选择有一个基本原则，就是在能够满足使用要求的前提下，应尽量选择低的公差等级。

公差等级的选择除遵循基本原则外，还应考虑以下问题。

1. 孔和轴的工艺等价性

公称尺寸不大于 500 mm 时，高精度（≤IT8）的孔比相同精度的轴难加工，为使相配合的孔与轴加工难易程度相当，即具有工艺等价性，一般推荐孔的公差等级比轴的公差等级低一级；通常，6、7、8 级的孔分别与 5、6、7 级的轴配合。低精度（>IT8）或公称尺寸大于 500 mm 的孔和轴采用同级配合。对于非基准件配合，若其中有的零件精度要求不高，则相配件的公差等级可低 2~3 级，以降低加工成本。

2. 相配件的精度

例如，齿轮孔与轴的配合，它们的公差等级取决于相关件齿轮的精度等级，与标准件滚动轴承相配合的外壳孔和轴颈的公差等级取决于相配件滚动轴承的公差等级。

3. 配合性质

由于孔和轴公差等级的高低直接影响配合间隙或过盈的变动量，即影响配合的一致性和稳定性，因此对过渡配合和过盈配合一般不允许其间隙或过盈的变动量太大，应选较高的公差等级，推荐孔≤IT8、轴≤IT7。对于间隙配合，间隙小，则公差等级应高；间隙大，则公差等级可以低些。例如，选用 H6/g5、H11/a11 是合理的，而选用 H11/g11、H6/a5 则不可。

4. 加工成本

为了降低成本，对于一些精度要求不高的配合，孔、轴的公差等级可以相差 2~3 级，见图 3-17，轴承盖与轴承座内孔的配合为 $\phi110J7/f9$，公差等级相差 2 级。

5. 确定主次配合表面

对于一般机械而言，主要配合表面的孔和轴选用 IT5~IT8，次要配合表面的孔和轴选用 IT9~IT12，非配合表面的孔和轴一般选用 IT12 以下。

6. 掌握各种加工方法所能达到的公差等级

目前各种加工方法所能达到的公差等级见表 3-15。在选择公差等级时，应考虑工厂的加工能力，否则外协加工会提高产品成本。还需要注意的是，随着工艺水平的不断提高，某种加工方法所能达到的公差等级会有所提高。

表 3-15　各种加工方法的加工精度

加工方法	公差等级（IT）																			
	01	0	1	2	3	4	5	6	7	8	9	10	11	12	13	14	15	16	17	18
研磨	—	—	—	—	—	—	—													
珩磨						—	—	—	—											
圆磨							—	—	—	—										
平磨							—	—	—	—										
金刚石车削							—	—	—											
金刚石镗削							—	—	—											
拉削							—	—	—	—										
铰孔									—	—	—	—								
车削									—	—	—	—	—							
镗削									—	—	—	—	—							
铣削										—	—	—	—							
刨削、插削												—	—							
钻削												—	—	—	—	—				
液压、挤压												—	—							
冲压												—	—	—	—	—				
压铸													—	—	—	—				
粉末冶金成型							—	—	—											
粉末冶金烧结								—	—	—	—									
砂型铸造、气割																		—	—	—
锻造																	—	—		

7. 掌握各种公差等级的应用范围

对于各公差等级的应用范围难以严格划分，大体应用情况见表 3-16。其中 IT5 ~ IT12 用于一般机械中的常用配合，具体应用情况见表 3-17，供选择时参考。

表 3-16　公差等级应用范围

应用	公差等级（IT）																			
	01	0	1	2	3	4	5	6	7	8	9	10	11	12	13	14	15	16	17	18
块规	—	—	—																	
量规			—	—	—	—	—	—	—											
配合尺寸							—	—	—	—	—	—	—	—	—					
特别精密零件				—	—	—	—													
非配合尺寸														—	—	—	—	—	—	—
原材料公差										—	—	—	—	—	—					

表 3-17　常用配合尺寸 IT5~IT12 的应用

公差等级	应　用
IT5	主要用在配合公差、形状公差要求较高的地方。它的配合性质稳定，一般应用在机床、发动机、仪表等重要部位。如与 5 级滚动轴承配合的箱体孔，与 6 级滚动轴承配合的机床主轴、机床尾座，与套筒、精密机械及高速机械中的轴径和精密丝杠的轴径等
IT6	配合性质能达到较高的均匀性，如与 6 级滚动轴承相配合的孔轴径，与齿轮、涡轮、联轴器、带轮和凸轮等连接的轴径和机床丝杠轴径，摇臂钻立柱，机床夹具中导向件的外径尺寸，6 级精度齿轮的基准孔径，7、8 级精度齿轮的基准轴径
IT7	7 级精度比 6 级稍低，应用条件与 6 级基本相似。在一般机械制造中应用较为普遍，如联轴器、带轮和凸轮等孔径，机床夹盘座孔，夹具中的固定钻套、可换钻套，7 级和 8 级齿轮基准孔，9 级和 10 级齿轮基准轴
IT8	在机器制造中属中等精度，如轴承座衬套沿宽度方向尺寸、9~12 级齿轮基准孔、11 级和 12 级齿轮基准轴等
IT9、IT10	主要适用于机器制造中轴套外径与孔径、操纵件与轴、孔轴带轮与轴、单键与花键等
IT11、IT12	配合精度很低，装配后可能产生很大的间隙，使用与基本没有什么配合要求的场合。如机床上法兰盘与止口、滑块与滑移齿轮、加工中工序间尺寸、冲压加工的配合件、机床制造中的扳手孔与扳手座的连接

当已知配合公差或极限间隙、极限过盈时，可通过计算和查标准公差数值表确定孔和轴的公差等级。

例 3-7　某配合的公称尺寸为 $\phi30$ mm，根据使用要求，配合间隙应在+21~+56 μm。试确定孔、轴的公差等级。

解：根据已知条件可知：$X_{max}=+56$ μm，$X_{min}=+21$ μm。

1）求允许的配合公差 T_f，由公式可得：

$$T_f=|X_{max}-X_{min}|=|56-21|=35\ (\mu m)$$

2）查表确定孔、轴的公差等级。

根据配合公差等于孔、轴的公差之和，即 $T_f=T_s+T_h$。

故孔与轴的公差应在 $T_f/2=17.5$ μm 左右。

查表 3-1 可得：IT6=13 μm，IT7=21 μm。

考虑工艺等价性，按孔的公差等级比轴的公差等级低一级的原则，选取孔为 IT7，轴为 IT6，由此可得配合公差为：

$$T_f=T_s+T_h=IT6+IT7=13+21=34\ (\mu m)<T_f=35\ \mu m$$

可满足使用要求。

3.4.3　配合的选择

配合的选择主要是根据使用要求确定配合种类和配合代号。其中配合种类的选择通常有三种方法，分别是计算法、试验法和类比法。计算法是根据一定的理论和公式，经过计算得出所需的间隙或过盈，计算结果也是一个近似值，实际操作中还需要经过试验来确定。试验法是对产品性能影响很大的一些配合，常用试验法来确定最佳的间隙或过盈，这种方法需要进行大量试验，成本比较高。类比法是参照类似的经过生产实践验证的机械，分析零件工作条件及使用要求，以它们为样本来选择配合种类，类比法是机械设计中广泛采用的方法。

1. 配合类别的选择

配合种类的选择主要是根据使用要求选择间隙配合、过盈配合和过渡配合三种类型之一。

（1）间隙配合的选择

当相配合的孔、轴间有相对运动时，选择间隙配合。要求精确定位又便于拆卸的静连接，结合件间只有缓慢移动或转动的动连接可选用间隙小的间隙配合；对配合精度要求不高，只为了装配方便时，可选用间隙大的间隙配合。

（2）过渡配合的选择

当定心精度要求高，相配合的孔、轴间无相对运动，且需要经常拆卸时，选择过渡配合。

（3）过盈配合的选择

当相配合的孔、轴间无相对运动时，但需要拆卸，但需要过盈传递一定的扭矩，选择过盈配合。

具体选择配合的类别可参见表 3-18。

表 3-18 选择配合的类别

无相对运动	需传递力矩	精确定心	不可拆卸	过盈配合
			可拆卸	过渡配合或基本偏差为 H（h）的间隙配合加键、销紧固件
		无须精确定心		间隙配合加键、销紧固件
	无须传递力矩			过渡配合或过盈量较小的过盈配合
有相对运动	缓慢转动或移动			基本偏差为 H（h），G（g）等间隙配合
	转动、移动或复合运动			基本偏差为 D~F（d~f）等间隙配合

2. 配合代号的选择

确定配合类别后，应按优先、常用、一般的顺序选择配合，即当优先配合不能满足要求时，考虑从常用配合中选择，当常用配合不能满足要求时，再选择一般的配合。在特殊情况下，可根据国家标准的规定，用标准公差系列和基本偏差系列组成配合，以满足特殊的要求。

表 3-19 给出了工作情况对间隙或过盈的影响，表 3-20 给出了孔和轴各种基本偏差的特征及应用，表 3-21 给出了优先配合的特征及应用说明，供设计时参考。

表 3-19 工作情况对间隙或过盈的影响

工作情况	间隙应增或减	过盈应增或减
材料许用应力小	—	减
经常拆卸	—	减
用冲击负荷	减	增
工作时孔的温度高于轴的温度（零件材料相同）	减	增
工作时轴的温度高于孔的温度（零件材料相同）	增	减
组合长度较大	增	减

续表

工作情况	间隙应增或减	过盈应增或减
配合表面几何误差大	增	减
零件装配时可能偏斜	增	减
旋转速度较高	增	增
有轴向运动	增	增
润滑油的黏度较大	增	—
表面粗糙	减	—
装配精度较高	减	减
装配精度较低	增	增

表 3-20　孔和轴各种基本偏差的特征及应用

配合	基本偏差	特点及应用
间隙配合	a（A） b（B）	可得到特别大的间隙，应用很少。主要用于工作时温度高、热变形大的零件之间的配合，如发动机活塞与缸套的配合为 H9/a9
	c（C）	可得到很大的间隙，一般用于缓慢、松弛的动配合。还用于工作条件差（如农用机械）、受力易变形，或方便装配而有较大的间隙时，推荐使用配合 H11/c11。其较高等级的配合 H8/c7 适用于较高温度的动配合，例如，内燃机排气阀和导管的配合
	d（D）	对应 IT7~IT11，用于较松的转动配合，例如，密封盖、滑轮、空转带轮与轴的配合；也用于大直径的滑动轴承配合（如涡轮机、球磨机等的滑动轴承）；活塞环与活塞槽的配合可用 H9/d9
	e（E）	对应 IT7~IT9，用于要求有明显的间隙，易于转动的轴承配合，例如，大跨距轴承和多支点轴承等处的配合。也适用于高等级的、大的、高速的、重载的支承，例如，内燃机主要轴承、大型电动机、涡轮发动机、凸轮轴承等的配合为 H8/e7
	f（F）	对应 IT6~IT8 的普通转动配合，广泛应用于温度影响小，采用普通润滑油和润滑脂润滑的轴与滑动轴承的配合，例如，小电动机、主轴箱、泵等的转轴和滑动轴承的配合为 H7/f6
	g（G）	多与 IT5~IT7 对应，形成很小间隙的配合，用于轻载精密装置中的转动配合。其他场合不推荐使用转动配合，也用于插销的定位配合，例如，滑阀、连杆销精密连杆轴承等
	h（H）	对应 IT4~IT7，作为普通定位配合，多用于没有相对运动的零件。在温度、变形影响小的场合也用于精密滑动配合，如车床尾座孔与滑动套筒的配合为 H6/h5
过渡配合	js（JS）	对应 IT4~IT7，用于平均间隙小的过渡配合和略有过盈的定位配合，例如，联轴节、齿圈和轮毂的配合；滚动轴承外圈与外壳孔的配合多用 JS7。一般用手或木槌装配
	k（K）	对应 IT4~IT7，用于平均间隙接近零的配合和稍有过盈的定位配合，如滚动轴承内圈和外圈分别与轴颈和外壳孔的配合。用木槌装配

续表

配合	基本偏差	特点及应用
过渡配合	m（M）	对应 IT4~IT7，用于平均过盈较小的配合和精密定位配合，如涡轮的青铜轮缘与轮毂的配合为 H7/m6。用木槌装配
	n（N）	对应 IT4~IT7，用于平均过盈较大和紧密组件的配合，一般得不到间隙。用于加键传递较大扭矩的配合，如车床上齿轮与轴的配合。用木槌和压力机装配
过盈配合	p（P）	用于小的过盈配合，与 H6 和 H7 形成过盈配合，与 H8 形成过渡配合。对非铁零件为较轻的压入配合；对钢、铸铁或铜、钢组件，当要求容易拆卸时，均采用标准压入装配，如卷扬机的绳轮与齿圈的配合为 H7/p6
	r（R）	用于传递大扭矩或受冲击负荷而需要加键的配合；对钢铁类零件是中等打入配合，对非钢铁类零件是轻打入配合，可以较方便地进行拆卸，如涡轮与轴的配合为 H7/r6
	s（S）	用于钢制和铁制零件的永久性和半永久性装配，能产生相当大的结合力。需用压力机或热胀法进行装配，如套环压在轴、阀座时用 H7/s6
	t（T）	用于过盈量较大的配合，对钢铁类零件适合做永久性结合，不需要键可传递力矩。需用热套法或冷油法装配，如联轴节与轴的配合用 H7/t6
	u（U）	过盈量很大，需验算在最大过盈量时工件是否损坏。用热套法装配，如火车轮毂和轴的配合为 H6/u5
	v（V）、x（X） y（Y）、z（Z）	一般不推荐使用

表 3-21　优先配合的特征及应用

优先配合		特征及应用
基孔制	基轴制	
H11/c11	C11/h11	间隙非常大，液体摩擦情况差。常用于要求大公差和大间隙的外露组件；要求装配方便且很松的配合；高温工作和很松的转动配合
H9/d9	D9/h9	间隙比较大，液体摩擦情况尚好，用于公差等级较低、温度变化大、高转速或径向压力较大的自由转动配合
H8/f7	F8/h7	液体摩擦情况良好，配合间隙适中，能保证旋转时有较好的润滑条件。用于中等转速的一般精度的转动，也可用于长轴或多支承的中等精度的定位配合
H7/g6	G7/h6	间隙比较小，用于不回转的精密滑动配合或用于缓慢间歇回转的精密配合，也可用于保证配合件间具有较好的同轴精度或定位精度，又需要经常拆装的配合
H7/h6 H8/h7 H9/h9 H11/h11	H7/h6 H8/h7 H9/h9 H11/h11	均为间隙配合，其最小间隙为零，最大间隙等于孔与轴的公差之和，用于具有缓慢的轴向移动或摆动的配合、有同轴度和导向精度要求的定位配合
H7/k6	K7/h6	过渡配合，装拆比较方便，用木槌打入或取出。用于要求稍有过盈的精密定位配合，当传递扭矩较大时，应加紧固件

续表

优先配合		特征及应用
基孔制	基轴制	
H7/n6	N7/h6	过渡配合，装拆困难，需用钢锤费力打入，用于允许有较大过盈的精密定位配合；在加紧固件的情况下，可承受较大的扭矩、冲击和振动；用于装配后不需要拆卸或大修时才拆卸的配合
H7/p6	P7/h6	过盈量小，用于定位精度特别重要时，能以最好的定位精度达到部件的刚性及同轴度精度要求；当传递大扭矩时，应加紧固件
H7/s6	S7/h6	过盈量属于中等，用于钢或铸铁零件的永久性和半永久性结合，在传递中等负荷时，无须加紧固件
H7/u6	U7/h6	过盈量较大，用于传递大的扭矩或承受大的冲击载荷时，不加紧固件便能得到牢固结合的场合

归纳起来，间隙配合的选择主要看运动的速度、承受的载荷、定心要求和润滑要求。相对运动速度高，工作温度高，则间隙应大一些；相对运动速度低，如一般只做低速的相对运动，则间隙可小一些。

过盈配合的选择主要根据扭矩的大小及是否加紧固件与拆装困难程度等要求，无紧固件的过盈配合，其最小过盈量产生的结合力应保证能传递所需的扭矩和轴向力；而最大过盈量产生的内应力不许超过材料的屈服强度。

过渡配合的选择主要根据定心要求与拆装等情况而定。对于定位配合，要保证不松动；如需要传递扭矩，则还需加键、销等紧固件；经常拆装的部位要比不经常拆装的配合松些。具体按表 3-22 和表 3-23 调整。

表 3-22　对选择的间隙配合的调整

具体情况	间隙增大或减小	具体情况	间隙增大或减小
工作温度孔高于轴时 工作温度轴高于孔时	减小 增大	单件小批量生产时 大批量生产时	增大 减小
定心精度较低时	增大	两支承距离较大或多支承时	增大
表面粗糙度值较大时	减小	支承间同轴度误差大时	增大
润滑油黏度较大时	增大		

表 3-23　对选择的过盈配合的调整

具体情况	过盈增大或减小	具体情况	过盈增大或减小
材料强度小时	减小	配合长度较大时	减小
经常拆卸时	减小	配合形位误差较大时	减小
有冲击载荷时	增大	装配时可能歪斜	减小
工作温度孔高于轴时 工作温度轴高于孔时	增大 减小	转速很高时 表面粗糙度较大时	增大 增大

例 3-8 某基孔制配合，公称尺寸为 $\phi 40$ mm，允许配合间隙为+0.075～+0.210 mm。试确定配合代号。

解：1）求允许的配合公差。

由已知条件 $X_{max}=+0.210$ mm，$X_{min}=+0.075$ mm 知，允许的配合公差为：

$$T_f=|X_{max}-X_{min}|=|0.210-0.075|=0.135\ (\text{mm})$$

2）确定孔、轴的公差带。

查表 3-1 可得：孔、轴公差之和小于并接近 0.135 mm 的标准公差为 IT9 = 0.062 mm，故孔和轴公差等级均选 IT9，孔的公差带代号为 H9。

3）确定轴的基本偏差代号。

在基孔制间隙配合中，轴的基本偏差为上极限偏差，由 $X_{min}=EI-es$ 可得：

$$es=EI-X_{min}=0-0.075=-0.075\ (\text{mm})$$

查表 3-6 可得：基本偏差接近于-0.075 mm 的基本偏差代号为 d，其基本偏差 es = -0.080 mm，轴的公差带代号选 d9。

所选配合代号为 $\phi 40\dfrac{H9}{d9}\left(\dfrac{\begin{matrix}+0.062\\0\end{matrix}}{\begin{matrix}-0.080\\-0.142\end{matrix}}\right)$。

4）验算。

所选配合的极限间隙为：

$$X_{max}=ES-ei=0.062-(-0.142)=+0.204\ (\text{mm})$$

$$X_{min}=EI-es=0-(-0.080)=+0.080\ (\text{mm})$$

故 $X_{max}<0.210$ mm，$X_{min}>0.075$ mm。

该配合满足使用要求。

3.5 线性尺寸的一般公差

3.5.1 线性尺寸一般公差的定义

线性尺寸的一般公差（也叫线性尺寸的未注公差）是指在普通工艺条件下，普通机床设备一般加工能力就可达到的公差，是机床设备正常维护和操作情况下可以达到的经济加工精度。在正常维护和操作情况下，它代表车间的一般加工精度。对于一般公差，在图样上只标注公称尺寸，不标注极限偏差，零件加工后可不检验。若对其合格性发生争议，可根据极限偏差表中的极限偏差作为判断依据。对较低精度的非配合尺寸，或功能上允许的公差等于或大于一般公差时，均可采用一般公差。

3.5.2 线性尺寸一般公差的作用

一般公差有以下几个方面的作用：

1）简化制图，使图样清晰易读。

2）节省图样设计时间，设计人员只要熟悉一般公差的规定和应用即可，不必逐一考虑公差值。

3）明确了哪些要素可由一般工艺水平保证，可简化对这些要素的检验要求，从而有助于质量管理。

4）突出了图样上标注公差的要素，这些要素大多是重要的且需要控制的，以便在加工和检验时引起重视。

5）由于明确了图样上要素的一般公差要求，便于供需双方达成加工和销售合同协议，交货时也可避免不必要的争议。

3.5.3　线性尺寸一般公差的极限偏差

国家标准 GB/T 1804—2000 中对线性尺寸的一般公差规定了 4 个公差等级：精密级（f）、中等级（m）、粗糙级（c）、最粗级（v）。

线性尺寸一般公差的极限偏差见表 3-24，倒圆半径和倒角高度尺寸一般公差的极限偏差见表 3-25。一般公差的极限偏差不分孔、轴或长度尺寸，一律对称分布。这样除了与国际标准 ISO 及国家标准保持一致外，还可以避免由于对孔、轴尺寸理解的不一致而带来不必要的纠纷。

表 3-24　线性尺寸一般公差的极限偏差　　mm

公差等级	尺寸分段							
	0.5~3	3~6	6~30	30~120	120~400	400~1 000	1 000~2 000	2 000~4 000
精密级（f）	±0.05	±0.05	±0.1	±0.15	±0.2	±0.3	±0.5	—
中等级（m）	±0.1	±0.1	±0.2	±0.3	±0.5	±0.8	±1.2	±2
粗糙级（c）	±0.2	±0.3	±0.5	±0.5	±1.2	±2	±4	±4
最粗级（v）	—	±0.5	±1	±1.5	±2.5	±4	±6	±8

表 3-25　倒圆半径和倒角高度尺寸一般公差的极限偏差　　mm

公差等级	尺寸分段			
	0.5~3	3~6	6~30	>30
精密级（f） 中等级（m）	±0.2	±0.5	±1	±2
粗糙级（c） 最粗级（v）	±0.4	±1	±2	±4

线性尺寸的一般公差在图样上、技术文件或标准中应采用标准号和公差等级符号表示。例如，GB/T 1804—m 表示线性尺寸中等级；GB/T 1804—c 表示线性尺寸一般公差粗糙级。

习题

1. 公称尺寸、极限尺寸和实际尺寸有何区别和联系？

2. 尺寸公差、极限偏差和实际偏差有何区别和联系？

3. 什么是配合？配合分为几类？各种配合中孔、轴公差带的相对位置分别有什么特点？

4. 标准公差、基本偏差与公差带之间有何联系？

5. 什么是基准制？为什么要规定基准制？为什么优先采用基孔制？在什么情况下采用基轴制？

6. 什么是标准公差因子？为什么要规定公差因子？

7. 计算孔的基本偏差为什么有通用规则和特殊规则之分？它们分别是如何规定的？

8. 国家标准规定了哪些公差等级？公差等级的选用原则是什么？

9. 已知某配合中孔、轴的公称尺寸为 40 mm，孔的上极限尺寸为 40.045 mm，下极限尺寸为 40.02 mm，轴的上极限尺寸为 40 mm，轴的下极限尺寸为 39.084 mm。试求孔、轴的极限偏差、基本偏差和公差，并画出孔、轴的尺寸公差带图解。

10. 试根据表 3-26 中数值，计算并填写该表空格中的数值（单位：mm）。

表 3-26　习题 10

公称尺寸	上极限尺寸	下极限尺寸	上极限偏差	下极限偏差	公差
孔 10	10.040	10.025			
轴 60			-0.060		0.046
孔 40		40.025			0.039
轴 50			+0.051	+0.026	0.025

11. 试通过查标准公差数值表和基本偏差数值表确定下列孔、轴的公差带代号：

1）$\phi80^{+0.028}_{-0.018}$；2）$\phi120^{+0.079}_{-0.133}$；3）$\phi100^{+0.038}_{-0.033}$；4）$\phi50^{+0.050}_{-0.066}$。

12. 试计算 $\phi35^{+0.025}_{0}$ mm 的孔与 $\phi35^{+0.033}_{-0.017}$ mm 的轴配合中的极限间隙（或过盈），并指明是什么配合。

13. 某基孔制配合中，孔、轴的公称尺寸为 50 mm，要求配合的最大间隙为+0.066 mm，最小间隙为+0.025 mm，若取轴的公差值为 0.016 mm，试确定孔和轴的极限偏差，并画出尺寸公差带图解。

14. 已知基孔制配合 ϕ40H7（$^{+0.025}_{0}$）/r6（$^{+0.050}_{+0.034}$），试计算同名代号基轴制配合 ϕ40R7/h6 中，孔和轴的极限偏差（不查表）。

第 4 章　几何公差与检测

零件加工后，不仅有尺寸误差，构成零件几何特征的点、线、面的实际形状或相互位置与理想几何体规定的形状和相互位置还不可避免地存在差异，这些就是几何误差。几何误差对产品的寿命和使用性能有很大的影响。如具有形状误差（如圆柱度误差）的轴和孔的配合，会因为间隙不均匀影响配合的性能，并造成局部磨损使得寿命降低。几何误差越大，零件几何参数的精度越低，零件质量就越差。为了保证零件的互换性和使用要求，有必要对零件规定几何公差，用以限制几何误差。正确给出零件的几何公差则是机械精度设计的重要内容。

为适应经济发展和国际交流的需要，我国根据国际标准先后制定或修订了有关几何公差的新国家标准。这些国家标准包括：GB/T 1184—1996《形状和位置公差 未注公差值》、GB/T 1958—2004《产品几何技术规范（GPS）形状和位置公差 检测规定》、GB/T 1182—2008《产品几何技术规范（GPS）几何公差 形状、方向、位置和跳动公差标注》、GB/T 4249—2009《产品几何技术规范（GPS）公差原则》、GB/T 16671—2009《产品几何技术规范（GPS）几何公差 最大实体要求、最小实体要求和可逆要求》、GB/T 17851—2010《产品几何技术规范（GPS）几何公差 基准和基准体系》等。此外，还颁布了圆度、直线度、平面度、同轴度误差检验标准以及位置量规标准等。

4.1　几何要素及几何公差概念

4.1.1　几何要素及其分类

几何公差的研究对象是构成零件几何特征的点、线、面等要素。图 4-1 所示为零件几何要素，主要有球面、圆柱面、圆锥面、端平面、素线、中心线、球心和顶点等。

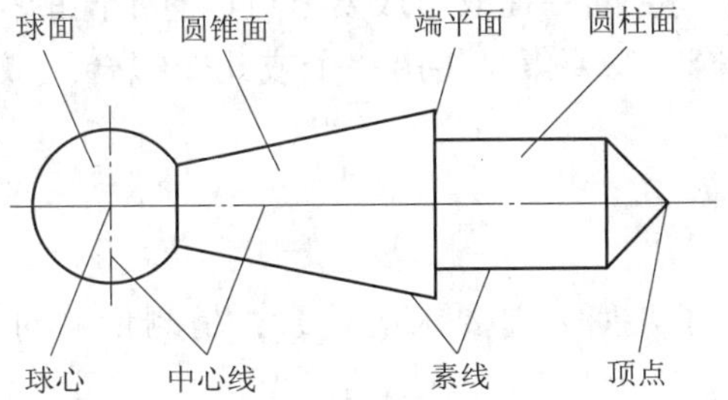

图 4-1　零件几何要素

1. 按要素的结构特征分类

（1）组成要素

组成要素是指构成零件外表轮廓的点、线、面。如图 4-1 中的顶点、素线、球面、圆锥面、圆柱面、端平面。

（2）导出要素

导出要素是由一个或几个组成要素得到的中心点、中心线或中心平面。例如，球心是由球面得到的导出要素，圆柱面的中心线（轴线）是由圆柱面得到的导出要素。

2. 按要素存在的状态分类

（1）实际要素

实际要素是零件上实际存在的要素，通常用测量得来的要素代替，如图 4-2 所示。

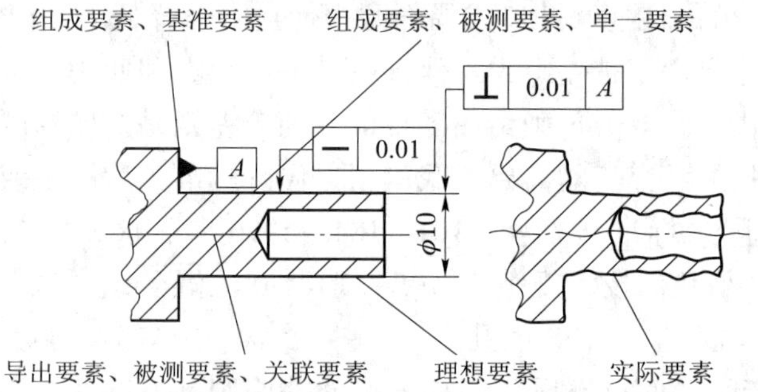

图 4-2　零件各要素

（2）理想要素

理想要素是指具有几何学意义的要素，是按设计要求，由图样给定的点、线、面，它们不存在任何误差。理想要素是评定实际要素的依据，在生产中是不可能得到的要素。图样所表示的要素均为理想要素。

（3）提取要素

1）提取组成要素。按规定的方法，由实际组成要素提取有限数目的点所形成的实际组成要素近似替代，是通过测量得到的要素。

2）提取导出要素。提取导出要素是由一个或几个提取组成要素得到的中心点、轴线或中心平面要素。

（4）拟合要素

1）拟合组成要素。拟合组成要素是指按规定的方法由提取组成要素形成的具有理想形状的组成要素。评定方法不同，同一提取组成要素可以有不同的拟合组成要素。

2）拟合导出要素。拟合导出要素是指由一个或几个拟合组成要素导出的中心点、轴线或中心平面要素。

3. 按所处地位分类

（1）被测要素

被测要素即图样上给出了几何公差要求的要素，是测量的对象。如图 4-2 中的圆柱面素线、轴线等。

（2）基准要素

基准要素用来确定被测要素方向或位置的要素称为“基准要素”。基准要素在图样上都标有基准符号，如图 4-2 中的 *A* 面。

4. 按被测要素与其他要素有无功能关系分类

(1) 单一要素

单一要素是指仅对要素本身提出形状公差要求的要素（无基准），对其他要素没有功能关系的要素。如图 4-2 中的圆柱面素线。

(2) 关联要素

关联要素是指对其他要素有功能关系的要素（有基准）。这里的功能关系是指要求被测要素相对于基准要保持一定方向或位置关系的要素，如图 4-2 中的圆柱轴线（相对于 *A* 平面有垂直度要求）。理想形状的基准要素简称“基准”，如图 4-2 中的 *A* 平面。

4.1.2　几何公差的特征项目、符号及公差带

1. 几何公差的特征项目及符号

国家标准 GB/T 1182—2008 将几何公差分为 14 个项目，它们的名称及符号见表 4-1。

表 4-1　几何公差的特征项目及其符号（摘自 GB/T 1182—2008）

公差类型	几何特征	符号	有无基准
形状公差	直线度	—	无
	平面度	⏥	无
	圆度	○	无
	圆柱度	⌭	无
	线轮廓度	⌒	无
	面轮廓度	⌓	无
方向公差	平行度	//	有
	垂直度	⊥	有
	倾斜度	∠	有
	线轮廓度	⌒	有
	面轮廓度	⌓	无
位置公差	位置度	⌖	有或无
	同心度（用于中心点）	◎	有
	同轴度（用于轴线）	◎	有
	对称度	⌯	有
	线轮廓度	⌒	有
	面轮廓度	⌓	有
跳动公差	圆跳动	↗	有
	全跳动	⌰	有

一般将几何公差分为4种类型，即形状公差、方向公差、位置公差和跳动公差。其中形状公差特征项目有6个（包括无基准要求的线轮廓度与面轮廓度），是对单一要素提出的公差要求，因此无基准要求；方向公差特征项目有5个（包括有基准要求的线轮廓度与面轮廓度），是对关联要素提出的公差要求，因此有基准要求；位置公差特征项目有6个（包括有基准要求的线轮廓度与面轮廓度），也是对关联要素提出的公差要求，大多数情况下有基准要求；跳动公差项目有2个，有基准要求。

2. 几何公差带

几何公差是指实际被测要素所允许的变动量。与尺寸公差类似，几何公差对被测要素的限制也可以用几何公差带来直观、形象地表示。几何公差带的形状和大小就是限制被测要素变动的区域。被测要素全部位于给定的公差带内，就表示被测要素符合设计要求，是合格的，反之就是不合格的。几何公差带具有形状、大小、方向、位置4个要素。

（1）公差带的形状

公差带的形状取决于被测要素的特征和设计要求。一般常用的几何公差带形状归纳为11种，具体可分为以下4大类型。

1）两等距线之间的区域。两平行直线间的区域，如图4-3（a）所示；两等距曲线之间的区域，如图4-3（b）所示；两同心圆之间的区域，如图4-3（c）所示。

2）两等距面之间的区域。两平行平面之间的区域，如图4-3（d）所示；两等距曲面之间的区域，如图4-3（e）所示；两同轴圆柱面之间的区域，如图4-3（f）所示。

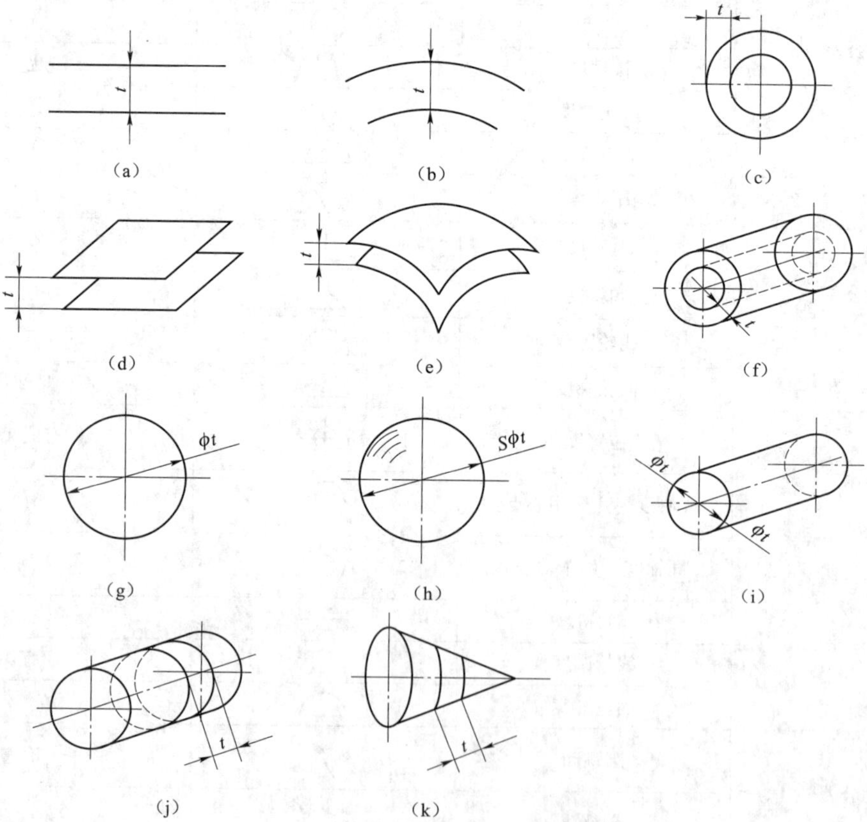

图4-3　几何公差带的形状

3）一个回转体内的区域。一个圆内的区域，如图 4-3（g）所示；一个球内的区域，如图 4-3（h）所示；一个圆柱内的区域，如图 4-3（i）所示。

4）一段回转体表面的区域。一小段圆柱面上的区域，如图 4-3（j）所示；一小段圆锥面上的区域，如图 4-3（k）所示。

（2）公差带的大小

公差带的大小一般是指公差带的宽度或直径，取决于图样上给定的几何公差值。当几何公差带为圆形或圆柱形时，应在公差值前加注符号“ϕ”；当几何公差带为球形时，应在公差值前加注符号“$S\phi$”。

（3）公差带的方向

公差带的方向是指与公差带延伸方向相垂直的方向，宽度方向常为被测要素的法线方向。图 4-4（a）所示的平面度公差带方向为垂直于被测平面的方向。图 4-4（b）所示的垂直度公差带方向与基准平面平行。

（4）公差带的位置

公差带的位置分为位置浮动公差带与位置固定公差带两种。

1）位置浮动公差带。对于形状公差（不包括与基准有确定关系的轮廓度公差），公差带的方向是随实际要素浮动的。

2）位置固定公差带。对于方向公差、位置公差和跳动公差，公差带的位置相对于基准要素是完全确定的（个别无基准除外），其方向应与基准保持图样上给定的几何关系，是固定的。

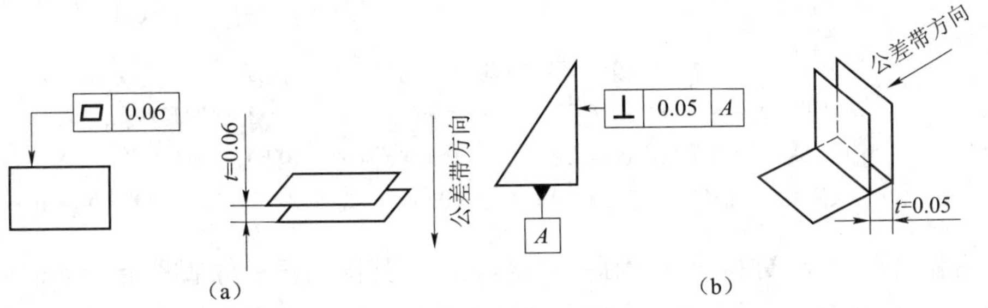

图 4-4　几何公差带的方向

4.1.3　最小包容区域、理论正确尺寸与基准

1. 最小条件和最小包容区域

（1）最小条件

最小条件是指被测实际要素对其理想要素的最大变动量为最小。在图 4-5 中，实际被测直线（弯曲的粗实线）相对于理想直线的最大变动量 f_1 为最小，即 A_1B_1 是满足最小条件的理想要素。

（2）最小包容区域

最小包容区域是指包容被测实际要素且满足最小条件（最小宽度或最小直径）的区域。

对于方向公差要求的被测要素的最小包容区域，其构成要素与基准应满足图样上给定的方向要求，如图 4-6 所示。

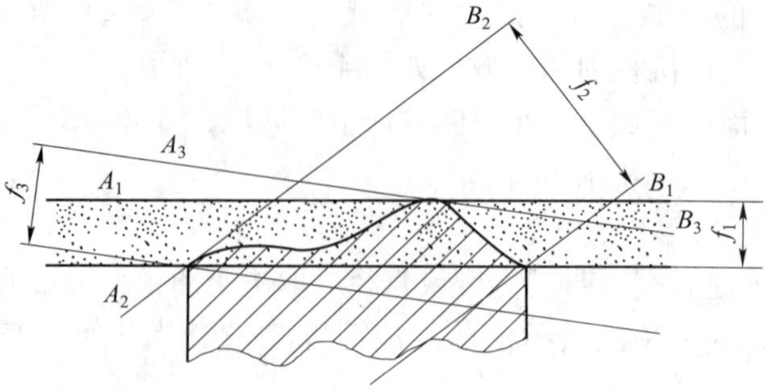

图 4-5　最小条件

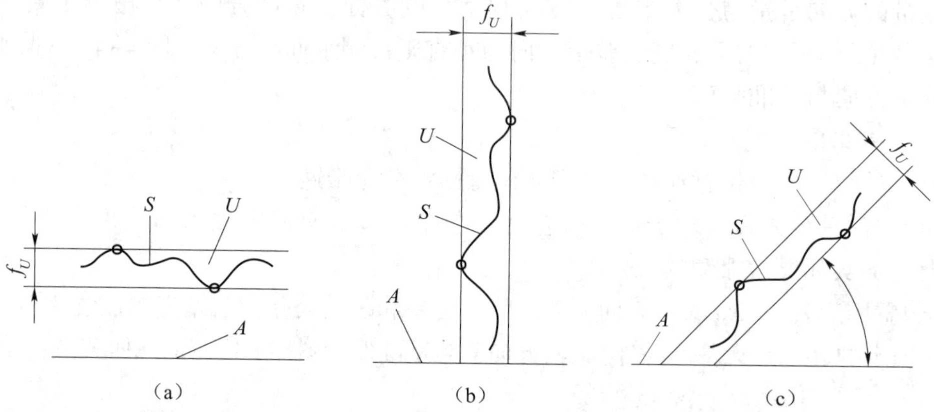

图 4-6　被测要素方向公差的最小包容区域

（a）实际要素 S 的最小包容区域 U 相对于基准 A 平行，其平行度误差为 f_U；

（b）实际要素 S 的最小包容区域 U 相对于基准 A 垂直，其垂直度误差为 f_U；

（c）实际要素 S 的最小包容区域 U 相对于基准 A 成一定角度，其倾斜度误差为 f_U

对于有位置公差要求被测要素的最小包容区域，其构成要素与基准除了保持图样上给定的方向要求外，还应满足图样上给定的由理论正确尺寸确定的理想位置要求。

最小包容区域与几何公差带一样，具有大小、形状、方向和位置 4 个要素，但二者是有区别的。最小包容区域与几何公差带的形状、方向和位置是一致的，但大小不同。几何公差带的大小是设计时给定的，属于“公差”问题；而最小包容区域的大小是由被测实际要素的实际状态决定的，属于“误差”问题。几何精度符合要求是指几何误差（最小包容区域的大小）不超过几何公差（几何公差带的大小）。

2. 理论正确尺寸及几何框图

（1）理论正确尺寸

理论正确尺寸指用来确定被测要素的理想形状和方位的尺寸，不附带公差。标注应围以框格，如图 4-7（a）所示。

（2）几何框图

用理论正确尺寸确定的一组理想要素之间（或理想要素和基准之间）具有正确几何关系的图形称几何框图。在几何框图中，由理论正确尺寸定位之处，即是几何公差带的中心，分别如图 4-7（b）和图 4-7（c）所示。

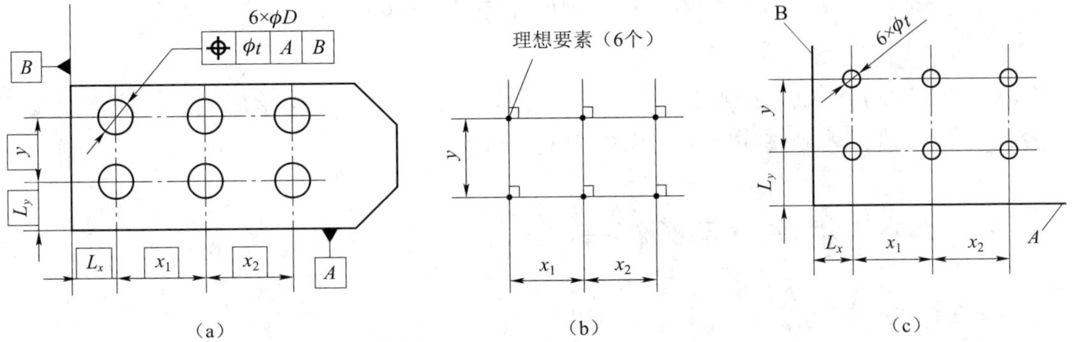

图 4-7　理论正确尺寸及几何框图

（a）6 孔组的图样标注；（b）6 孔组的几何框图；（c）6 孔组的位置度公差带

3. 基准的种类

（1）单一基准

单一基准指以一条直线或一个平面作为基准，如图 4-8（a）所示。

（2）公共基准（组合基准）

公共基准指以两个平面或两条直线组合成一个公共平面或一条公共直线，如图 4-8（b）所示。

（3）三基面体系

如图 4-8（c）所示，三基面基准体系指以 3 个互相垂直的基准平面组成的基准体系。在建立三基面体系时，基准有顺序之分。按先后分为第一基准平面（应有三点与第一基准要素接触）、第二基准平面（应有两点与第二基准要素接触）、第三基准平面（应有一点与第三基准要素接触）。

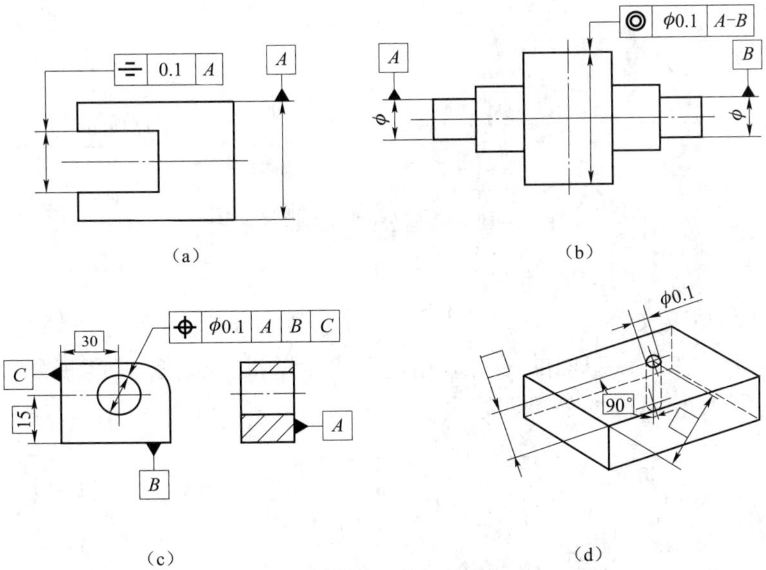

图 4-8　基准的种类

4.2 几何公差的标注

国家标准 GB/T 1182—2008 规定，几何公差要求在公差框格中给出代号标注，当无法采用框格代号标注时，才允许在技术要求中用文字说明。

4.2.1 公差框格与基准符号

1. 公差框格

（1）一般规定

公差框格由两个或多个矩形方框组成，框格中的内容从左到右按顺序填写几何特征符号、公差值（公差带是圆形的需要在公差值前加“ϕ”，球形加“$s\phi$”）、基准（一个或多个字母）等，如图 4-9 所示。

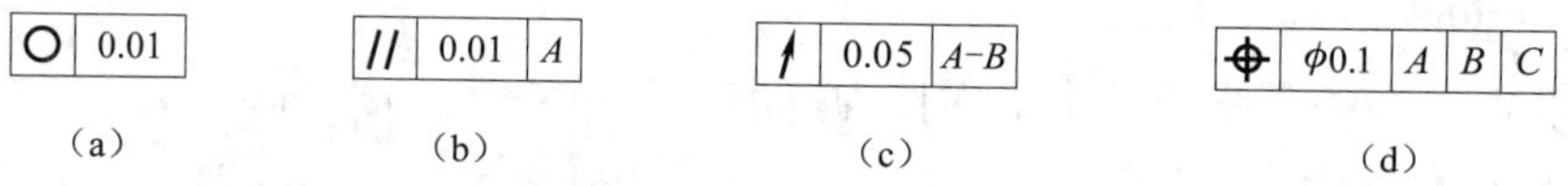

图 4-9 几何公差框格

（2）特殊情况

1）当某项公差应用于几个相同要素时，应在公差框格上方被测要素的尺寸之前注明要素的数量，并在两者间加上符号“×”，如图 4-10（a）和图 4-10（b）所示。

2）当需要限制被测要素在公差带内的形状时，应该在公差框格的下方标注，如图 4-10（c）所示（NC 为不凸起）。

3）当对同一个要素给出好几种几何特征的公差时，可将公差框格叠加摆放，如图 4-10（d）所示。

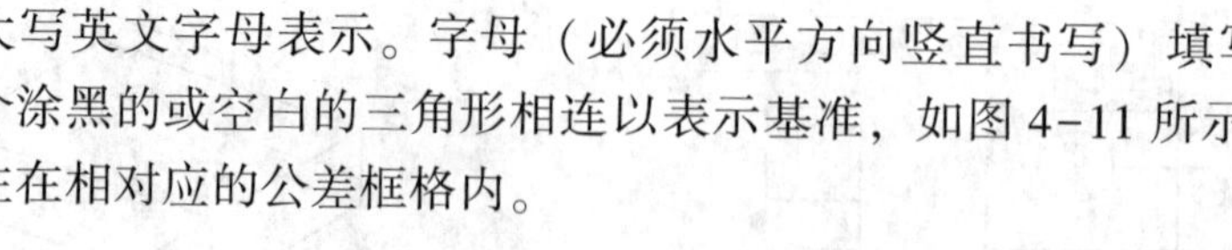

图 4-10 几何公差框格特殊情况

2. 基准符号

基准符号由大写英文字母表示。字母（必须水平方向竖直书写）填写在基准框格内，并用细实线与一个涂黑的或空白的三角形相连以表示基准，如图 4-11 所示。表示基准的同一个字母还应标注在相对应的公差框格内。

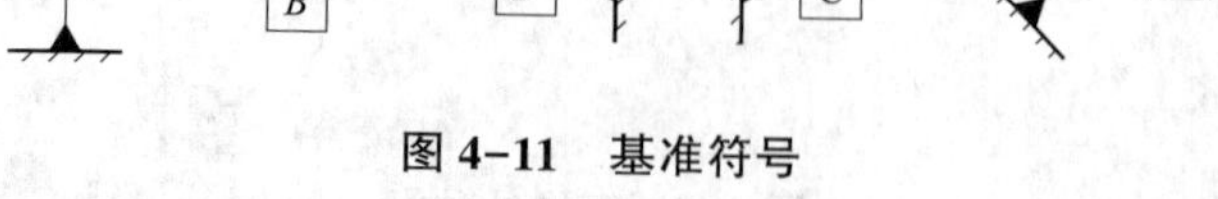

图 4-11 基准符号

基准采用大写拉丁字母，通常选用字母 A～D，有些字母另有含义（见表 4-2），一般不得采用字母 E、F、I、J、L、M、O、P、R。

表 4-2　几何公差附加符号

说　明	符号	说　明	符号
包容要求	Ⓔ	公共公差带	CZ
最大实体要求	Ⓜ	小径	LD
最小实体要求	Ⓛ	大径	MD
可逆要求	Ⓡ	中径、节径	PD
延伸公差带	Ⓟ	线素	LE
自由状态条件（非刚性零件）	Ⓕ	不凸起	NC
全周（轮廓）	（全周符号）	任意横截面	ACS

3. 附加标记

1）如果轮廓度公差适用于横截面的整个轮廓或由该轮廓线所示的整个表面，则应该用“全周”符号，如图 4-12 所示。“全周”符号并不包括整个工件，只包括由轮廓线和公差标注所表示的各表面。

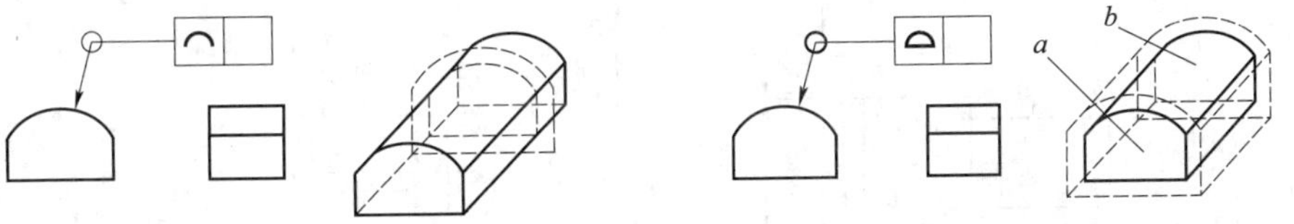

（a）　（b）

图 4-12　全周符号

2）以螺纹为被测要素或基准要素时，默认螺纹中径圆柱的轴线，否则应该予以说明。例如，用“MD”（大径）或用“LD”（小径），如图 4-13 所示。

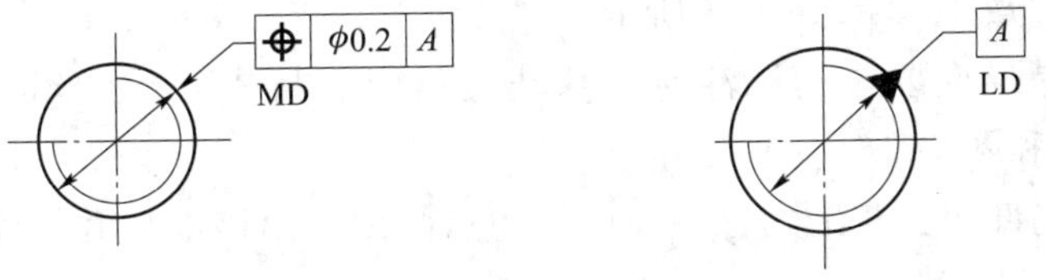

（a）　（b）

图 4-13　螺纹标注符号

3）以齿轮、花键为被测要素或基准要素时，须说明所指的具体要素，如用“PD”（节径）、“MD”（大径）或用“LD”（小径）。其他附加符号可参见表 4-2。

4.2.2 被测要素和基准要素的标注方法

1. 被测要素的标注方法

被测要素的标注一般采用带箭头的指引线（一般为细实线）连接被测要素与公差框格。指引线引自框格的任意一侧，其箭头应指向公差带的宽度或直径方向。指引线在指向被测要素途中最多可拐折两次。如图样上空间有限，指引线也可由组成框格的 4 个边中任意一边延长画出。指引线可按照下列方式之一指向被测要素。

1）当被测要素是轮廓要素时，箭头应指向该要素的轮廓线或其延长线（应与尺寸线明显错开），如图 4-14（a）和图 4-14（b）所示。箭头也可以指向引出线的水平线段，而引出线引自被测面，如图 4-14（c）所示。

2）被测要素是导出要素时，箭头应与该要素的组成要素的尺寸线对齐，如图 4-14（d）和图 4-14（e）所示。

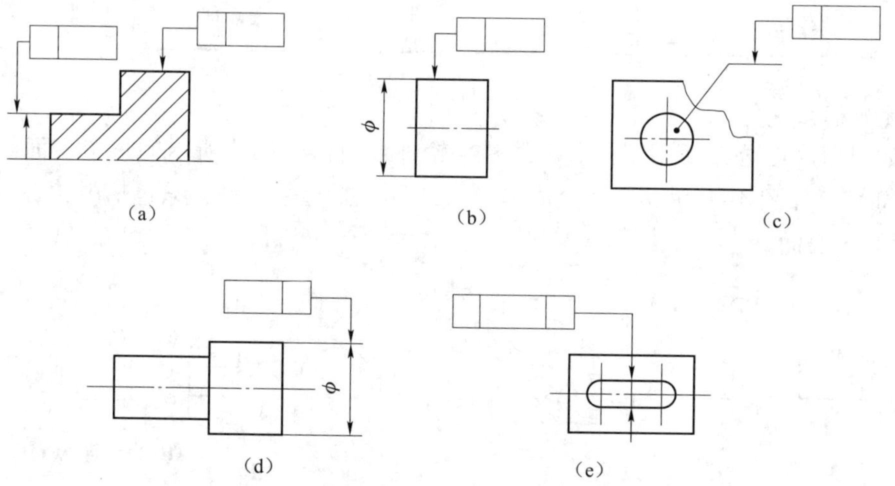

图 4-14 被测要素的标注方法

2. 基准要素的标注方法

1）基准要素作为组成要素的标注，基准三角形放置在要素的轮廓线或其延长线（应与尺寸线明显错开），如图 4-15（a）和图 4-15（b）所示。基准三角形也可以放置在轮廓面引出线的水平线段上，如图 4-15（c）所示。

2）当基准要素是导出要素的标注时，基准三角形应与该要素的组成要素的尺寸线对齐，如图 4-15（d）和图 4-15（e）所示。

3）要素的某一局部作为基准的标注，应用粗点画线示出该部分并加注尺寸，如图 4-15（f）所示。

4）以两个要素建立公共基准的标注，用中间加连字符的两个大写字母表示，见图 4-8（b）。以两个或三个基准建立基准体系时，表示基准的大写字母按基准的优先顺序从左自右填写在各框格内，见图 4-8（c）。

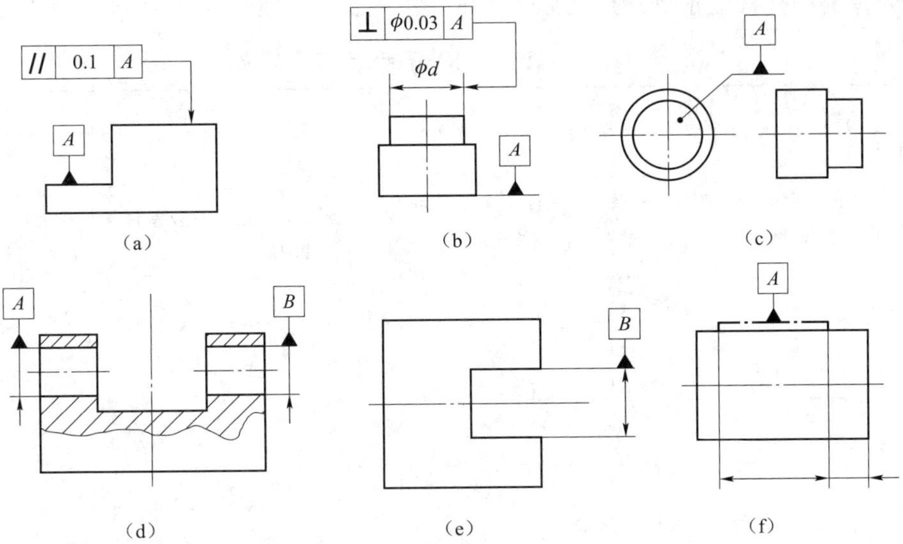

图 4-15　基准符号的标注方法

5）需要在基准要素上指定某些点、线或局部表面来体现各基准平面的标注，应标注基准目标，基准目标的标注方法可以参照有关标准。

6）要注意有些标注方法是不允许使用的，如图 4-16 所示。

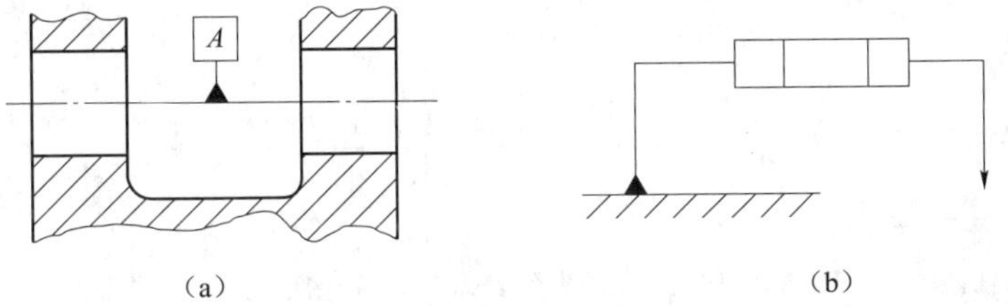

图 4-16　不允许使用的基准标注

4.3　几何公差及其公差带

几何公差是用来限制零件几何误差的，它是实际被测要素允许的变动量。新国家标准将几何公差分为形状公差、方向公差、位置公差和跳动公差。

几何公差带是用来表示实际被测要素允许变动的区域的。几何公差带与尺寸公差带相比，形状多样、方位各异，所以更加复杂。

4.3.1　形状公差及公差带

形状公差共有直线度、平面度、圆度、圆柱度、无基准的线轮廓度和面轮廓度 6 项。其特点是不涉及基准，其公差带的方位可以浮动，且构成公差带几何图形的理想要素都不涉及尺寸。在设计中应正确地理解设计并制订正确的工艺以及检测方法。

形状公差的图样标注示例和定义见表 4-3。

表 4-3　形状公差的图样标注示例和定义

特征项目	图样标注示例	公差带定义
直线度	被测表面的素线必须位于平行于图样所示投影面上且距离为公差值 0.2 mm 的两平行直线之间 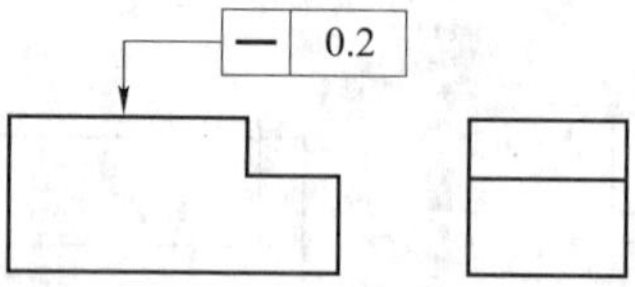 	在给定平面内，其公差带是距离为公差值 t 的两平行直线间的区域 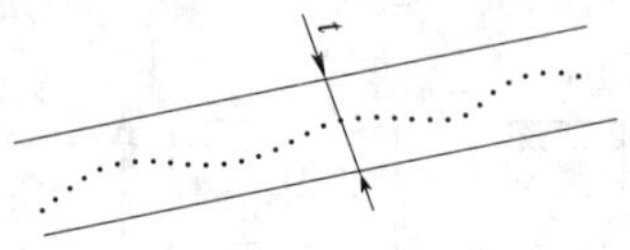
	被测棱边应限定在距离为公差值 0.02 mm 的两平行平面之间 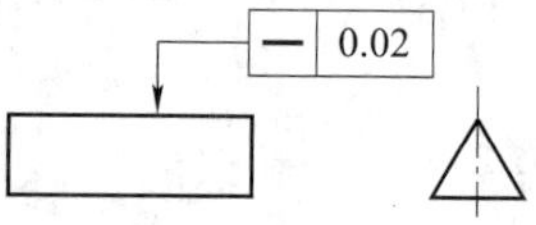 	在给定方向上，其公差带是距离为公差值 t 的两平行平面之间的区域 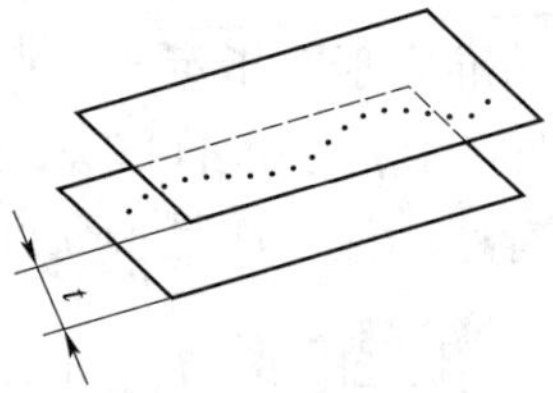
	被测圆柱体的实际轴线必须位于直径为公差值 0.02 mm 的圆柱面内 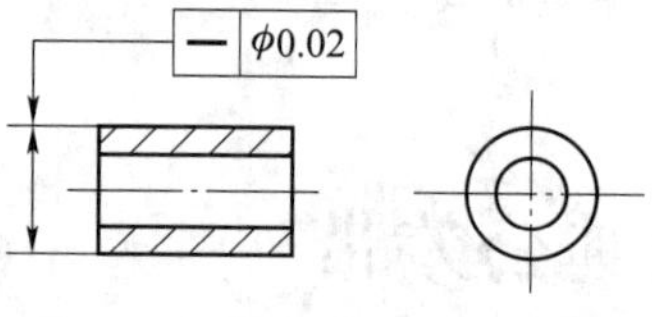 	在任意方向上，其公差带是直径为公差值 ϕt 的圆柱面内的区域 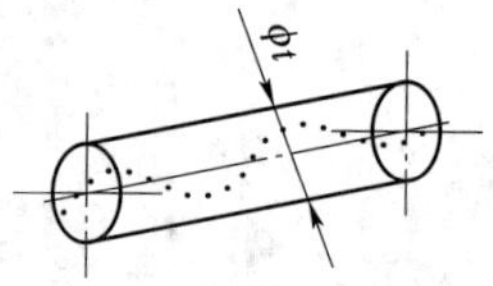
平面度	实际表面必须位于距离为公差值 0.01 mm 的两平行平面之间 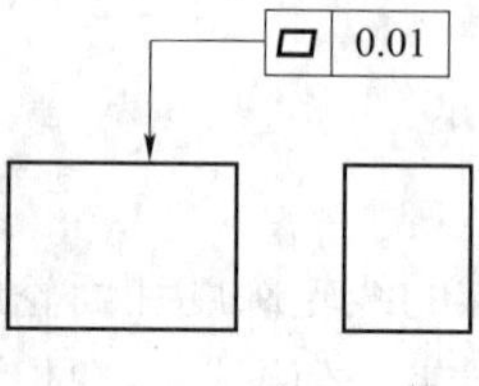 	其公差带是距离为公差值 t 的两平行平面之间的区域 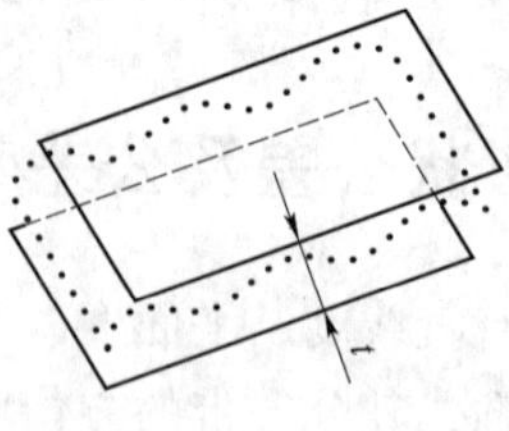

续表

特征项目	图样标注示例	公差带定义
圆度	在垂直于轴线的任一横截面上，实际圆必须位于半径差为公差值 0.01 mm 的两同心圆之间 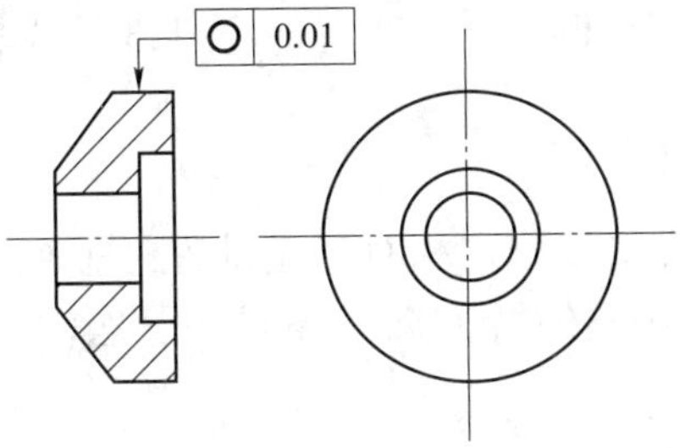	其公差带是在同一横截面上，半径差为公差值 t 的两同心圆之间的区域 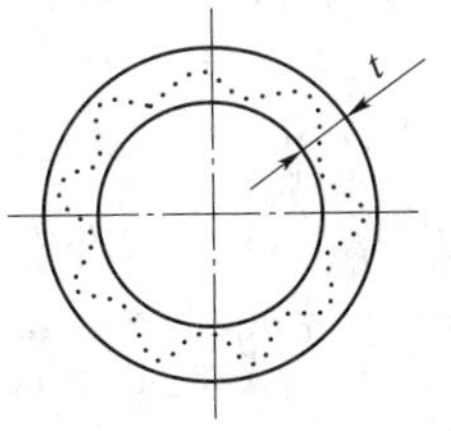
圆柱度	实际圆柱面必须位于半径差值为 0.01 mm 的二同轴圆柱面之间 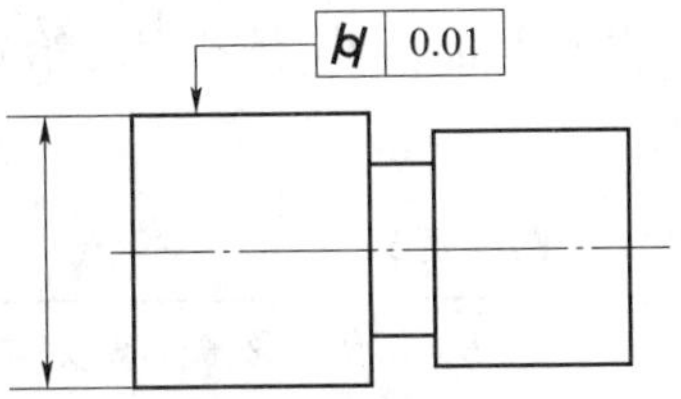	其公差带是半径差为公差值 t 的两同轴圆柱面之间的区域 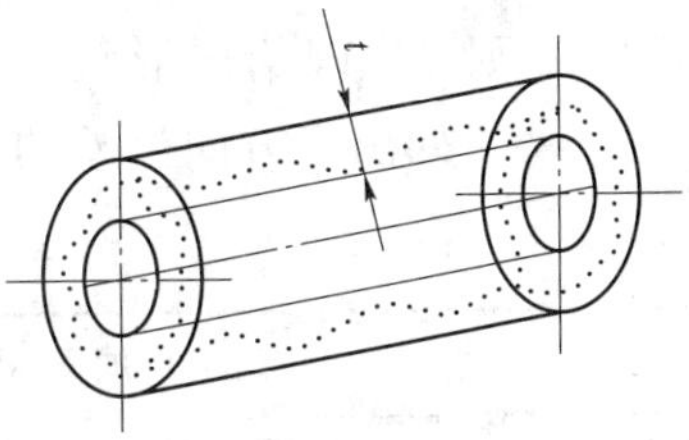
线轮廓度	在平行于正投影面的任一截面内，实际轮廓线必须位于包络一系列直径为公差值 0.01 mm 的圆，且圆心位于理想轮廓线上的两包络线之间 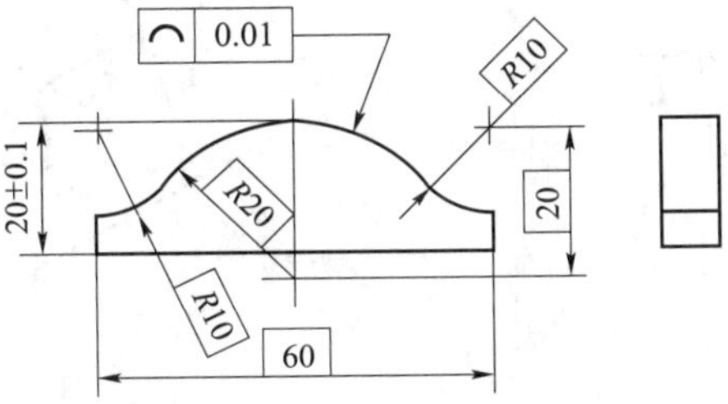	其公差带是包络一系列直径为公差值 t 的圆的两包络线之间（两等距曲线之间）的区域，该圆圆心应位于理想轮廓线上 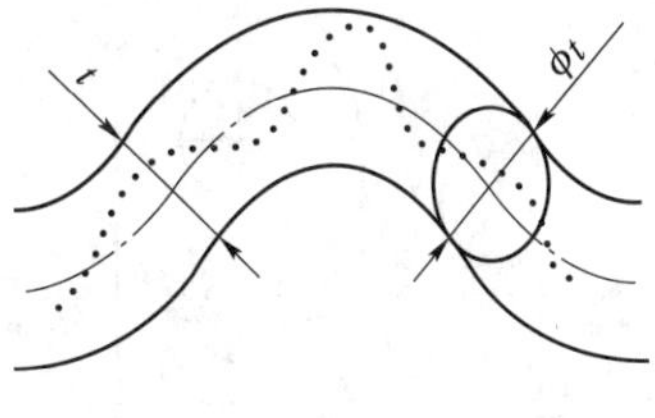
面轮廓度	实际轮廓面必须位于包络一系列直径为公差值 0.01 mm 的球，且其球心均在理想轮廓面上的两包络面之间 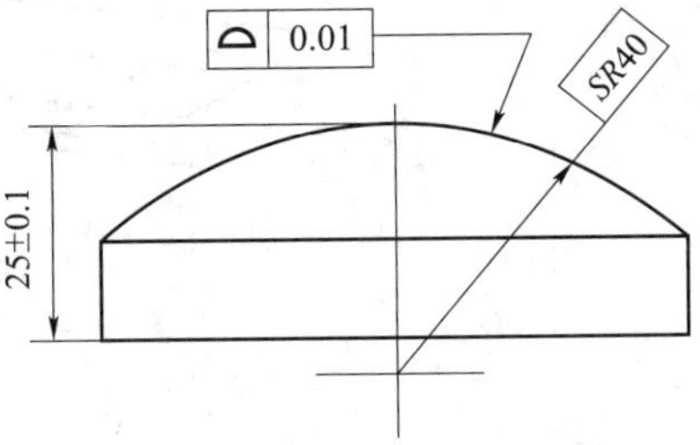	其公差带是包络一系列直径为公差值 t 的球的两包络面之间（两等距曲面之间）的区域，该球球心应位于理想轮廓面上 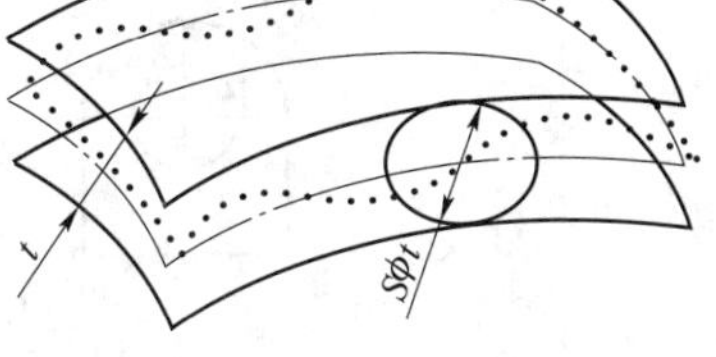

4.3.2 方向公差及公差带

1. 方向公差

方向公差有平行度、垂直度、倾斜度、曲线度和曲面度（即有基准的线轮廓度和面轮廓度）5项。

2. 方向公差带

方向公差带相对于基准有确定的方向。公差带分别相对于基准保持平行、垂直和倾斜一定理论正确角度的关系，并且，在相对于基准保持方向的条件下，公差带的位置可以移动。

方向公差带能综合控制被测要素的方向和形状误差。方向公差带一经确定，被测要素的方向误差和形状误差也就受到约束。因此，在保证功能要求的前提下，当对某一被测要素给出方向公差后，通常不再对该被测要素给出形状公差。如果在功能上需要对形状精度有进一步要求，则可同时给出形状公差。但是，给出的形状公差值应小于之前已给定的方向公差值。表4-4列出了方向公差的图样标注示例和定义。

表4-4 方向公差的图样标注示例和定义

特征项目	图样标注示例	公差带定义
平行度	1. 线对线的平行度 被测中心线应限定在平行于基准轴线、直径等于0.2 mm的圆柱内 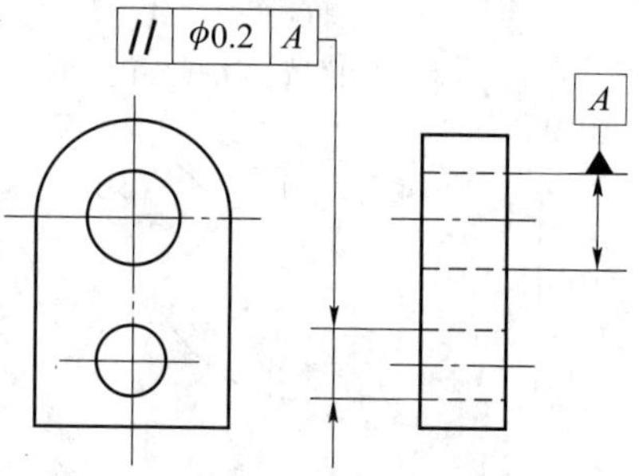	公差值前加注符号 ϕ，公差带为平行于基准轴线、直径等于给定公差值 t 的圆柱面内所限定的区域 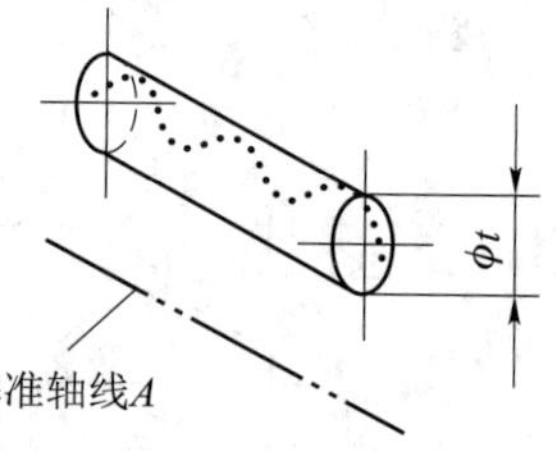
	2. 线对面的平行度 被测中心线应限定在平行于基准平面 A、距离等于0.02 mm的两平行平面内 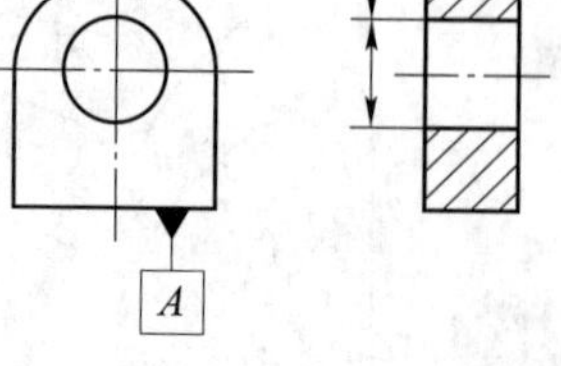	公差带为平行于基准平面、距离等于给定公差值 t 的两平行平面所限定的区域 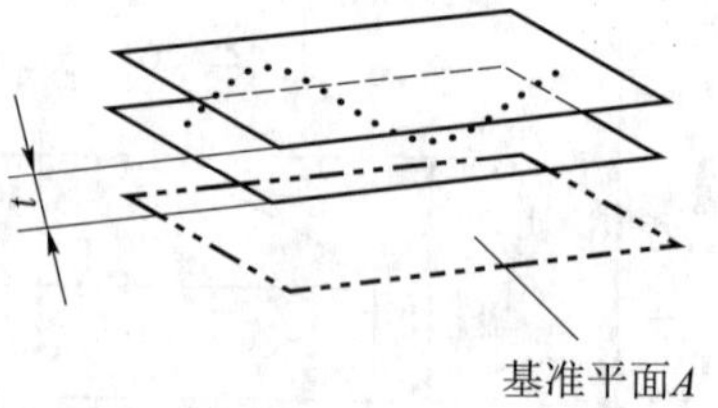

续表

特征项目	图样标注示例	公差带定义
	3. 面对线的平行度 被测表面应限定在距离等于 0. 02 mm 且平行于基准轴线 A 的两平行平面之间 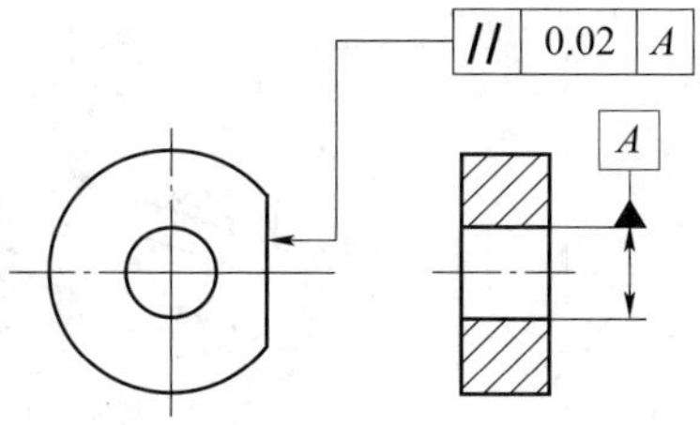 	公差带为距离等于给定公差值 t 且平行于基准轴线的两平行平面所限定的区域 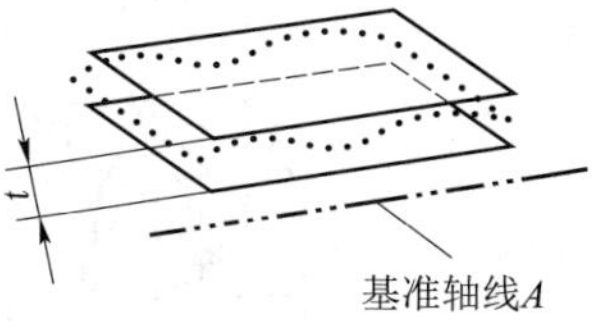
平行度	4. 面对面的平行度 被测实际面应限定在距离为 0. 2 mm 且平行于基准平面 A 的两平行平面内 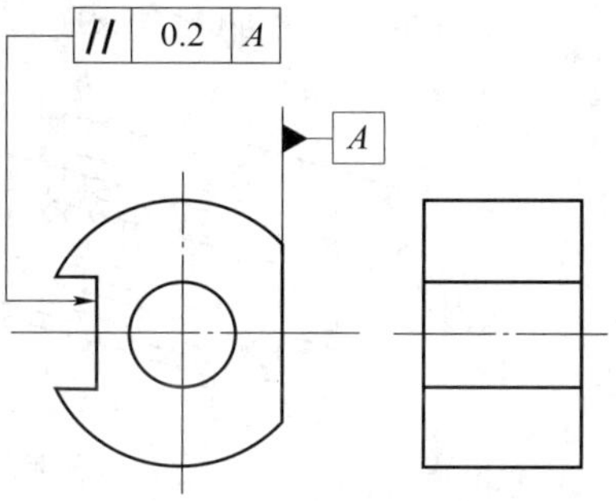 	公差带为距离等于给定公差值 t 且平行于基准平面的两平行平面所限定的区域 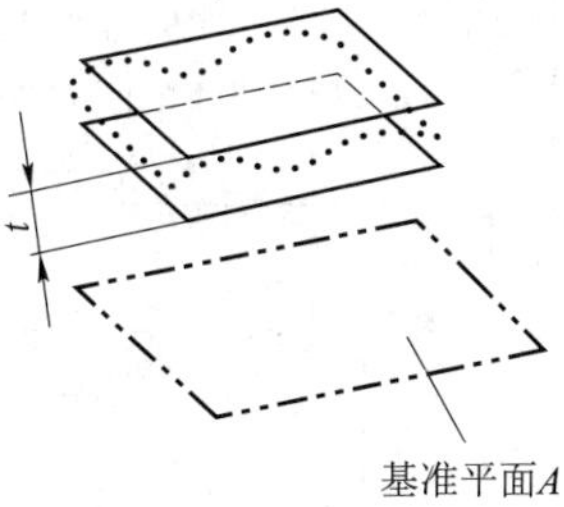
	5. 线对基准体系的平行度 （1）被测中心线应限定在距离等于 0. 2 mm 且平行于基准轴线 A，同时平行于基准平面 B 的两平行平面内 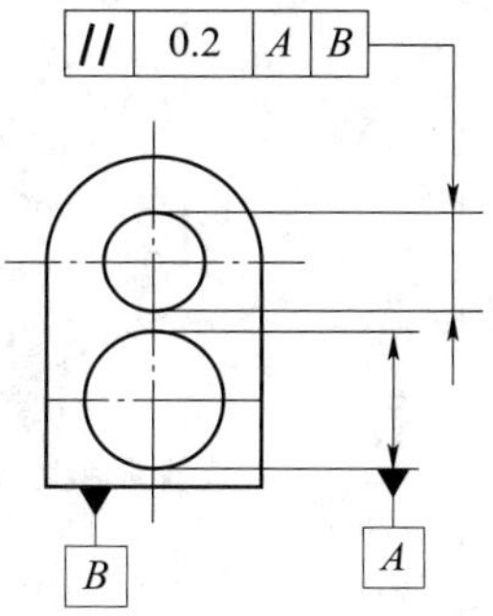 	公差带为平行于两基准、距离等于给定公差值 t 的两平行平面所限定的区域 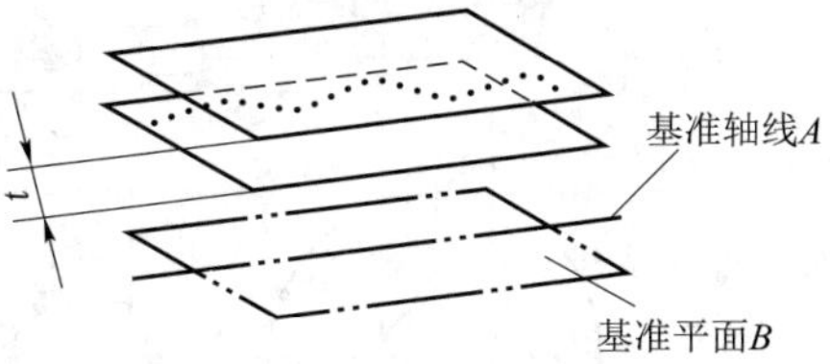

续表

特征项目	图样标注示例	公差带定义
平行度	（2）被测中心线应限定在距离等于 0.2 mm、平行于基准轴线 A，且垂直于基准平面 B 的两平行平面内 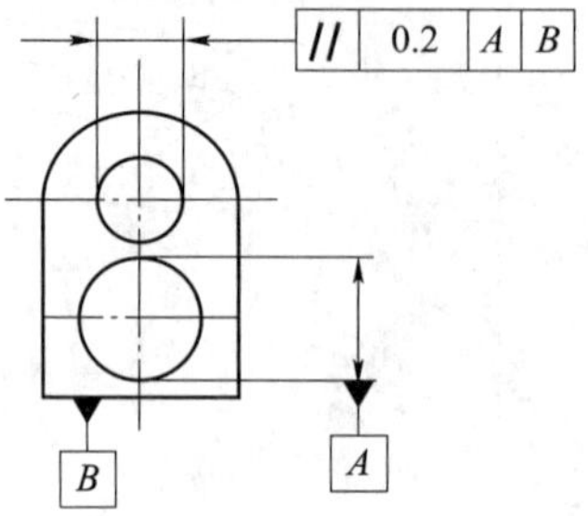 	公差带为平行于基准轴线且垂直于基准平面，距离等于给定公差值 t 的两平行平面所限定的区域 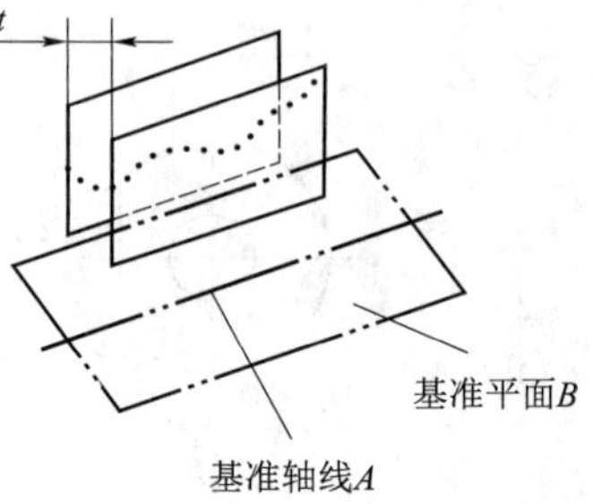
	（3）被测中心线应限定在平行于基准轴线 A、平行或垂直于基准平面 B，且距离分别等于公差值 0.1 mm，0.2 mm，相互垂直的两组平行平面内 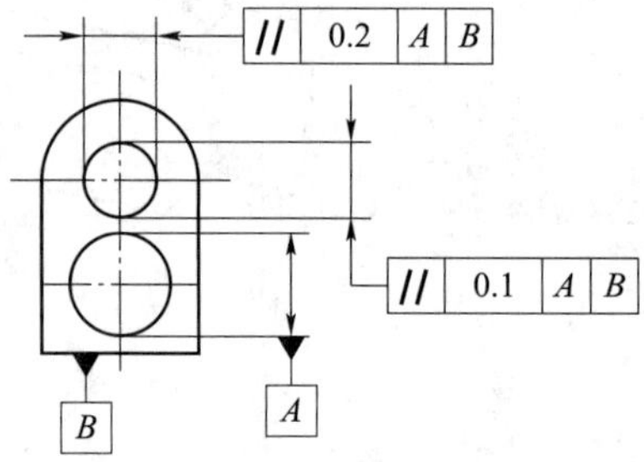 	公差带为平行于基准轴线、平行或垂直于基准平面，距离等于给定公差值 t_1、t_2，相互垂直的两组平行平面所限定的区域 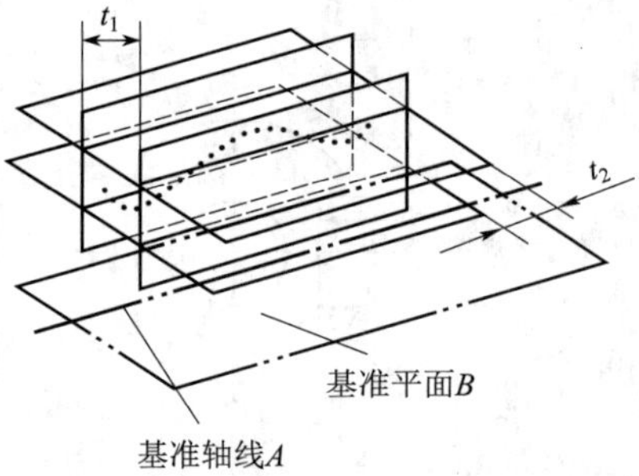
垂直度	1. 线对线的垂直度 被测中心线应限定在距离等于 0.02 mm 且垂直于基准轴线 A 的两平行平面内 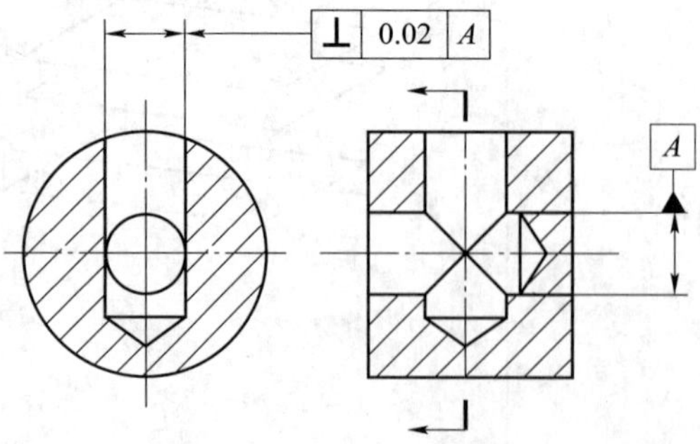 	公差带为距离等于给定公差值 t 且垂直于基准线的两平行平面所限定的区域 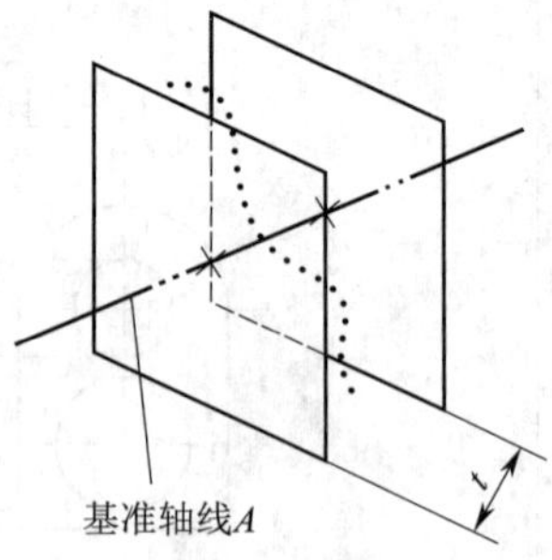

续表

特征项目	图样标注示例	公差带定义
垂直度	2. 线对面的垂注度 被测圆柱的中心线应限定在直径等于 0.01 mm 且垂直于基准平面 *A* 的圆柱面内 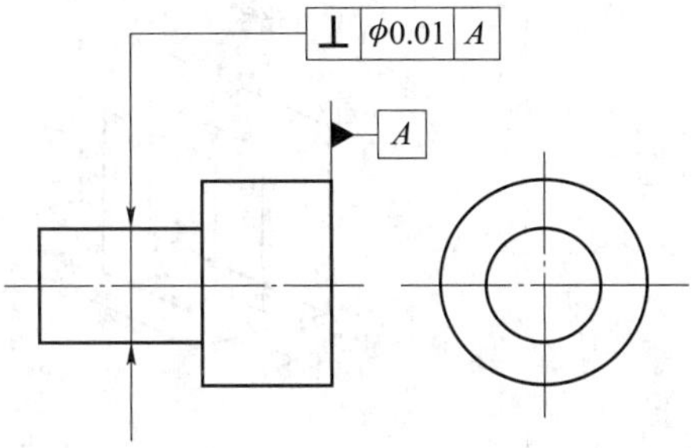	公差值前加注符号“ϕ”，公差带为直径等于给定公差值 *t* 且轴线垂直于基准面的圆柱面内所限定的区域 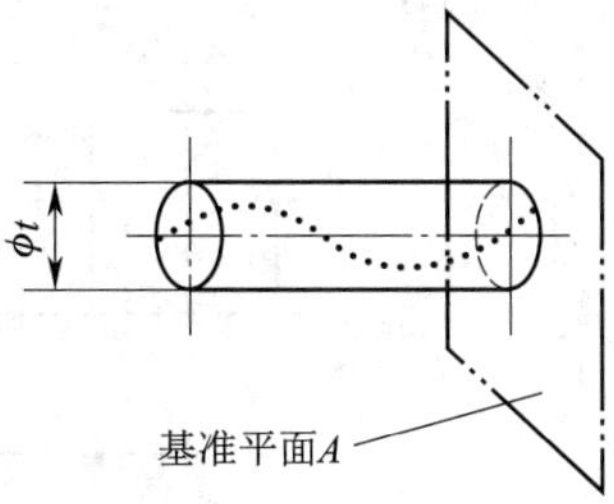
	3. 面对线的垂直度 被测表面应限定在距离等于 0.01 mm 的两平行平面，该两平行平面垂直于基准轴线 *A* 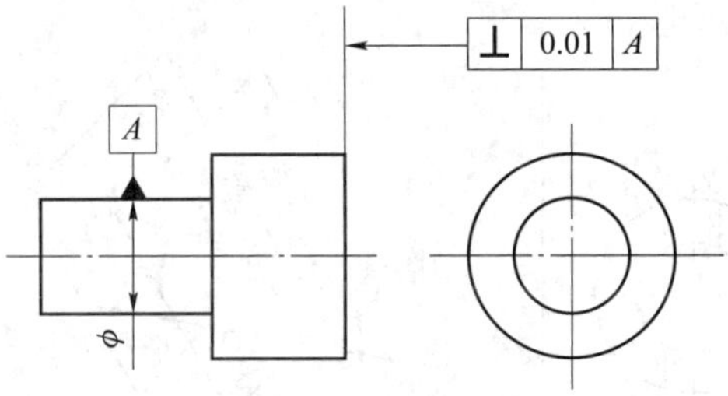	公差带为距离等于给定公差值 *t* 且垂直于基准轴线的两平行平面所限定的区域 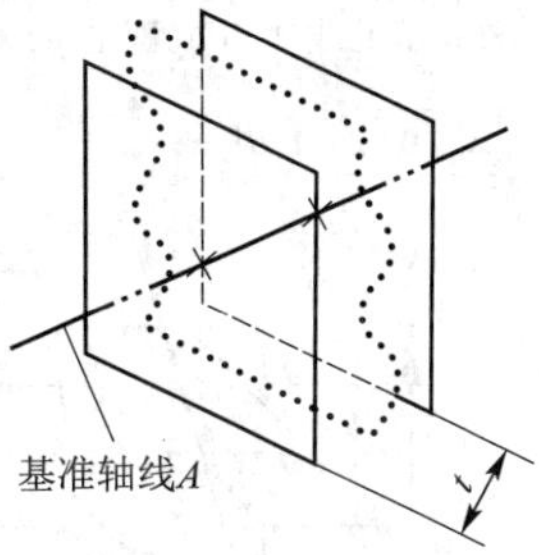
	4. 面对面的垂直度 被测表面应限定在距离等于 0.01 mm 的两平行平面，该两平行平面垂直于基准平面 *A* 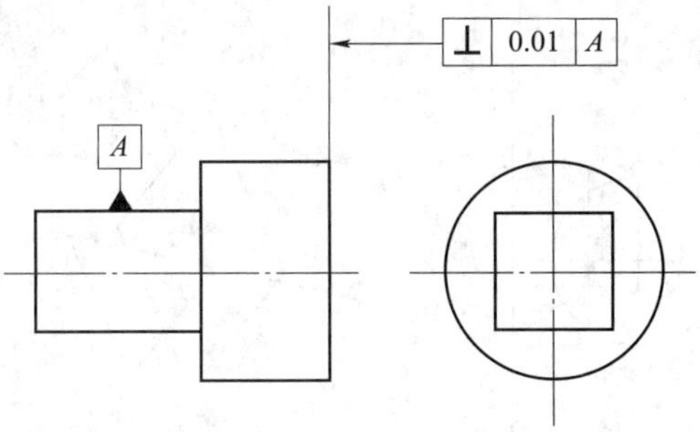	公差带为距离等于给定公差值 *t* 且垂直于基准平面的两平行平面所限定的区域 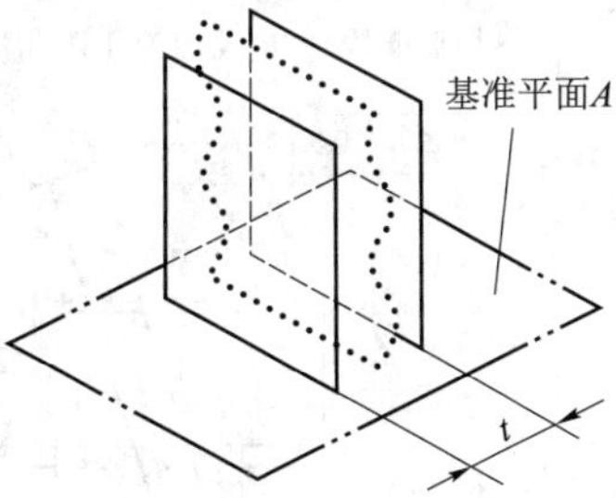

续表

<table>
<tr><th>特征项目</th><th>图样标注示例</th><th>公差带定义</th></tr>
<tr><td>垂直度</td><td>5. 线对基准体系的垂直度
被测圆柱中心线应限定在距离为 0.01 mm 的两平行平面内。该两平行平面垂直于基准平面 B 且平行基准平面 A
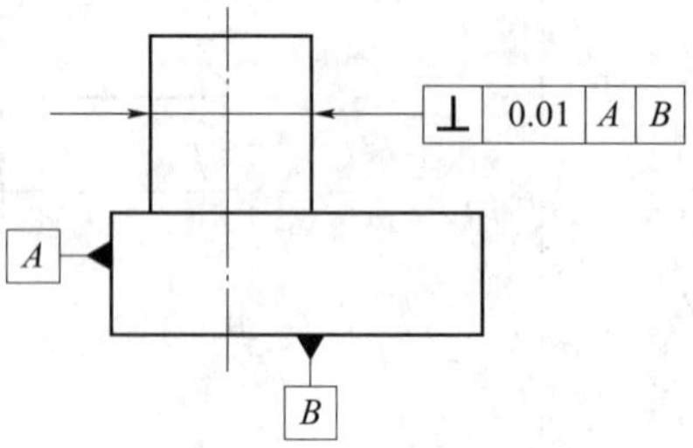</td><td>公差带为距离等于给定公差值 t 的两平行平面所限定的区域。该两平行平面都垂直于基准平面 B、平行于基准平面 A
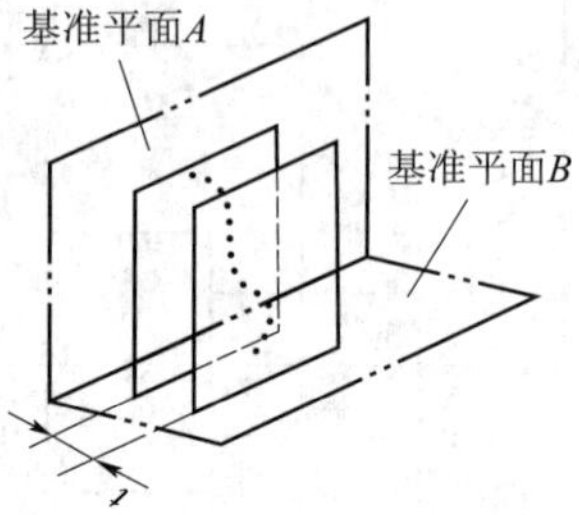</td></tr>
<tr><td rowspan="2">倾斜度</td><td>1. 线对线的倾斜度
（1）被测线与基准线在同一平面内
被测中心线应限定在距离为公差值 0.02 mm，且与公共基准线 A-B 成理论正确角度 70°的两平行平面内
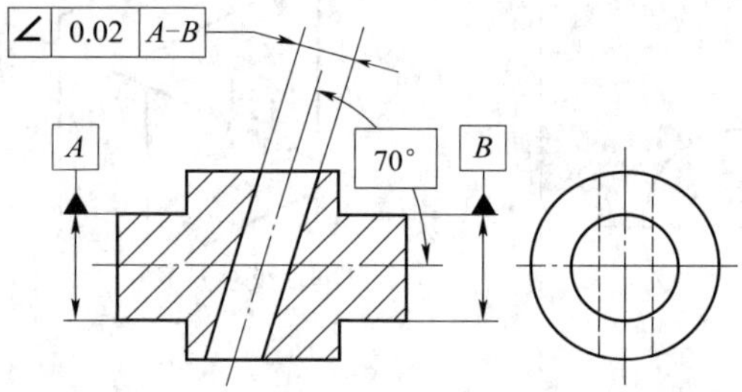</td><td>公差带为距离等于给定公差值 t 且与基准直线成理论正确角度的两平行平面间所限定的区域。被测线与基准线在同一平面内
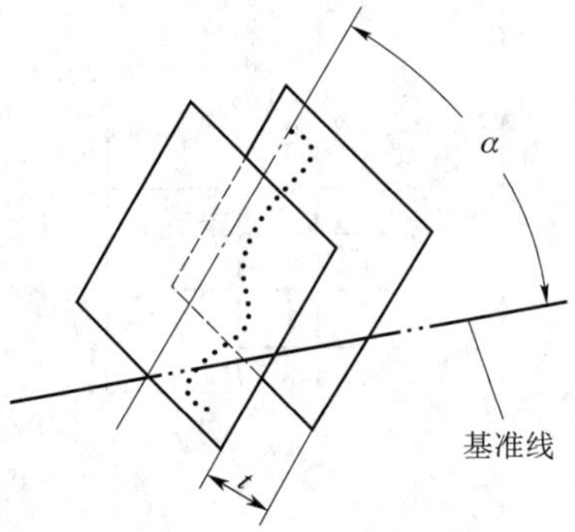</td></tr>
<tr><td>（2）被测线与基准线不在同一平面内
被测中心线应限定在距离为公差值 0.02 mm，且与公共基准线 A-B 成理论正确角度 70°的两平行平面内
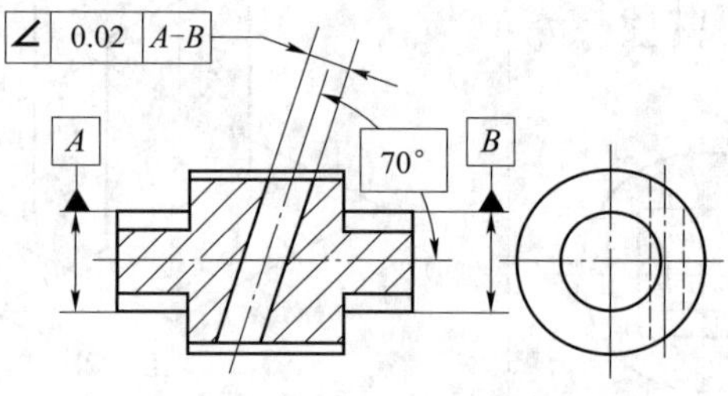</td><td>公差带为距离等于给定公差值 t 且与基准直线成理论正确角度的两平行平面间所限定的区域。被测线与基准线不在同一平面内
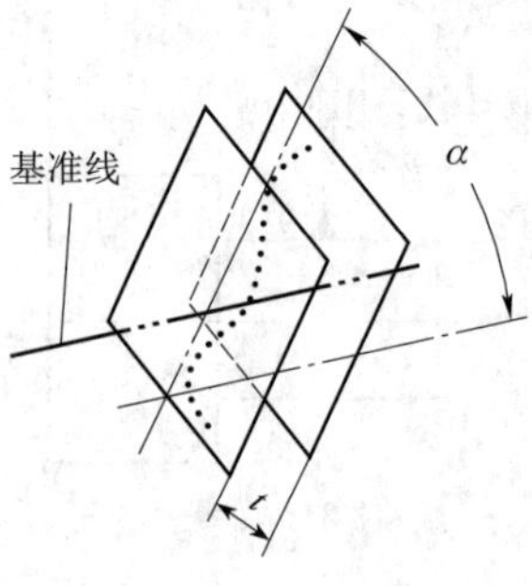</td></tr>
</table>

续表

特征项目	图样标注示例	公差带定义
	2. 线对面的倾斜度 （1）被测中心线应限定在距离为公差值 0.02 mm，且与基准轴线 *A* 成理论正确角度 70°的两平行平面内 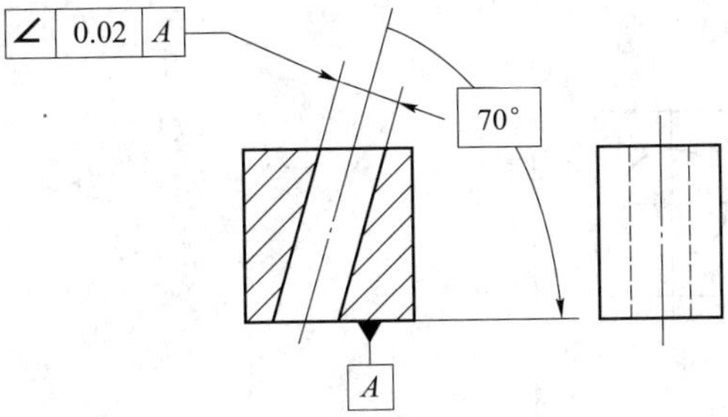	公差带为距离等于给定公差值 *t* 且与基准平面成理论正确角度的两平行平面间所限定的区域 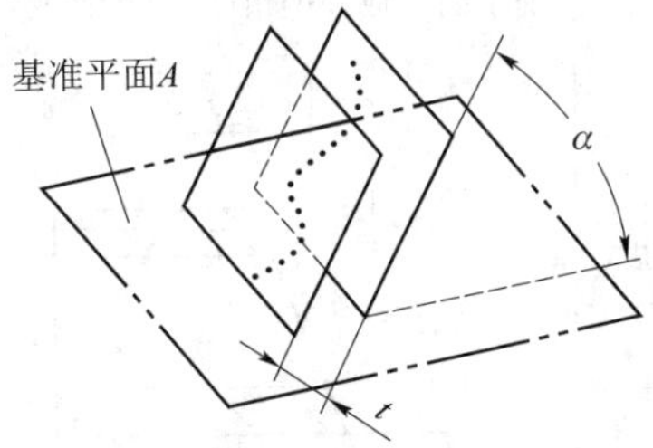
倾斜度	（2）被测中心线应限定在直径为 0.02 mm 的圆柱内。该圆柱面的轴线对基准平面 *A* 成给定理论正确角度 70°且平行于基准平面 *B* 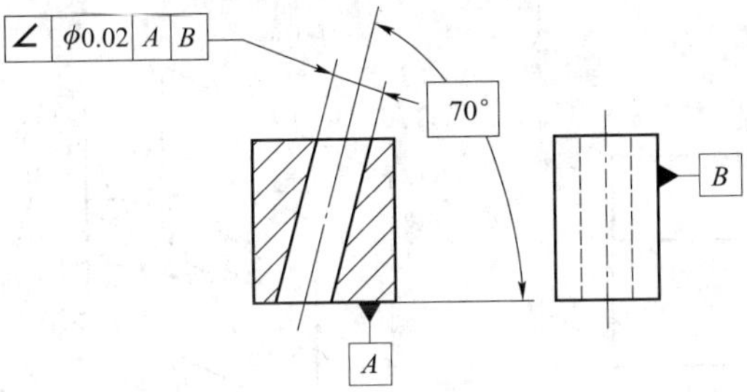	公差值前加注符号“*ϕ*”，公差带为直径等于给定公差值 *t* 的圆柱内所限定的区域。该圆柱轴线对基准平面 *A* 成给定理论正确角度，且平行于基准平面 *B* 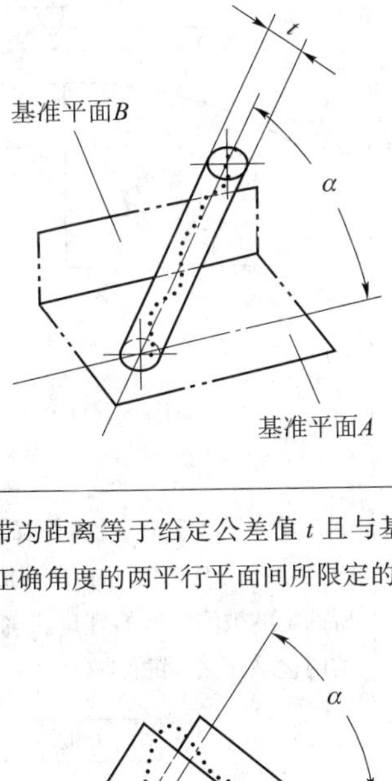
	3. 面对线的倾斜度 被测表面应限定在距离为公差值 0.5 mm，且与基准轴线 *A* 成理论正确角度 70°的两平行平面内 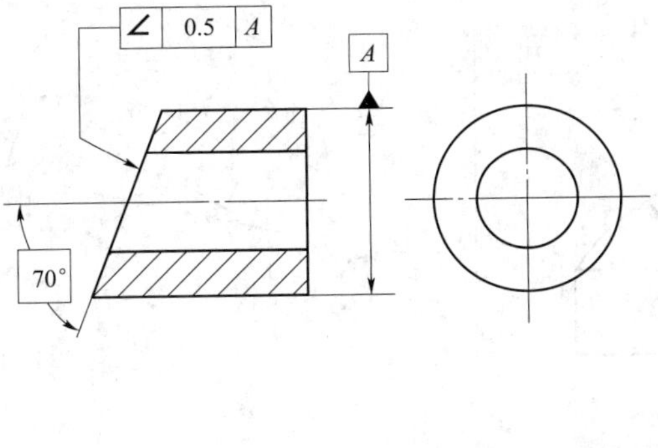	公差带为距离等于给定公差值 *t* 且与基准轴线成理论正确角度的两平行平面间所限定的区域 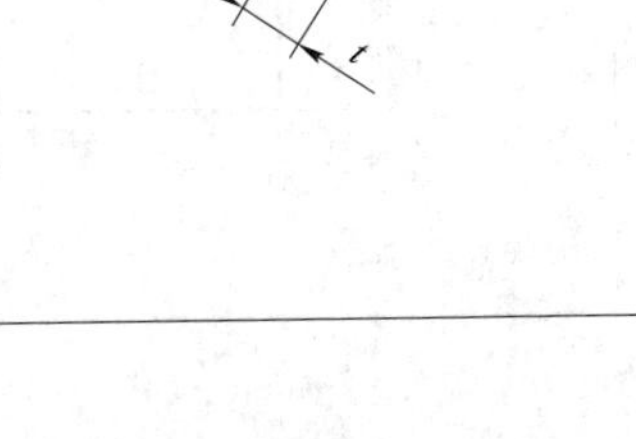

续表

特征项目	图样标注示例	公差带定义
倾斜度	4. 面对面的倾斜度 被测表面应限定在距离为公差值 0.05 mm，且与基准平面 A 成理论角度 70°的两平行平面内 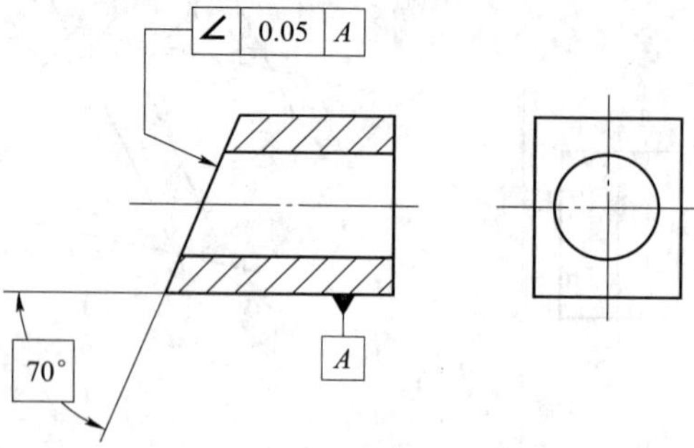	公差带为距离等于给定公差值 t 且与基准平面成理论正确角度的两平行平面间所限定的区域 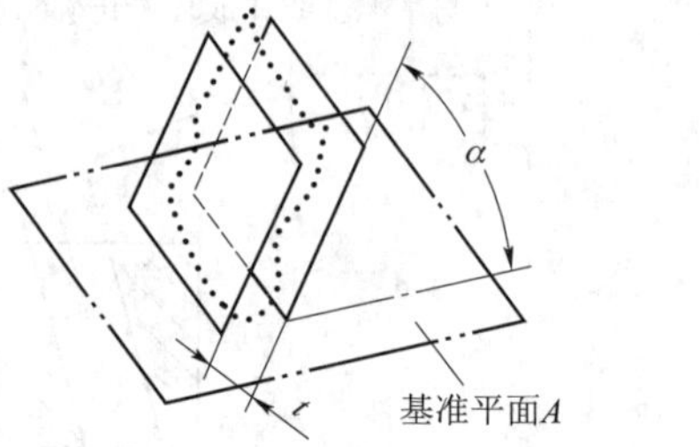
曲线度	在任一平行于图示投影面的截面内，被测轮廓线应限定在直径为 0.02 mm，且圆心位于相对基准平面 A 和 B 所确定的被测要素的理论正确几何形状上的一系列圆的两包络线之间的区域 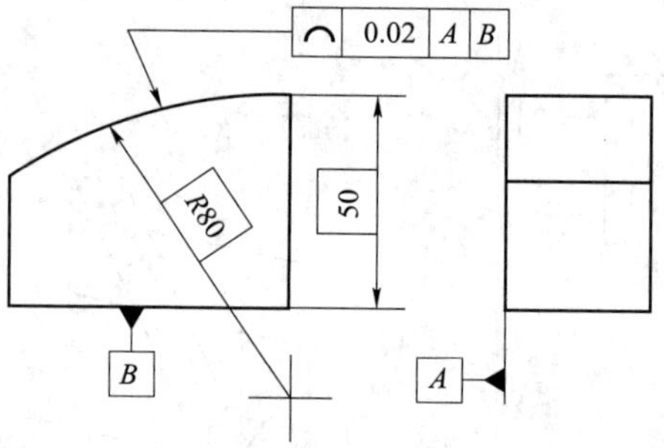	公差带为直径等于给定公差值 t 且圆心位于相对于基准所确定的被测要素理论正确几何形状上的一系列圆的两包络线所限定的区域 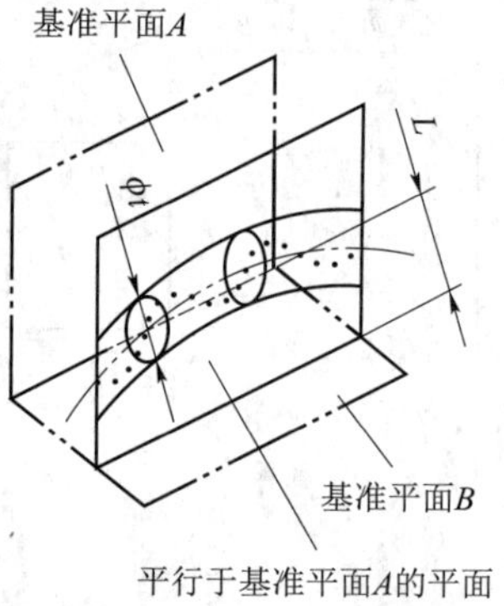
曲面度	在任一平行于图示投影面的截面内，被测轮廓线应限定在直径为 0.02 mm，且圆心位于相对基准平面 A 所确定的被测要素的理论正确几何形状上的一系列球的两包络面之间的区域 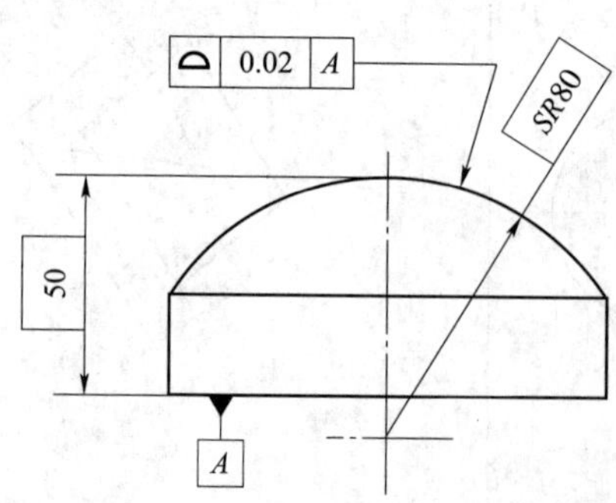	公差带为直径等于给定公差值 t 且圆心位于相对于基准所确定的被测要素理论正确几何形状上的一系列球的两包络面所限定区域 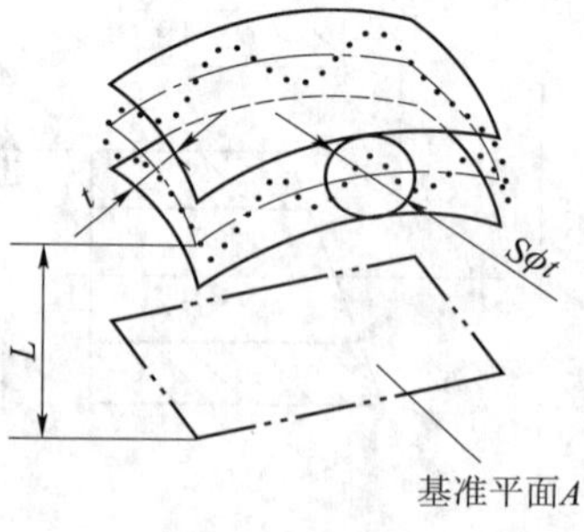

4.3.3　位置公差及其公差带

1. 位置公差

位置公差有位置度、同心度、同轴度、对称度、有基准的线轮廓度和面轮廓度 6 个项目。

2. 位置公差带

位置公差带具有确定的位置，相对于基准的尺寸为理论正确尺寸。

位置公差带具有综合控制被测要素位置、方向和形状的职能。由于给出了位置公差的被测要素总是同时存在位置、方向和形状误差，因此被测要素的位置、方向和形状的误差总是同时受到位置公差带的约束。在保证功能要求的前提下，对被测要素给定了位置公差，通常对该被测要素不再给出方向和形状公差。如果对方向和形状有进一步精度要求，则另行给出方向或形状公差，或者方向和形状公差同时给出。

位置公差的图样标注示例及公差带定义见表 4-5。

表 4-5　位置公差的图样标注示例及公差带定义

特征项目	图样标注示例	公差带定义
位置度	1. 点的位置度 被测球心应限定在直径为 0.02 mm 的球内。该球中心应位于基准 *A*、*B*、*C* 和理论正确尺寸确定的理想位置上 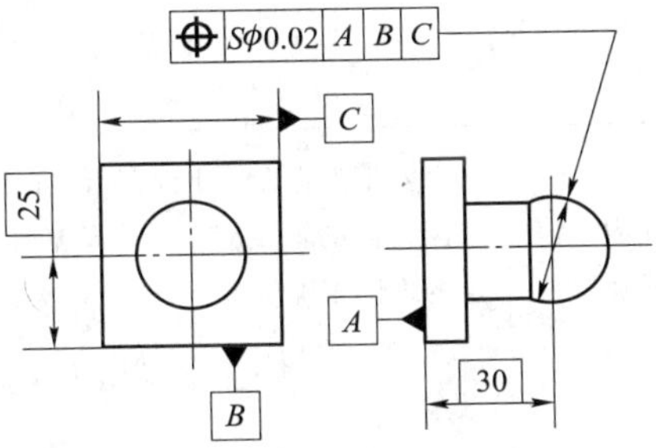 	公差带前加注符号“Sϕ”，表示公差带为直径等于给定公差值 *t* 的球面所限定的区域 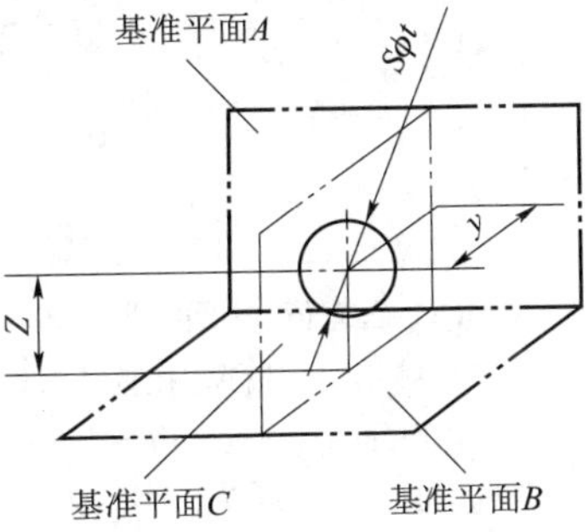
	2. 线的位置度 (1) 给定一个方向公差 每条刻线的被测中心线应限定在距离为 0.03 mm、对称于由基准 *A* 和理论正确尺寸确定的理论正确位置的两平行直线之间的区域 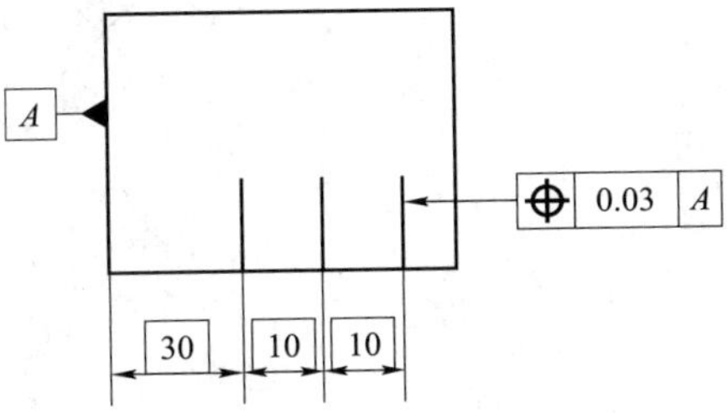 	公差带为距离等于公差值，对称于线的理论正确位置的两平行直线之间。线的理论正确位置由给定基准和理论正确尺寸确定 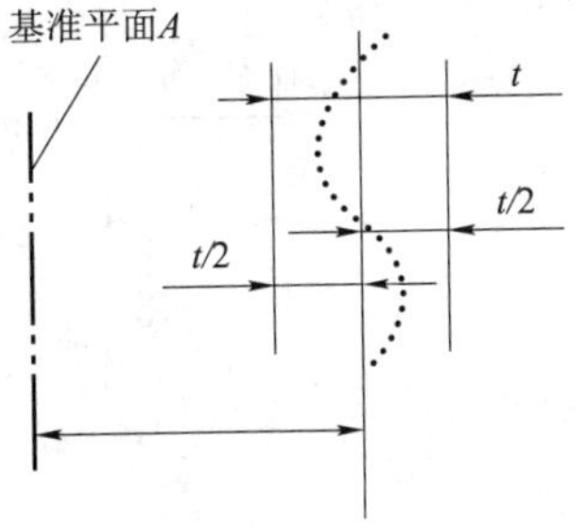

续表

特征项目	图样标注示例	公差带定义
位置度	（2）给定两个方向公差 各被测孔中心线在给定方向上分别限定在距离为0.02 mm、0.2 mm，且相互垂直的两对平行平面内。线的理论正确位置由基准 *C*、*A*、*B* 和理论正确尺寸确定 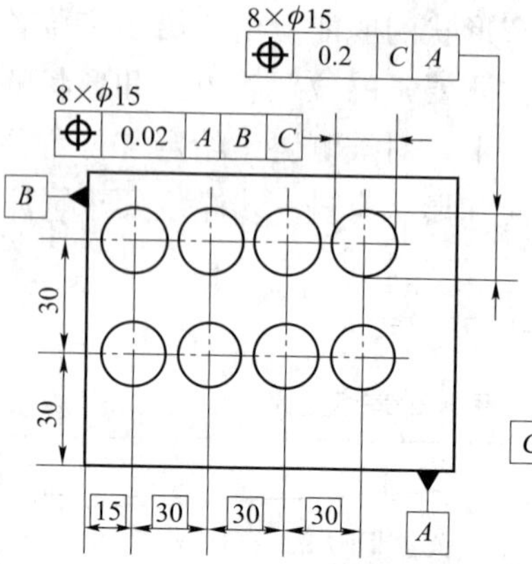	公差带为距离分别是 t_1 和 t_2，且对称于线的理想位置的两对相互垂直的平行平面之间。线的理想位置由给定基准和理论正确尺寸确定 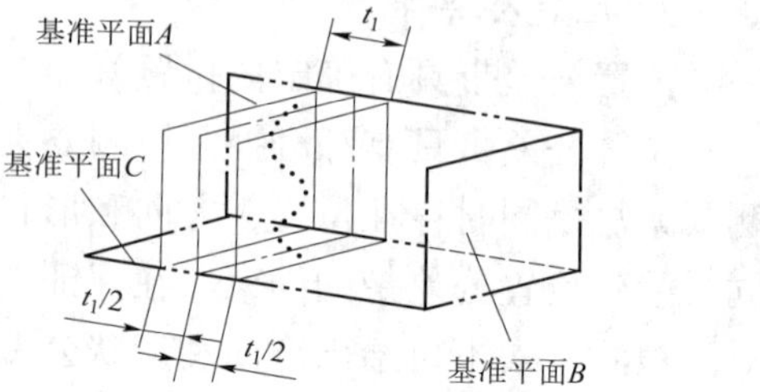 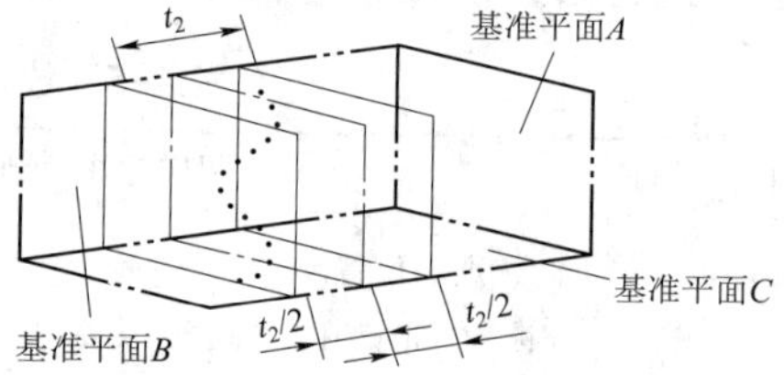
	（3）公差值前加注符号“*φ*” 被测中心线应限定在直径为0.5 mm的圆柱面内。该圆柱面的轴线应处于由基准 *C*、*B*、*A* 和理论正确尺寸确定的理论正确位置 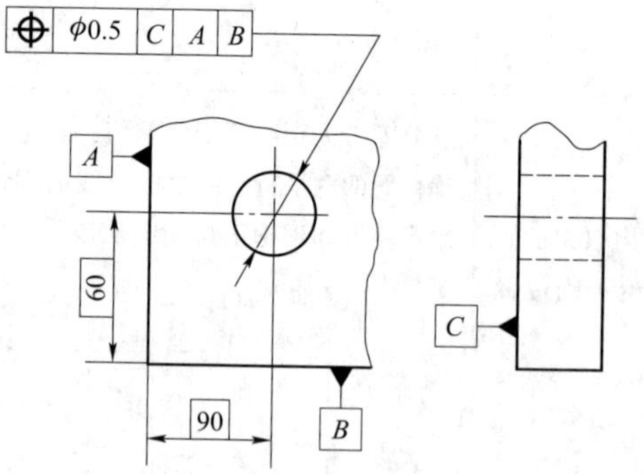	公差带为直径等于公差值 *t* 的圆柱面内的区域。该圆柱面的轴线应处于由基准和理论正确尺寸确定的理论正确位置 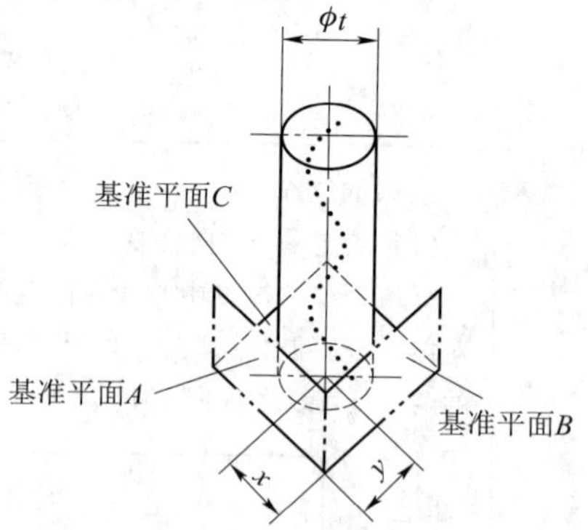

续表

特征项目	图样标注示例	公差带定义
位置度	被测各孔中心线应限定在直径为 0.02 mm 的圆柱内，各个圆柱面的轴线应处于由基准 *C*、*B*、*A* 和理论正确尺寸确定的理论正确位置 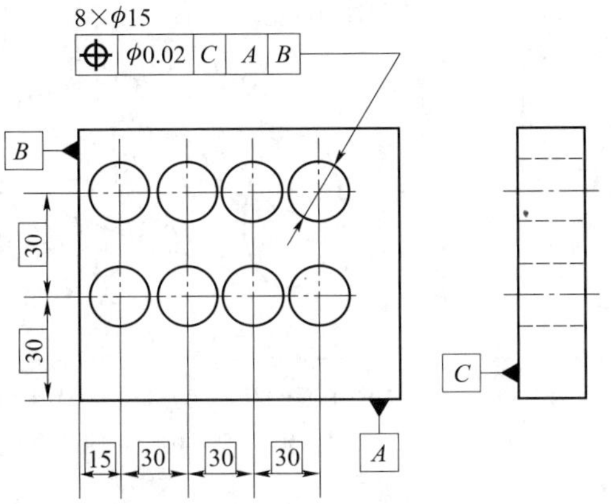	各孔轴心线公差带同上
	3. 面的位置度 被测面应限定在距离为 0.03 mm，且对称于面的理论正确位置的两平行平面内。面的理论正确位置由基准平面 *B*、基准轴线 *A* 和理论正确尺寸确定 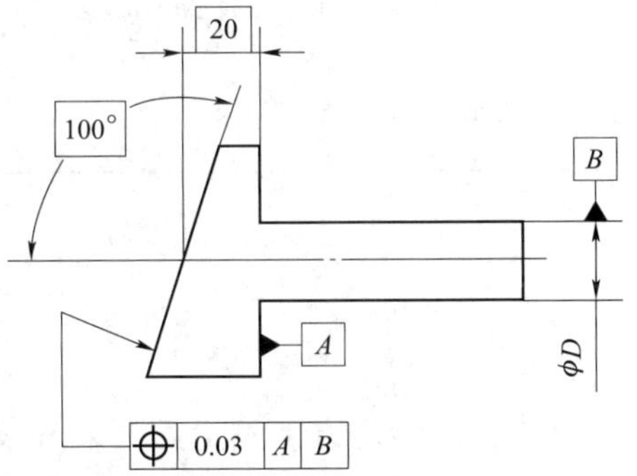	公差带为距离等于公差值 *t*，且对称于理论正确位置的两平行平面所限定的区域。理论正确位置由给定基准和理论正确尺寸确定 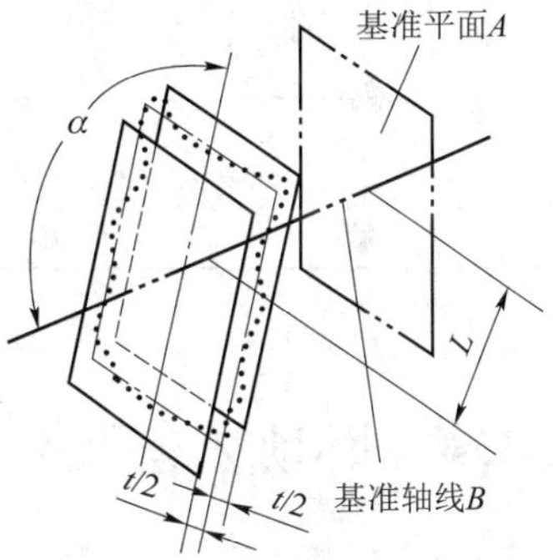
同心度和同轴度	1. 点的同心度 被测外圆的圆心应限定在直径为 0.5 mm，且以基准 *A* 的圆心为圆心的圆内 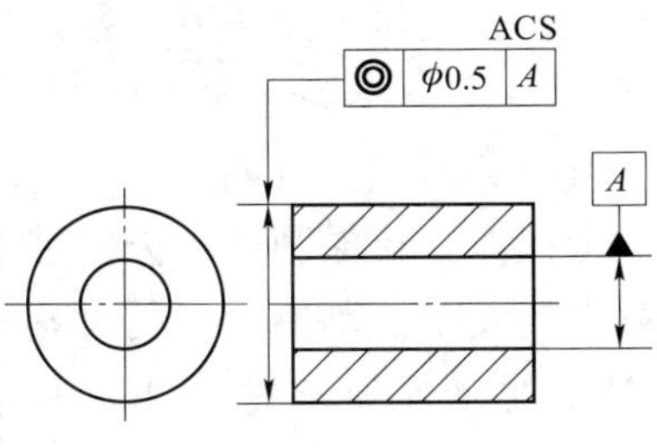	公差值前加注符号“φ”，公差带为直径等于给定公差值 *t* 的圆内区域。该圆的圆心与基准点重合 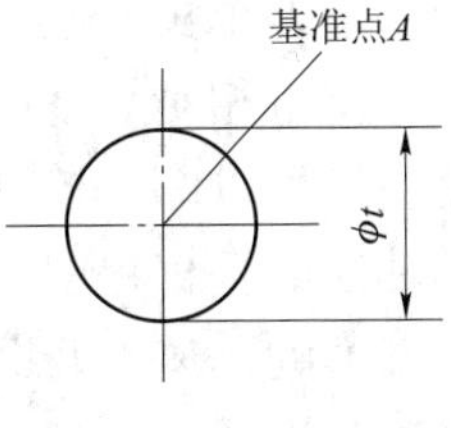

续表

特征项目	图样标注示例	公差带定义
同心度和同轴度	2. 线的同轴度 被测大圆柱面的中心线应限定在直径等于 0.04 mm，且以公共基准轴线 $A-B$ 为轴线的圆柱面内区域 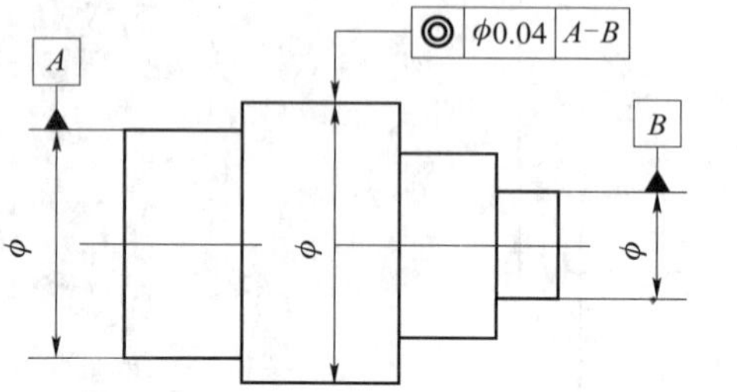	公差值前加注符号“ϕ”，公差带为直径为公差值 t 的圆柱内区域。该圆柱的轴线与基准轴线重合 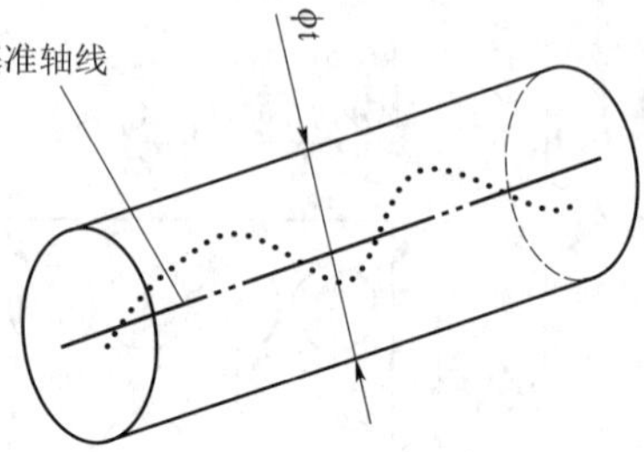
对称度	被测中心面应限定在距离为 0.03 mm，且对基准中心平面 A 对称分布的两平行平面之间区域 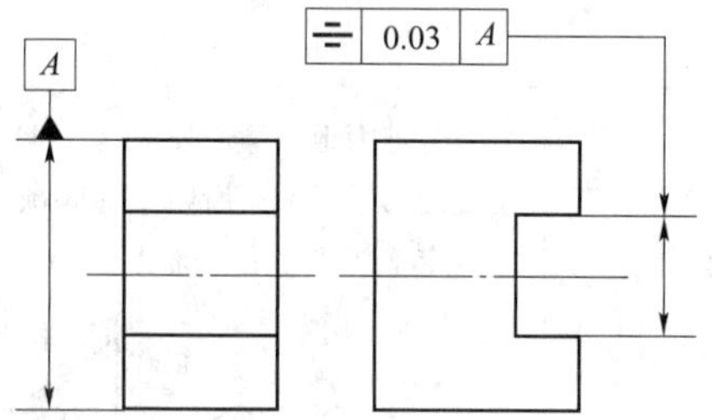	中心平面的对称度公差带为距离等于公差值 t，且对基准中心平面对称分布的两平行平面内 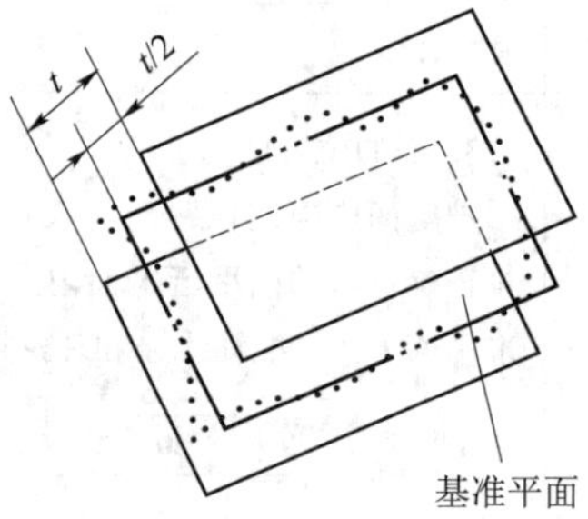

4.3.4 跳动公差及公差带

跳动是指实际被测要素绕基准轴线回转过程中，沿给定方向测量其对某参考点或某参考线的变动量。变动量可由指示表的最大与最小示值之差反映出来。被测要素为回转表面或端面，基准要素为轴线。跳动分为圆跳动和全跳动。

圆跳动是指实际被测要素在某种测量截面内相对于基准轴线的变动量。圆跳动有径向圆跳动、轴向（或称“端面”）圆跳动和斜向圆跳动。

全跳动是指整个实际被测表面相对于基准轴线的变动量。全跳动有径向全跳动和轴向全跳动。跳动公差带相对于基准轴线有确定的位置。

跳动公差带可以综合控制被测要素的位置、方向和形状。例如，轴向全跳动公差带控制端面对基准轴线的垂直程度，也控制端面的平面度误差。径向圆跳动公差带控制横截面轮廓中心相对于基准的偏离以及圆度误差。端面圆跳动公差带控制测量圆周上轮廓对基准轴线的垂直程度和形状误差。当综合控制被测要素不能满足功能要求时，可进一步给出有关的公差。跳动公差的图样标注示例及公差带定义见表 4-6。

表 4-6　跳动公差的图样标注示例及公差带定义

<table>
<tr><th>特征项目</th><th>图样标注示例</th><th>公差带定义</th></tr>
<tr><td rowspan="2">圆跳动</td><td>

1. 径向圆跳动

（1）在任一垂直于基准轴线 A 的横截面内，被测曲线应限定在半径差为 0. 05 mm、圆心在基准轴线上的两同心圆内

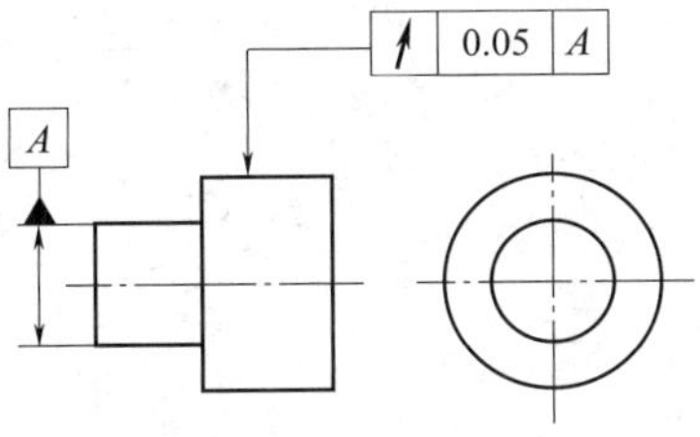

在任一平行于基准平面 B、垂直于基准轴线 A 的截面上，被测曲线应限定在半径差为 0. 05 mm、圆心在基准轴线上的两同心圆内

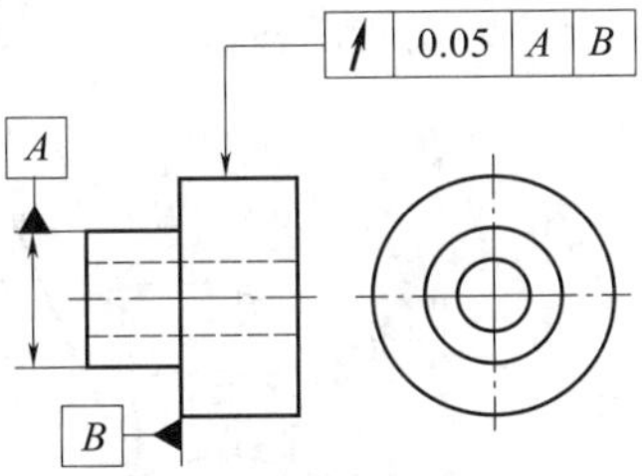

</td><td>

公差带为在任一垂直于基准轴线的横截面内，且半径差等于公差值 t，圆心在基准轴线上的两同心圆所限定的区域

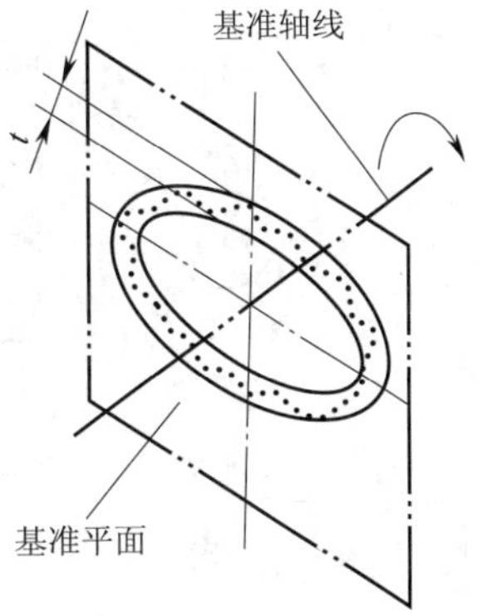

公差带同上

</td></tr>
<tr><td>

（2）径向圆跳动用于局部要素

在任一垂直于基准轴线 A 的横截面内，被测曲线应限定在半径差为 0. 08 mm，且圆心在基准轴线上的两同心圆弧内

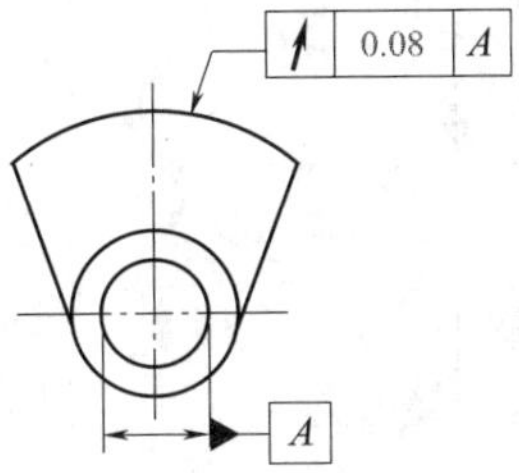

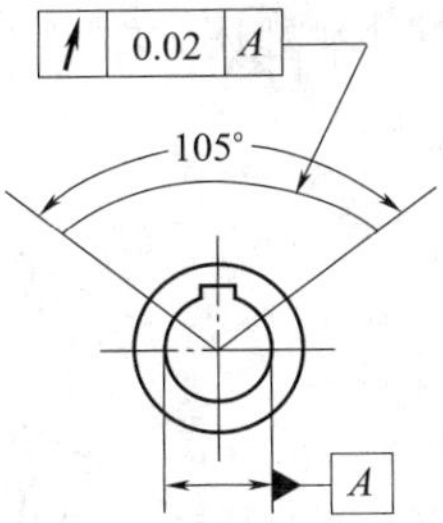

</td><td>

公差带是在任一垂直于基准轴线的横截面内，被测曲线应限定在半径差为公差值 t，且圆心在基准轴线上的两同心圆弧之间

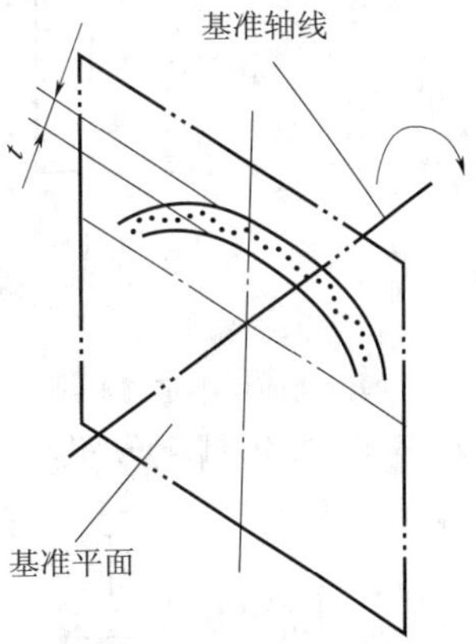

</td></tr>
</table>

续表

特征项目	图样标注示例	公差带定义
	2. 轴向圆跳动 在与基准轴线 A 同轴的任一圆柱截面上，被测曲线应限定在距离为 0.02 mm 的两等直径圆连接的面上 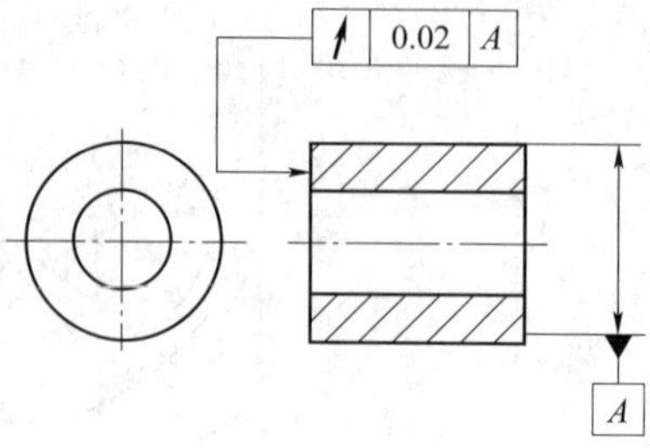	公差带为与基准同轴的任一半径的圆柱截面上，距离等于公差值 t 的两圆所限定的区域 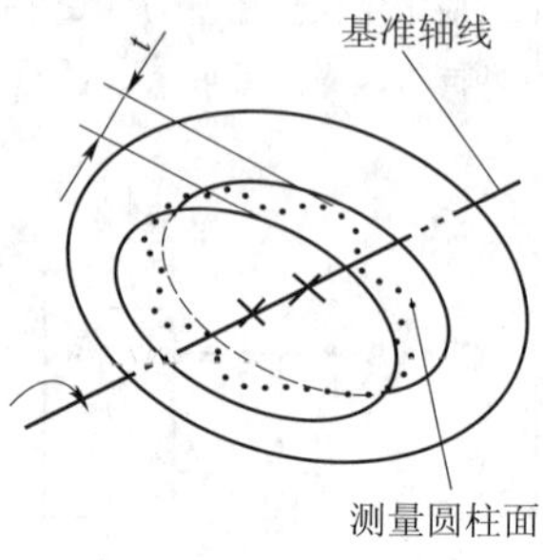
圆跳动	3. 斜向圆跳动 在与基准轴线 A 同轴的任一圆锥截面上，被测曲线应限定在垂直于素线方向且距离为 0.02 mm 的两个不等直径圆连接的面上 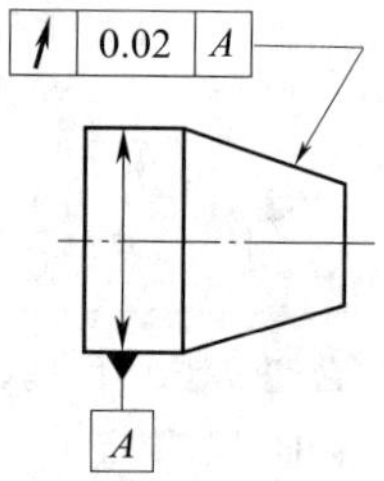 素线不是直线时，圆柱截面的锥度要随实际位置而变化 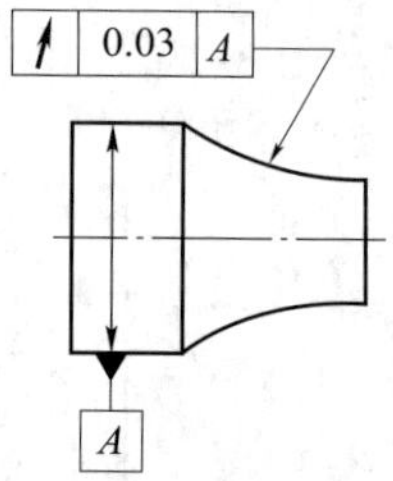	公差带为与基准同轴的任一圆锥截面上，距离等于公差值 t 的两圆所限定的区域（测量方向应沿表面的法向） 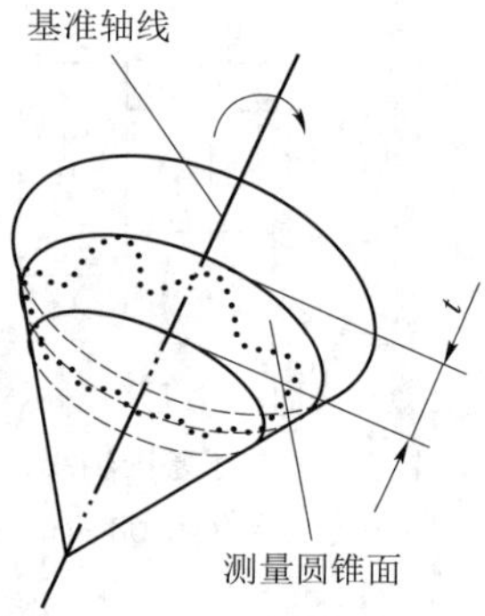
全跳动	1. 径向全跳动 被测曲面应限定在半径差等于 0.05 mm，且与公共基准轴线 A–B 同轴的两圆柱面之间 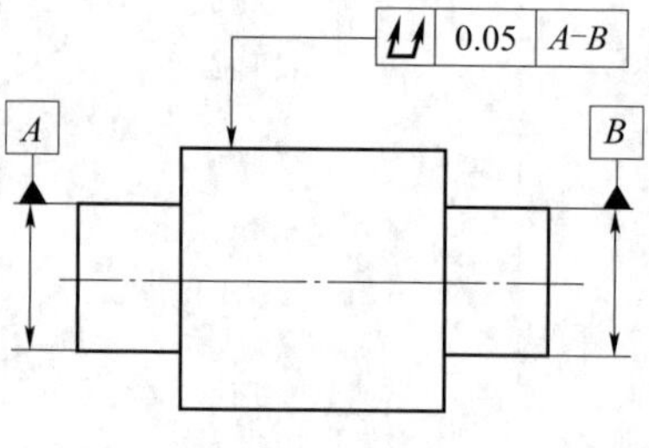	公差带为半径差等于公差值 t，且与公共基准轴线同轴的两圆柱面之间所限定的区域 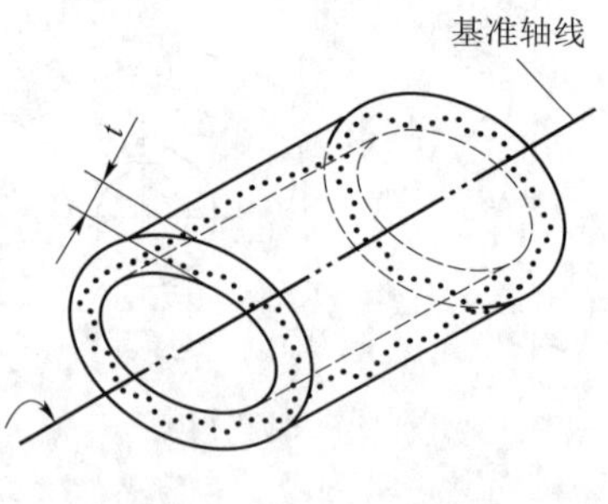

续表

特征项目	图样标注示例	公差带定义
全跳动	2. 轴向全跳动 被测表面应限定在距离为 0.05 mm，且垂直于基准轴线 *A* 的两平行平面内 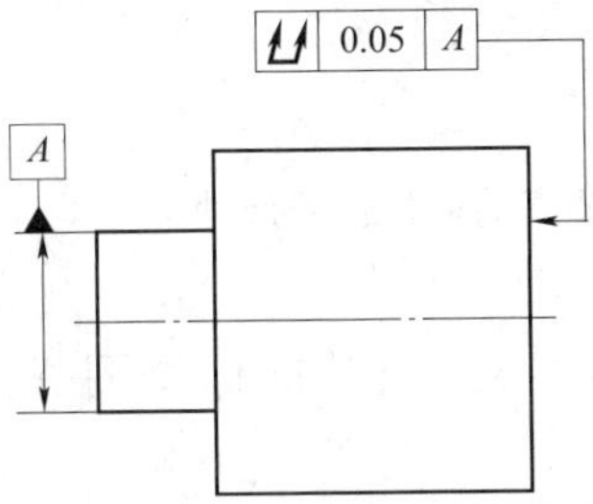	公差带为距离等于公差值 *t*，且垂直于基准轴线的两平行平面所限定的区域 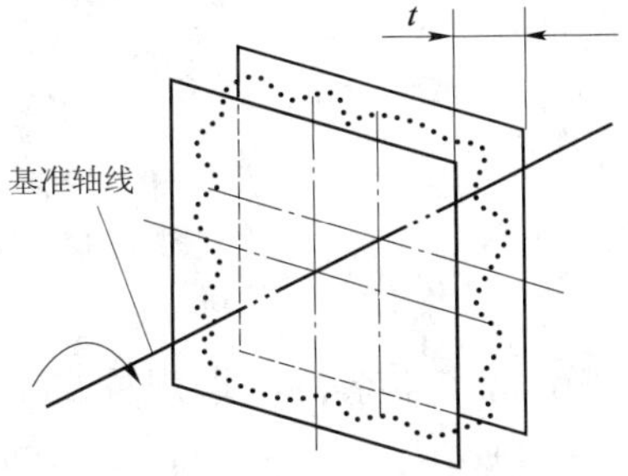

形状、方向、位置和跳动公差之间，既有联系又有区别。有时公差特征项目不同但具有相同的公差带形状，如公差值前标有符号“ϕ”的轴线的直线度、同轴度、垂直度、位置度，公差带均为圆柱内的区域；圆柱度与径向全跳动的公差带均为两个同轴圆柱内的区域。有时一个公差特征项目却有几种不同的公差带形状，如直线度有两平行直线之间的区域、两平行平面之间的区域、圆柱内的区域等。

一般来说，公差带的形状主要是由被测要素的种类，即被测要素的理想形状来确定（有时还要考虑功能要求）。公差带的方位主要随被测要素相对于基准的方位和理论正确尺寸确定。公差带的大小是按对被测要素的功能和几何精度要求确定。

4.4　公差原则与公差要求

公差原则是用来处理尺寸公差和几何公差关系时应遵循的原则。任何实际要素，既有尺寸公差的要求，又有几何公差的要求。而影响零件使用性能的，有时主要是几何误差，有时主要是尺寸误差，有时则主要是它们的综合结果但不必区分出它们各自的大小。因此，需要对几何公差与尺寸公差之间的相互关系进行探讨。公差原则分为独立原则和相关要求。相关要求又分为包容要求和最大实体要求（及其可逆要求）、最小实体要求（及其可逆要求）。

4.4.1　相关术语及其意义

1. 局部实际尺寸

在实际要素的任意正截面上，两对应点之间测得的距离，称为“局部实际尺寸（线性尺寸）”，简称“实际尺寸”。孔、轴的实际尺寸分别用符号“D_a”“d_a”表示。各处的实际尺寸往往不同，如图 4-17 所示。

2. 体外作用尺寸

在被测要素的给定长度上，与实际内表面（孔）体外相接的最大理想面，或与实际外表面（轴）体外相接的最小理想面的直径或宽度，称为“体外作用尺寸”。孔、轴的体外作用尺寸分别用符号“D_{fe}”“d_{fe}”表示。孔、轴的体外作用尺寸分别见图 4-17。

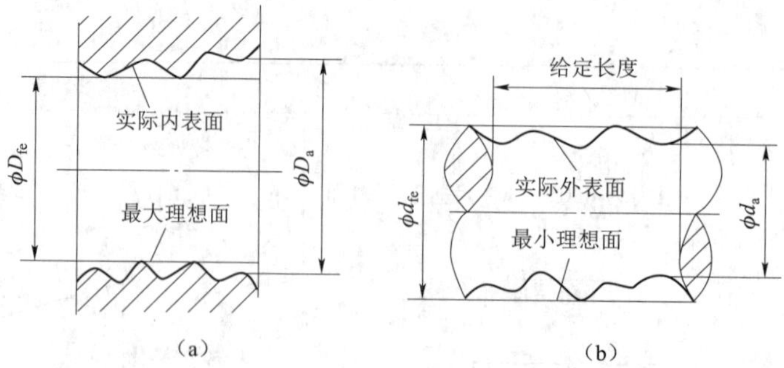

图 4-17　实际尺寸与单一要素的体外作用尺寸

（a）孔；（b）轴

对于关联要素，该理想面的轴线或中心平面必须与基准保持图样给定的几何关系，如图 4-18 所示。

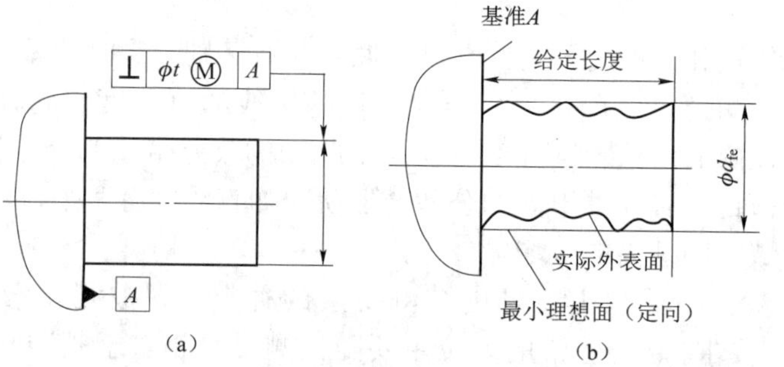

图 4-18　关联要素的体外作用尺寸

图 4-18 表示与实际外表面（轴）体外相接的最小理想面必须与基准 *A* 保持垂直关系。

作用尺寸是由实际尺寸和几何误差综合影响形成的，即使按同一图样加工的一批轴或孔，各个零件也各不相同。

3. 体内作用尺寸

在被测要素的给定长度上，与实际内表面（孔）体内相接的最小理想面，或与实际外表面（轴）体内相接的最大理想面的直径或宽度，称为“体内作用尺寸”。孔、轴的体内作用尺寸分别用符号“D_{fi}”“d_{fi}”表示。图 4-19 所示分别为孔、轴的实际尺寸与体内作用尺寸。

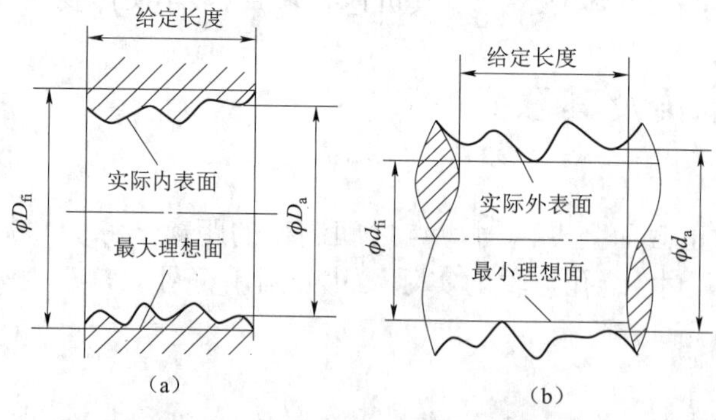

图 4-19　孔、轴的实际尺寸与体内作用尺寸

（a）孔；（b）轴

4. 最大实体状态、最大实体尺寸和最大实体边界

在尺寸公差范围内实际要素具有材料量最多时的状态称为“最大实体状态”，用符号“MMC”表示。在最大实体状态下的极限尺寸称为“最大实体尺寸”，用符号“MMS”表示。

对于轴，最大实体尺寸 d_M 等于其上极限尺寸 d_{max}；孔的最大实体尺寸 D_M 等于其下极限尺寸 D_{min}。

边界是控制被测要素的实际尺寸和几何误差综合结果规定的允许极限。尺寸为最大实体尺寸且具有理想形状的内（孔）、外（轴）包容面称为“最大实体边界”用符号“MMB”表示，如图 4-20 所示。

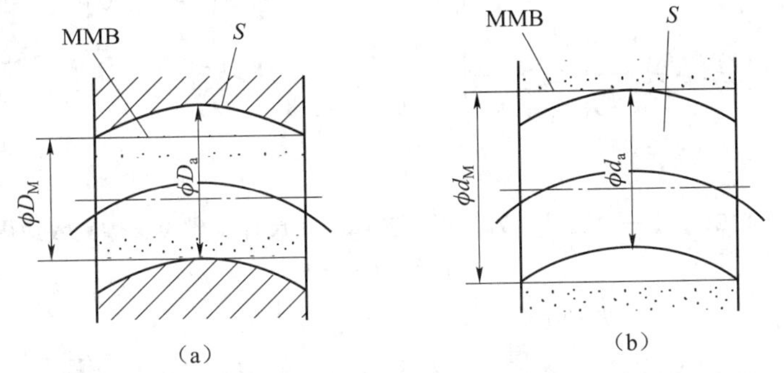

图 4-20 孔与轴的最大实体尺寸及其边界

（a）孔；（b）轴

5. 最小实体状态、最小实体尺寸和最小实体边界

在尺寸公差范围内实际要素具有材料最少时的状态称为“最小实体状态”，用符号“LMC”表示。在最小实体状态下的极限尺寸称为“最小实体尺寸”，用符号“LMS”表示。

对于轴，最小实体尺寸 d_L 等于其下极限尺寸 d_{min}；对于孔，最小实体尺寸 D_L 等于其上极限尺寸 D_{max}。

边界尺寸为最小实体尺寸的边界称为“最小实体边界”，用符号“LMB”表示。

6. 最大实体实效状态、最大实体实效尺寸和最大实体实效边界

实际要素处于最大实体状态，且相应中心要素的几何误差达到允许的最大值（即等于几何公差）的假设状态称为“最大实体实效状态”，用符号“MMVC”表示。此综合极限状态下的体外作用尺寸称为“最大实体实效尺寸”用符号“MMVS”表示。孔、轴的最大实效尺寸分别用符号“D_{MV}”“d_{MV}”表示。

轴的最大实体实效尺寸等于轴的最大实体（或上极限）尺寸加上几何公差框格中带有Ⓜ的几何公差值 t，即：

$$d_{MV}=d_M+t\,Ⓜ \quad 或 \quad d_{MV}=d_{max}+t\,Ⓜ \tag{4-1}$$

孔的最大实体实效尺寸等于孔的最大实体（或下极限）尺寸减去几何公差框格中带有Ⓜ的几何公差值 t Ⓜ，即：

$$D_{MV}=D_M-t\,Ⓜ \quad 或 \; D_{MV}=D_{min}-t\,Ⓜ \tag{4-2}$$

最大实体实效尺寸形成的边界称为“最大实体实效边界”。最大实效边界所具有的尺

寸为最大实体实效尺寸。图 4-21（a）和图 4-21（b）分别为单一要素孔、轴的最大实体实效尺寸及最大实体实效边界。关联要素的最大实体实效边界应与基准保持图样上给定的几何关系。图 4-22（a）和图 4-22（b）分别为关联要素轴的图样标注、轴的最大实体实效尺寸及其边界。图 4-22（b）中，关联要素的最大实体实效边界应垂直于基准平面 A。

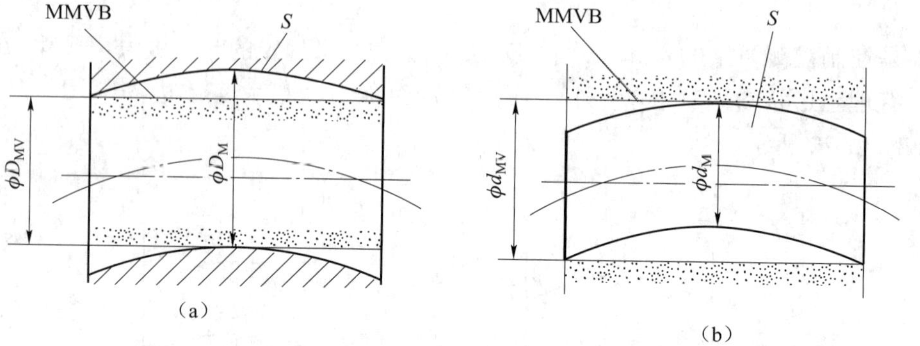

图 4-21　单一要素孔、轴的最大实体实效尺寸及最大实体实效边界

（a）孔；（b）轴

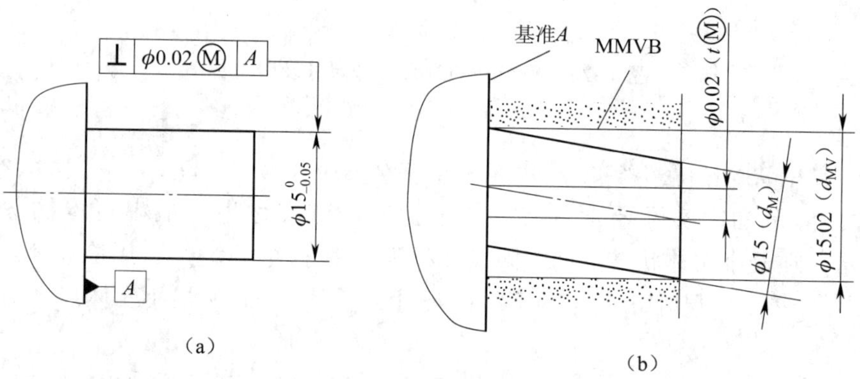

图 4-22　关联要素轴的图样标注、轴的最大实体实效尺寸及其边界

7. 最小实体实效状态、最小实体实效尺寸和最小实体实效边界

实际要素处于最小实体状态，且相应中心要素的几何误差等于图样上标注的几何公差时的综合极限状态为最小实体实效状态，用符号“LWVC”表示。此综合极限状态下的体内作用尺寸称为“最小实体实效尺寸”，用符号“LMVS”表示。

孔、轴的最小实体实效尺寸用符号“D_{LV}”“d_{LV}”表示。最小实体实效尺寸形成的边界称为“最小实体实效边界”，用符号“LMVB”表示。图 4-23（a）所示为单一孔的最小实体实效尺寸及其边界，图 4-23（b）所示为关联轴的最小实体实效尺寸及其边界。

轴的最小实体实效尺寸等于轴的最小实体（或下极限）尺寸减去几何公差框格中带有Ⓛ的几何公差值 tⓁ，即：

$$d_{LV}=d_L-t\text{Ⓛ} \quad 或 \quad d_{LV}=d_{min}-t\text{Ⓛ} \tag{4-3}$$

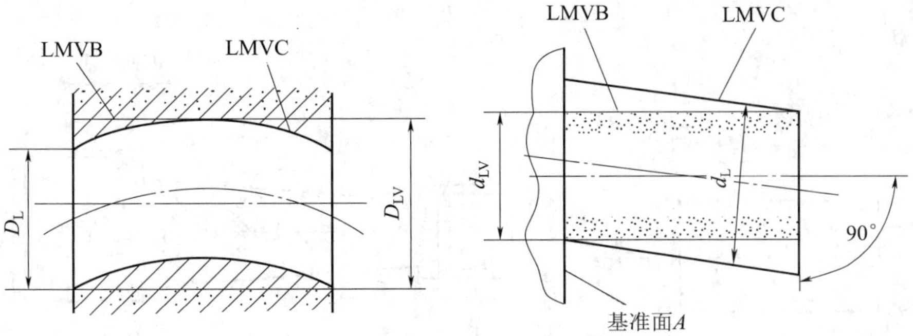

（a）　　　　　　　　　　　　（b）

图 4-23　单一孔、关联轴的最小实体实效尺寸及其边界

（a）单一孔；（b）关联轴

孔的最小实体实效尺寸等于孔的最小实体（或上极限）尺寸加上几何公差框格中带有Ⓛ的几何公差值 tⓁ，即：

$$D_{LV}=D_L+t\text{Ⓛ}\quad 或 \quad D_{LV}=D_{max}+t\text{Ⓛ} \tag{4-4}$$

4.4.2　公差原则

1．独立原则

（1）独立原则的含义与标注

独立原则是指图样上给出的尺寸公差与几何公差各自独立，相互无关，应分别满足要求的公差原则。尺寸公差与几何公差遵守独立原则时，图样上没有任何附加标记。

在独立原则中，尺寸公差只控制要素的实际尺寸，不控制要素本身的几何误差；而图样上给定的几何公差只控制被测要素的几何误差，与要素的实际尺寸无关。

绝大多数机械零件，其功能对要素的尺寸公差和几何公差的要求都是相互无关的，即遵守独立原则。

（2）独立原则的应用

独立原则是确定几何公差和尺寸公差相互关系的基本原则，无论精度高低，只要有功能要求都可以按照独立原则控制，除非采用的相关要求有明显的优越性，一般都按照独立原则给出尺寸公差和几何公差。

独立原则的应用范围非常广泛，无论尺寸公差和几何公差二者要求严格与否，使用独立原则一般都能满足要求。图 4-24（a）所示印刷机辊筒的几何公差要求严格，尺寸公差要求较低；图 4-24（b）所示连杆的小头孔尺寸公差和几何公差要求都比较严格，使用独立原则均能满足要求。

2．相关要求

相关要求是图样给定的尺寸公差与几何公差相互有关的公差要求。相关要求又分为包容要求、最大实体要求及其可逆要求、最小实体要求及其可逆要求。采用相关要求时，被测要素的尺寸公差和几何公差在一定条件下可以相互补偿。

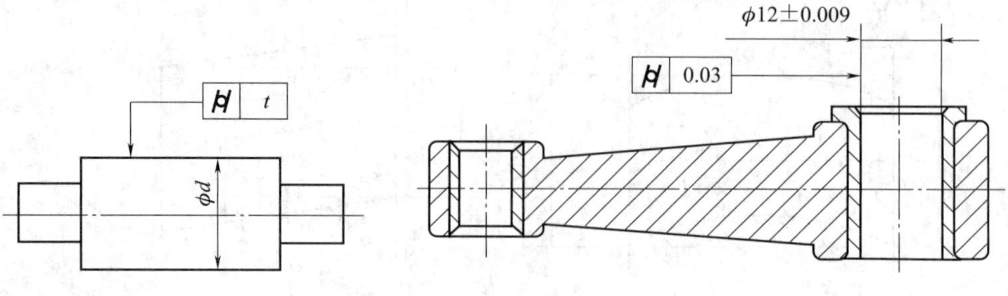

（a）　　（b）

图 4-24　独立原则应用实例

（a）印刷机辊筒；（b）连杆的小头孔

3. 包容要求

（1）包容要求的含义

包容要求是将被测实际要素控制在最大实体边界内的一种公差要求，即要求被测实际要素的体外作用尺寸不得超出其最大实体尺寸，且其局部实际尺寸不得超出最小实体尺寸的一种公差原则。包容要求适用于圆柱面和由两平行平面组成的单一要素。

对于孔（内表面）：$D_{fe} \geqslant D_M = D_{min}$，且 $D_a \leqslant D_L = D_{max}$。

对于轴（外表面）：$d_{fe} \leqslant d_M = d_{max}$，且 $d_a \geqslant d_L = d_{min}$。

根据包容要求的含义，采用包容要求的被测实际要素（单一要素）的形状公差 t 没有给出具体值，而 t 与其实际尺寸有关，且受限于其尺寸公差。当被测要素处于最大实体状态时，形状公差 $t=0$，即不允许有形状误差；当被测要素偏离最大实体状态时，形状公差可获得补偿，补偿值等于被测实际要素偏离最大实体状态值（尺寸公差范围内的偏离量）；当被测实际要素为最小实体状态时，形状公差获得最大补偿（最大补偿值为尺寸公差）。

（2）包容要求的标注及解释

当按包容要求给出公差时，对于单一要素，需要在尺寸的上、下极限偏差后面或尺寸公差带代号后面加注符号“Ⓔ”。图 4-25（a）所示为采用包容要求的图样标注。

图 4-25（a）中的尺寸公差标注遵守包容要求，即遵守最大实体边界。被测要素形状误差依赖于其实际尺寸，即轴的形状误差的允许值取决于轴的实际尺寸的大小。当轴的尺寸为最大实体尺寸 20 mm 时，不允许存在形状误差；当轴的尺寸偏离最大实体尺寸（最大偏离不得超过其最小实体尺寸 19. 979 mm）时，它的直线度误差可以获得补偿（最大可以达到 0. 021 mm）。单一要素采用包容要求可以将被测轮廓要素全部控制在尺寸公差带范围内，所以，可以保证零件的配合。图 4-25（b）所示为实际尺寸和几何公差变化关系的动态公差图。

（3）包容要求的应用

包容要求常用于保证孔、轴的配合性质，特别是配合公差较小的精度配合要求，所需的最小间隙或最大过盈通过各自的最大实体边界来保证。例如，回转的轴径与滑动轴承、滑块与槽等的配合。

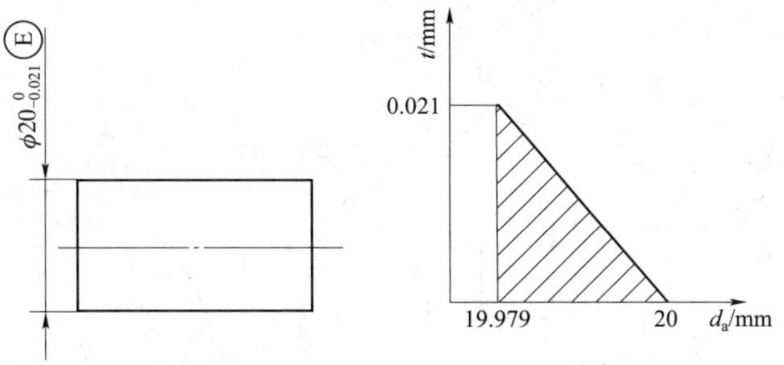

（a）　　　　　　（b）

图 4-25　包容要求的图样标注及其动态公差图

（a）图样标注；（b）动态公差图

4. 最大实体要求及其可逆要求

最大实体要求是控制被测要素的实际轮廓处于最大实体实效边界内的一种公差要求，即被测要素的局部尺寸和几何误差综合结果形成的实际轮廓不得超出该边界，且局部尺寸不得超出极限尺寸。当被测要素偏离最大实体尺寸时，被测轮廓导出要素的几何误差可以获得补偿。最大实体要求适用于导出要素，可用于被测要素，也可用于基准要素。

（1）最大实体要求的含义

被测要素采用最大实体要求时，表示图样上注出的几何公差值是在被测要素处于最大实体状态时给定的，当被测要素的实际轮廓偏离其最大实体状态时，即实际尺寸偏离最大实体尺寸时，允许增大几何公差值。偏离多少就可增加多少，其最大增加量等于被测要素的尺寸公差值，这时尺寸公差向几何公差进行了转化。也即控制了被测要素的实际尺寸和几何误差的综合影响结果。

最大实体要求用于被测要素时，应遵守最大实体实效边界，即要素的体外作用尺寸不得超越最大实体实效尺寸，且实际尺寸不得超出极限尺寸。

对于孔（内表面）：$D_{fe} \geqslant D_{MV} = D_{min} - t_{给定}$，且 $D_{min} \leqslant D_a \leqslant D_{max}$

对于轴（外表面）：$d_{fe} \geqslant d_{MV} = d_{max} + t_{给定}$，且 $d_{min} \leqslant d_a \leqslant d_{max}$

（2）最大实体要求的标注及解释

1）最大实体要求的标注。最大实体要求应用于被测要素时，必须在几何公差框格中的几何公差值后面加注符号“Ⓜ”，如图 4-26（a）所示。最大实体要求应用于基准要素时，应在几何公差框格内的基准字母代号后面加注符号“Ⓜ”，如图 4-27 所示。

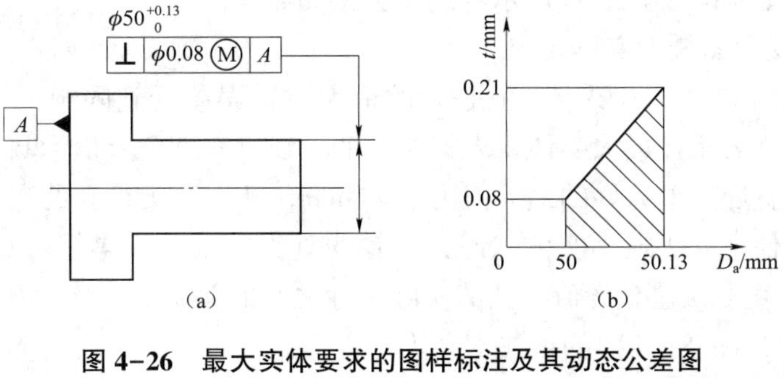

（a）　　　　　　（b）

图 4-26　最大实体要求的图样标注及其动态公差图

（a）图样标注；（b）动态公差图

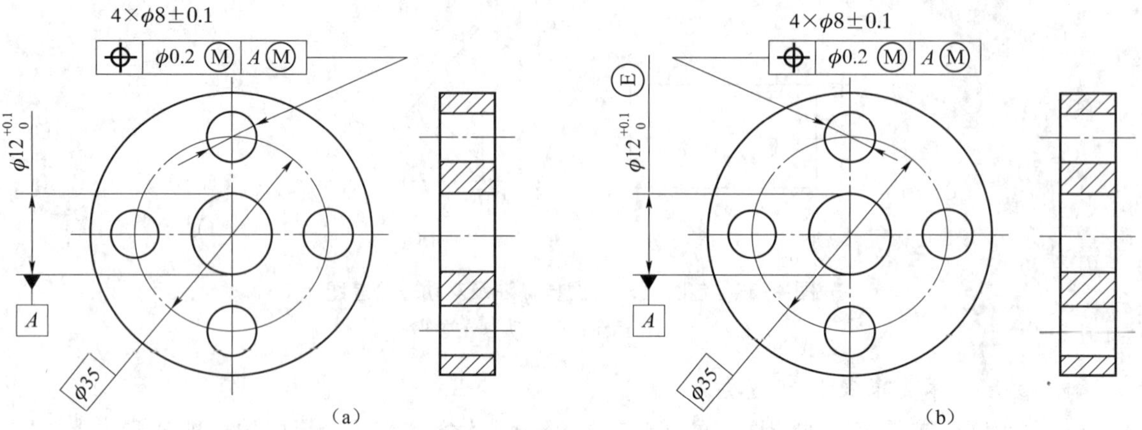

图 4-27　最大实体要求应用于基准要素

(a) 基准本身遵守独立原则；(b) 基准本身遵守包容要求

2）最大实体要求应用于被测要素的公差解释。如图 4-26（a）中孔轴线的垂直度公差与尺寸公差遵守最大实体要求。当被测孔处于最大实体状态时，孔轴线垂直度公差值为图注所示公差值；当被测孔偏离最大实体尺寸时，孔轴线的垂直度公差可获得补偿。孔的边界尺寸为孔的最大实体实效尺寸，孔的局部实际尺寸不得超出极限尺寸。

例 4-1　解析图 4-26 中的标注含义。

解　当被测孔的实际尺寸为最大实体状态（尺寸）时，孔的轴线垂直度公差值为 0. 08 mm；当被测孔偏离最大实体状态时，几何公差值可以获得补偿。最大补偿值可以达到给定尺寸公差值（当被测孔的实际尺寸达到最小实体尺寸时），若孔直径局部实际尺寸（各处相等）为 50. 13 mm，几何误差仅有轴线垂直度误差时，则轴线的垂直度补偿值为：

$$\text{补偿公差值}=\text{局部实际尺寸}-\text{最大实体尺寸}$$
$$=50.13-50=0.13\ (\text{mm})$$
$$\text{综合公差值}=\text{给定公差值}+\text{补偿公差值}$$
$$=0.08+0.13=0.21\ (\text{mm})$$

此时，孔的轴线垂直度误差值不应超出综合公差值。轴线垂直度的综合公差与孔径局部实际尺寸的关系，如图 4-26（b）所示的动态公差图。

3）几何公差受限的最大实体要求。

若关联要素采用最大实体要求，但是它的最大位置误差受到限制，如图 4-28（a）所示。图中上公差框格表示按最大实体要求标注孔的轴线垂直度公差值为 0. 08 mm；下公差框格表示孔的轴线垂直度误差允许的最大值为 0. 12 mm。所以，无论孔的实际尺寸偏离其最大实体尺寸多少，即使孔处于最小实体状态，其轴线垂直度误差不得超过 0. 12 mm。图 4-28（b）所示为轴线垂直度误差允许值与孔的实际尺寸之间的关系。

例 4-2　解析图 4-28（a）的标注含义。

解：由图可知，孔的尺寸公差、最大实体尺寸、最小实体尺寸为：

$$T_h=0.13\ \text{mm},\ D_M=D_{min}=50\ \text{mm},\ D_L=D_{max}=50.13\ \text{mm}$$

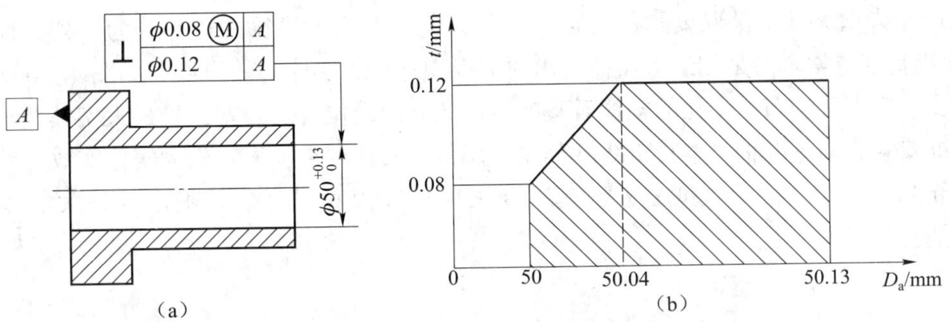

图 4-28　几何公差值受限的最大实体要求的图样标注及其动态公差图

(a) 图样标注；(b) 动态公差图

在最大实体状态下给定的几何公差值 $t_{给定}$ = 0.08 mm，给定几何公差最大值 t_{max} = 0.12 mm。当被测要素尺寸偏离最大实体尺寸，或当被测要素尺寸为最小实体状态尺寸 ϕ50.13 mm 时，几何公差均可获得补偿，但最多可以补偿 t_{max} 与 $t_{给定}$ 的差值。

$$补偿公差值 = t_{max} - t_{给定} = 0.12 - 0.08 = 0.04\ (mm)$$

$$综合公差值 = 给定公差值 + 补偿公差值 = 0.08 + 0.04 = 0.12\ (mm)$$

几何公差（垂直度）具有的最大值就等于给定几何公差的最大值，即 t_{max} = 0.12 mm。被测孔的局部实际尺寸应为 ϕ50 ~ ϕ50.13 mm，其动态公差图见图 4-28（b）。

4）最大实体要求的零几何公差。这种情况是特殊的，即被测导出要素的组成要素处于最大实体状态时，给定的几何公差值为“0”。图样标注为在几何公差框格中公差值的格内标注“0 Ⓜ”或“ϕ0 Ⓜ”。

图 4-29 所示为最大实体要求零几何公差的图样标注及其动态公差图。该情况下，被测实际要素的最大实体实效边界就变成了最大实体边界（最大实体实效尺寸等于最大实体尺寸）。对于几何公差而言，最大实体要求的零几何公差比最大实体要求的非零几何公差要严格。最大实体要求的零几何公差含义相当于包容要求，但精度要求相对较低。

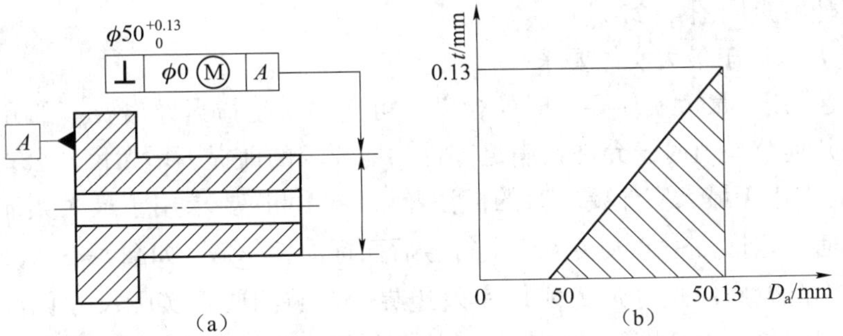

图 4-29　最大实体要求零几何公差的图样标注及其动态公差图

(a) 图样标注；(b) 动态公差图

5）最大实体要求用于基准要素。基准要素本身采用最大实体要求时，其相应的边界为最大实体实效边界。基准要素本身不采用最大实体要求时，基准应遵守最大实体边界。当基准的实际轮廓偏离相应的边界，即体外作用尺寸偏离相应的边界尺寸时，允许基准要素在一定范围内浮动，浮动的范围等于体外作用尺寸与边界尺寸两者的差值。但这种允许浮动并不能相应地允许增大被测关联要素的几何公差值。基准要素所遵循的边界分为下列两种情况。

① 当基准要素本身采用最大实体要求时，要遵守最大实体实效边界。如图 4-30 所示，最大实体要求应用于均布 4 个孔的轴线对基准线任意方向的位置度公差，且最大实体要求同时应用于基准要素，即基准轴线本身直线度公差采用最大实体要求，遵守最大实体实效边界。

对于均布 4 个孔的位置度公差，基准要素应遵守由直线度公差确定的最大实体实效边界，其边界尺寸为：

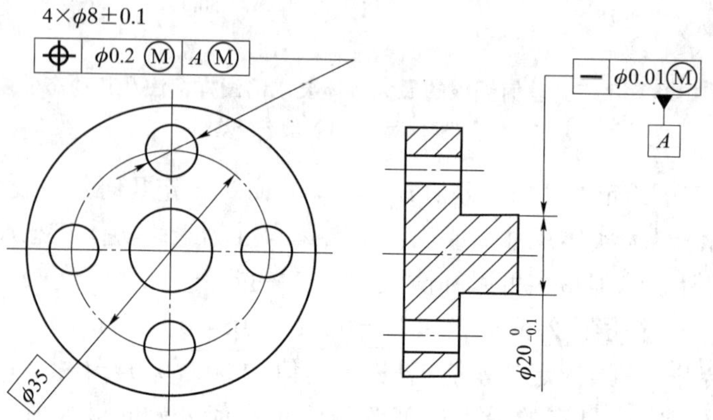

图 4-30　最大实体要求用于基准要素且基准本身采用最大实体要求

$$d_{MV}=d_M+t=20+0.01=20.01\ (\text{mm})$$

即被测要素的位置度公差是在基准要素的实际组成要素处于最大实体实效状态时给定的。

② 当基准要素本身不采用最大实体要求（采用独立原则或包容要求）时，其边界为最大实体边界，即被测要素的几何公差是在基准要素的实际组成要素处于最大实体状态时给定的。图 4-27（a）所示的最大实体要求应用于均布 4 个孔的轴线对基准轴线的任意方向位置度公差，且最大实体要求也应用于基准要素。基准本身遵循独立原则，应遵守其最大实体边界。其边界尺寸为基准要素的最大实体尺寸（12 mm）。图 4-27（b）所示的基准本身采用包容要求，其他特点同图 4-27（a）。

（3）可逆要求用于最大实体要求

1）可逆要求用于最大实体要求时的含义。可逆要求是指当导出要素的几何误差值小于图样上标注的几何公差值时，允许在满足零件功能要求的前提下增大尺寸公差。

2）可逆要求用于最大实体要求时的标注及解释。可逆要求用于最大实体要求时，要在被测要素的几何公差框格中最大实体要求符号后面标注“Ⓡ”，如图 4-31（a）所示。这表示被测要素的实际轮廓应遵守最大实体实效边界。当被测要素实际尺寸偏离最大实体尺寸时，允许其几何误差增大，即尺寸公差可以补偿几何公差；当几何误差小于给定值时，也允许实际尺寸超出最大实体尺寸；当几何公差为零时，允许尺寸的增大量为几何公差值，即几何公差可以补偿尺寸公差。

例 4-3　解析图 4-31（a）中的标注含义。

解：首先分析图 4-31（a）应用最大实体要求问题。由图可知：

$$T_s=0.1\ \text{mm},\ d_M=d_{max}=20\ \text{mm},\ d_L=d_{min}=19.9\ \text{mm}$$

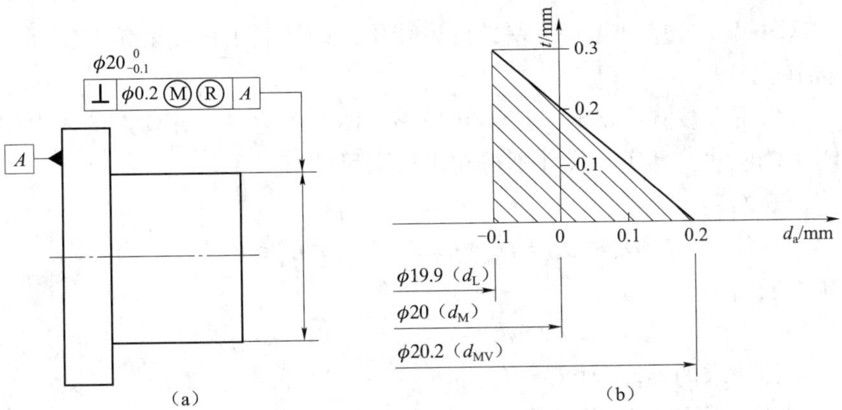

图 4-31　可逆要求用于最大实体要求的图样标注及其动态公差图

(a) 图样标注；(b) 动态公差图

在最大实体状态下给定的几何公差值为 0. 2 mm，当被测要素实际尺寸偏离最大实体尺寸时，几何公差可获得补偿，获得补偿最大值（被测要素尺寸为最小实体尺寸时）为尺寸公差值，即：

$$t_{max}=t_{给定}+T_s=0.2+0.1=0.3\ (\text{mm})$$

其次分析可逆要求问题。在被测要素的几何误差（轴线垂直度）小于给定几何公差 0. 2 mm 的条件下，被测要素的尺寸误差可以获得补偿，获得补偿最大（当轴线垂直度误差为零时）值为给定几何公差值 0. 2 mm，即当轴线的垂直度误差为零时，轴的实际尺寸最大可达到 ϕ20. 2 mm（最大实体实效边界尺寸）。图 4-31（b）所示为其动态公差图，其横轴尺寸 ϕ20~ϕ20. 2 mm 为尺寸误差可以超差的范围（即可逆范围）。

（4）最大实体要求的应用与检测

最大实体要求将几何公差与尺寸公差建立了联系，因此，只有当被测要素或基准要素为导出要素时才可以应用最大实体要求。最大实体要求一般用于只要求可装配性，而对其他功能要求较低的场合。这样可以充分利用尺寸公差补偿几何公差的特点，提高零件的合格率，从而提高经济效益。例如，用螺栓连接的法兰盘，其通孔的位置度公差采用最大实体要求，可以充分利用图样上给出的公差，提高零件的合格率，故有显著的经济效益。

遵守最大实体要求的被测要素，其体外作用尺寸不得超出最大实体实效边界，同时被测要素的局部实际尺寸也不得超越最小实体尺寸。生产中只有同时满足以上两项要求的工件才合格。体外作用尺寸是否符合要求，可采用综合极限量规进行判定。局部实际尺寸可采用通用量具按两点法测量，只要局部实际尺寸处于最大与最小实体尺寸之间即为合格。

5. 最小实体要求及其可逆要求

最小实体要求是控制被测要素的实际轮廓处于最小实体实效边界内的一种公差要求，即被测要素的局部尺寸和几何误差综合结果形成的实际轮廓不得超出该边界，且局部尺寸不得超出其极限尺寸。最小实体要求适用于导出要素，也可用于被测要素和基准要素。

（1）最小实体要求的含义

被测要素采用最小实体要求时，表示图样上注出的几何公差值是在被测要素处于最小实体状态时给定的，当被测要素的实际轮廓偏离其最小实体状态（即实际尺寸偏离最小实体尺寸）时，允许增大几何公差值。偏离多少就可增加多少，其最大增加量等于被测要素的尺寸公差值，这时尺寸公差向几何公差进行了转化，即控制了被测要素的实际尺寸和几何误差的综合影响结果。

最小实体要求用于被测要素时，应遵守最小实体实效边界，即要素的体内作用尺寸不得超越最小实体实效尺寸，且实际尺寸不得超出极限尺寸。

对于孔（内表面）：

$$D_{fi} \leqslant D_{LV} = D_{max} + t_{给定}，\ D_{min} \leqslant D_a \leqslant D_{max}$$

对于轴（外表面）：

$$d_{fi} \geqslant d_{LV} = d_{min} - t_{给定}，\ d_{min} \leqslant d_a \leqslant d_{max}$$

（2）最小实体要求的标注及解释

1）最小实体要求应用于被测要素时，应在图样上几何公差框格内的公差值后面加注符号“Ⓛ”，如图4-32（a）所示。最小实体要求应用于基准要素时，应在几何公差框格内的基准字母代号后面加注符号“Ⓛ”，如图4-33所示。

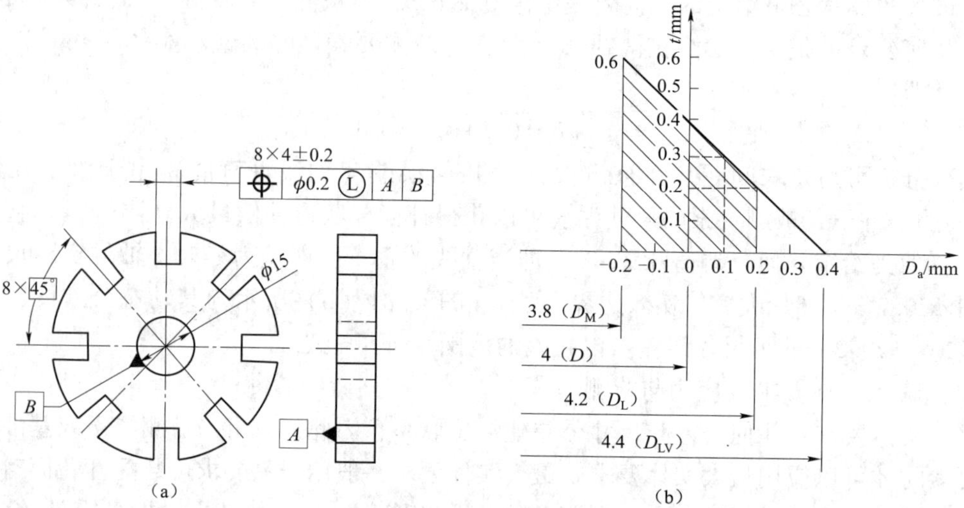

图 4-32　最小实体要求用于被测要素的图样标注及其动态公差图

（a）图样标注；（b）动态公差图

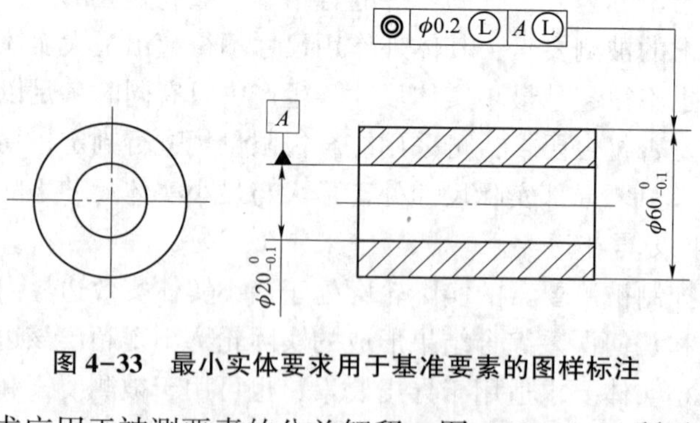

图 4-33　最小实体要求用于基准要素的图样标注

2）最小实体要求应用于被测要素的公差解释。图4-32（a）所示的被测要素的几何公差值是在该要素处于最小实体状态下给出的。当被测要素的实际尺寸偏离最小实体尺寸，且在极限尺寸范围内变化时，几何公差的允许值可以增大，即尺寸公差可以补偿几何公差。这时被测要素应遵守最小实体实效边界。

例 4−4　解析图 4−32（a）中标注的含义。

解：由图 4−32（a）及最小实体要求可知，当被测槽的尺寸为最小实体尺寸 $D_L=D_{max}=4.2$ mm 时，被测槽的中心平面位置度误差最大可以达到给定位置度公差值 $t_{给定}=0.2$ mm。当被测要素的实际尺寸偏离最小实体尺寸 4.2 mm，位置度公差可获得补偿，补偿最大值可以达到给定的尺寸公差值（当被测要素实际尺寸达到最大实体尺寸时），即：

补偿公差值=最小实体尺寸−实际尺寸

$=D_L-D_a=D_{max}-D_a$

最大补偿公差值=最小实体尺寸−最大实体尺寸$=D_L-D_M$

$=D_{max}-D_{min}=4.2-3.8=0.4$（mm）

最大综合公差值=给定公差值+最大补偿公差值

$=0.2+0.4=0.6$（mm）

即被测要素要遵守最小实体实效边界，且局部实际尺寸不得超出上极限与下极限尺寸的范围。其动态公差图如图 4−32（b）所示。

3）最小实体要求的零几何公差。最小实体要求应用于被测要素的特殊情况，即被测导出要素的组成要素处于最小实体状态时，给定的几何公差值为“0”。图样标注为在几何公差框格中公差值的格内标注“0Ⓛ”或“ϕ0Ⓛ”，如图 4−34（a）所示。该情况下，被测实际要素的最小实体实效边界就变成了最小实体边界（最小实体实效尺寸等于最小实体尺寸）。对于几何公差而言，最小实体要求的零几何公差比最小实体要求的非零几何公差要严格。图 4−34（b）所示为其动态公差图，其形状恰好与同类要素的最大实体要求的零几何公差的动态公差图形状相同，但斜边方向相反（呈镜像关系）。

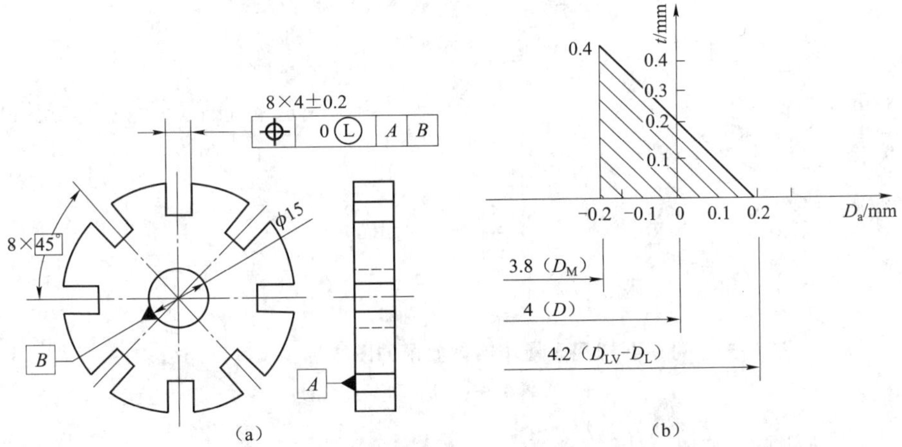

图 4−34　最小实体要求零几何公差的图样标注及其动态公差图

（a）图样标注；（b）动态公差图

4）最小实体要求用于基准要素。最小实体要求用于基准要素时，基准要素应遵守相应的边界。若实际基准要素的实际轮廓尺寸偏离边界尺寸，则允许基准要素的尺寸公差补偿提取要素的几何公差。

基准要素本身采用最小实体要求时，则相应的边界为最小实体实效边界。此时，基准代号应直接标注在形成该最小实体实效边界的几何公差框格下面，如图 4−35 所示。

基准要素本身不采用最小实体要求时，则相应的边界为最小实体边界，如图 4−36 所示。

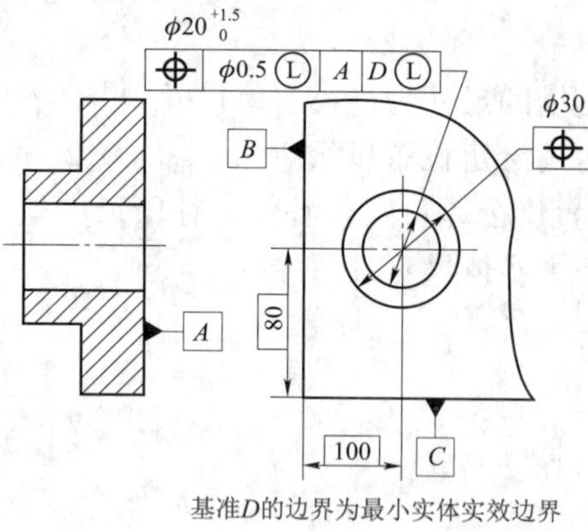

图 4-35 基准要素采用最小实体要求

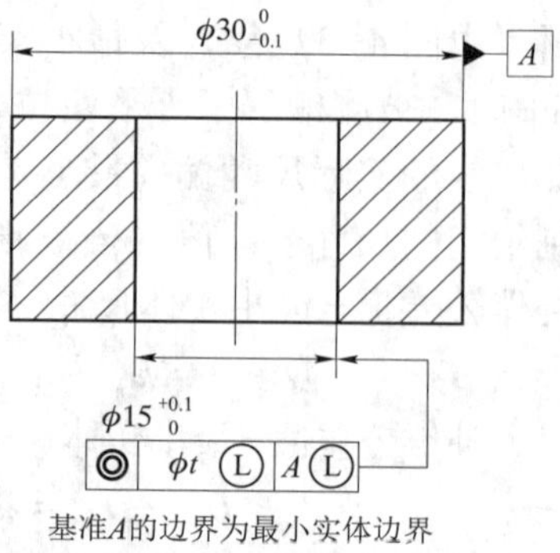

图 4-36 基准要素不采用最小实体要求

（3）可逆要求用于最小实体要求

可逆要求用于最小实体要求时，应在图样上公差数值后面的符号“Ⓛ”后加注符号“Ⓡ”，如图 4-37（a）所示。表示被测要素遵守最小实体要求的同时遵守可逆要求。在被测要素遵守最小实体实效边界的条件下，允许被测要素的几何公差补偿其尺寸公差，同时其尺寸公差可以补偿其几何公差，补偿是可逆的。显然，这在一定程度上能够降低工件的废品率。

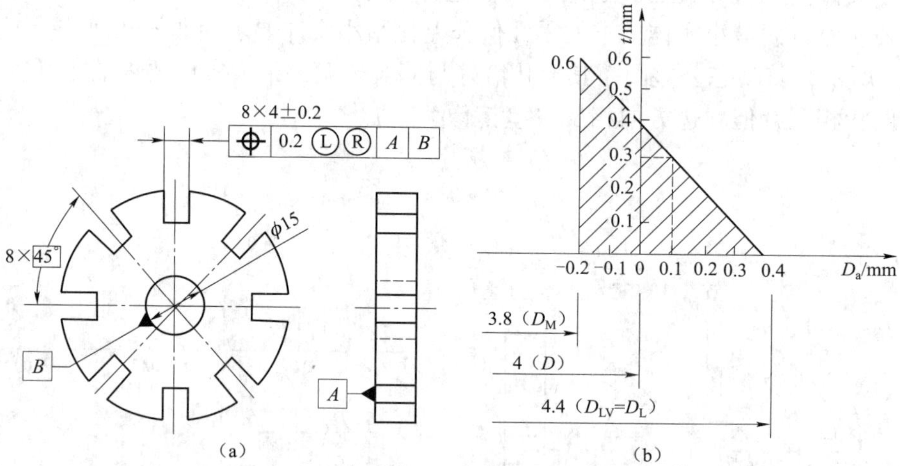

图 4-37 可逆要求用于最小实体要求的图样标注及其动态公差图

（a）图样标注；（b）动态公差图

例 4-5 解析图 4-37 中的标注含义。

解： 1）由图 4-37（a）及最小实体要求可知，当被测槽的尺寸为最小实体尺寸 $D_L = D_{max} = 4.2$ mm 时，被测槽的中心平面位置度误差最大可以达到给定位置度公差值 $t_{给定} = 0.2$ mm。当被测要素的实际尺寸偏离最小实体尺寸 4.2 mm 时，位置度公差可获得补偿，补偿最大值可以达到给定的尺寸公差值（当被测要素实际尺寸达到最大实体尺寸时），即：

补偿公差值＝最小实体尺寸－实际尺寸

$$= D_L - D_a = D_{max} - D_a$$

最大补偿公差值＝最小实体尺寸－最大实体尺寸

$$= D_L - D_M = D_{max} - D_{min} = 4.2 - 3.8 = 0.4 \text{ (mm)}$$

最大综合公差值=给定公差值+最大补偿公差值

=0.2+0.4=0.6（mm）

即被测要素要遵守最小实体实效边界，且局部实际尺寸不得超出上极限与下极限尺寸之间的范围。

2）由可逆要求可知，在被测槽中心平面的位置度误差小于给定公差值的条件下，即 $f\leqslant 0.2$ mm 时，被测槽宽的尺寸可以超差，即其实际尺寸可以超出最小实体尺寸 4.2 mm，但其体内作用尺寸不允许超出最小实体实效边界尺寸 $D_{LV}=D_{max}+t_{给定}=4.4$ mm。其动态公差图如图 4-37（b）所示，其横轴尺寸 4.2~4.4 mm 为槽的尺寸误差可以超出的范围，即可逆范围。

3）被测要素的合格条件判断如下：

当 $D_{fi}\leqslant 4.4$ mm 时，3.8 mm$\leqslant D_a\leqslant$4.2 mm；

当 $f\leqslant 0.2$ mm 时，3.8 mm$\leqslant D_a\leqslant$4.4 mm。

4.5　几何公差的选择

几何公差的选择包括几何公差特征项目的选择、公差原则和公差要求的选择以及几何公差值的选择三方面的内容。

4.5.1　几何公差特征项目的选择

几何公差特征项目的确定是根据零件结构特点和在机器中所处的地位、功能要求和几何公差项目的特点来进行的。

当用尺寸公差控制几何误差能够满足精度要求且经济时，可只给出尺寸公差。这时，尺寸公差应按包容要求给出。

如果尺寸精度要求低而几何精度要求高，则不应由尺寸公差控制几何误差，而应独立给出几何公差，否则影响经济性。

在几何公差的 14 个特征项目中，有单项控制的公差特征项目，如圆度、平面度、直线度等；还有综合控制的公差特征项目，如圆柱度、位置公差的各个特征项目。充分发挥综合控制的公差特征项目的职能，这样可以减少图样上给出的几何公差项目，相应地减少几何误差检测的项目。

当同样满足功能要求时，应该选用测量简便的项目代替测量较难的项目。例如，同轴度公差通常可以用径向圆跳动公差或径向全跳动公差代替，这样会使测量方便实施。但要注意，径向全跳动是同轴度误差与圆柱度误差的综合结果，故当同轴度由径向全跳动代替时，给出的全跳动公差值应略大于同轴度公差值，否则就会要求过严。

4.5.2　公差原则和公差要求的选择

选择公差原则时，应根据被测要素的功能要求，充分发挥给出公差的职能和采用该公差原则的可行性与经济性。表 4-7 给出了 5 种公差原则的应用场合及示例。

表 4-7　5 种公差原则的应用场合及示例

公差原则	应用场合	示　例
独立原则	尺寸精度和几何精度要求都比较严，且需要分别满足要求；尺寸精度与几何精度要求相差较大，且应分别提出要求；尺寸精度与几何精度无关	齿轮箱体孔的尺寸精度与两孔轴线的平行度；连杆活塞销孔的尺寸精度与圆柱度；滚动轴承内、外圈的尺寸精度与几何精度；滚筒类零件的尺寸精度要求低，几何精度要求较高；通油孔的尺寸有一定的精度要求，几何精度无要求；滚子链条的套筒或滚子内、外圆柱面的轴线同轴度与尺寸精度；发动机连杆上的尺寸精度与孔轴线间的位置精度
	保证运动精度	导轨的几何精度要求严格，尺寸精度一般
	保证密封性	气缸的几何精度要求严格，尺寸精度一般
	未注公差	凡未注尺寸公差与未注几何公差都采用独立原则，如退刀槽、倒角、圆角等非功能要素
包容要求	保证国家规定的配合性质	ϕ30H7 孔与 ϕ30h6 轴的配合，可以保证配合的最小间隙为零
	尺寸精度与几何精度间无严格的比例关系要求	一般的孔与轴配合，只要求被测要素不超越最大实体尺寸，且局部实际尺寸不超越最小实体尺寸
最大实体要求	保证被测实际要素不超越最大实体尺寸	关联要素的孔与轴且有配合性质要求，在公差框格的第二格标注
	保证可装配性	轴承盖上用于穿过螺钉的通孔；法兰盘上用于穿过螺栓的通孔
最小实体要求	保证零件强度和最小壁厚	一组孔轴线的任意方向位置度公差，采用最小实体要求可保证孔与孔间的最小壁厚
可逆要求	与最大（小）实体要求联用	能充分利用公差带扩大尺寸要素的尺寸公差，在不影响使用性能要求的前提下可以选用

4.5.3　几何公差值（或公差等级）的选择

几何公差选用的时候应考虑零件的功能要求、结构工艺特点、加工和检测条件。总的原则是：在满足零件功能要求的前提下，选取最经济（较大）的公差值。几何公差要求有两种表示方法：一种是用公差框格的形式在图样上注出公差值；另一种是对于一般机械加工方法容易达到的几何误差的控制范围，图样上不用标注，而由未注几何公差来控制。未注公差和注出公差都有几何精度要求。几何公差的选用是精度设计的重要组成部分，正确、合理地选择几何公差，对保证产品质量、满足功能要求及提高经济效益十分重要。

特别注意：几何公差与尺寸公差及表面粗糙度参数之间的关系要协调，即尺寸公差值>几何公差值>表面粗糙度参数值。形状公差、方向公差、位置公差之间的关系为：形状公差值<方向公差值<位置公差值，如图 4-38 所示。

根据国家标准 GB/T 1184—1996，除线轮廓度（曲线度）和面轮廓度（曲面度）没有规定公差值外，其他 12 个特征项目都规定了公差值。除圆度和圆柱度划分为 13 级（0~12 级）外，其余各类几何公差均划分为 12 个等级（1~12 级），1 级最高（圆度、圆柱度 0 级最高），12 级最低。各个几何公差等级的公差值分别见表 4-8~表 4-11。

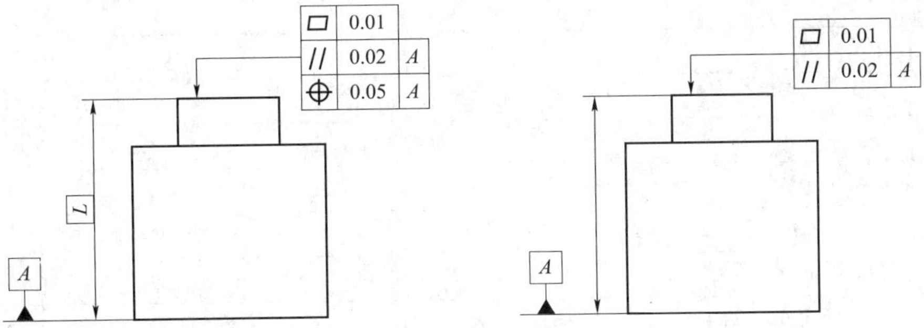

（a）　　　　（b）

图 4-38　形状公差值、方向公差值、位置公差值之间的关系

（a）形状公差值<方向公差值<位置公差值；（b）形状公差值<方向公差值

表 4-8　直线度、平面度（摘自 GB/T 1184—1996）

主参数	公差等级											
	1	2	3	4	5	6	7	8	9	10	11	12
L/mm	公差值/μm											
≤10	0. 2	0. 4	0. 8	1. 2	2	3	5	8	12	20	30	60
>10~16	0. 25	0. 5	1	1. 5	2. 5	4	6	10	15	25	40	80
>16~25	0. 3	0. 6	1. 2	2	3	5	8	12	20	30	50	100
>25~40	0. 4	0. 8	1. 5	2. 5	4	6	10	15	25	40	60	120
>40~63	0. 5	1	2	3	5	8	12	20	30	50	80	150
>63~100	0. 6	1. 2	2. 5	4	6	10	15	25	40	60	100	200
>100~160	0. 8	1. 5	3	5	8	12	20	30	50	80	120	250
>160~250	1	2	4	6	10	15	25	40	60	100	150	300
>250~400	1. 2	2. 5	5	8	12	20	30	50	80	120	200	400
>400~630	1. 5	3	6	10	15	25	40	60	100	150	250	500
>630~1 000	2	4	8	12	20	30	50	80	120	200	300	600

注：主参数 *L* 为直线、平面的长度。

表 4-9　圆度、圆柱度（摘自 GB/T 1184—1996）

主参数	公差等级												
	0	1	2	3	4	5	6	7	8	9	10	11	12
d（*D*）/mm	公差值/μm												
≤3	0. 1	0. 2	0. 3	0. 5	0. 8	1. 2	2	3	4	6	10	14	25
>3~6	0. 1	0. 2	0. 4	0. 6	1	1. 5	2. 5	4	5	8	12	18	30
>6~10	0. 12	0. 25	0. 4	0. 6	1	1. 5	2. 5	4	6	9	15	22	36
>10~18	0. 15	0. 25	0. 5	0. 8	1. 2	2	3	5	8	11	18	27	43
>18~30	0. 2	0. 3	0. 6	1	1. 5	2. 5	4	6	9	13	21	33	52
>30~50	0. 25	0. 4	0. 6	1	1. 5	2. 5	4	7	11	16	25	39	62
>50~80	0. 3	0. 5	0. 8	1. 2	2	3	5	8	13	19	30	46	74

续表

主参数	公差等级												
	0	1	2	3	4	5	6	7	8	9	10	11	12
d (D)/mm	公差值/μm												
>80~120	0.4	0.6	1	1.5	2.5	4	6	10	15	22	35	54	87
>120~180	0.6	1	1.2	2	3.5	5	8	12	18	25	40	63	100
>180~250	0.8	1.2	2	3	4.5	7	10	14	20	29	46	72	115
>250~315	1.0	1.6	2.5	4	6	8	12	16	23	32	52	81	130
>315~400	1.2	2	3	5	7	9	13	18	25	36	57	89	140
>400~500	1.5	2.5	5	6	8	10	15	20	27	40	63	97	155

注：主参数 *d*（*D*）为被测轴（孔）的直径。

表 4-10　平行度、垂直度、倾斜度的公差值（摘自 GB/T 1184—1996）

主参数	公差等级											
	1	2	3	4	5	6	7	8	9	10	11	12
L、d (D)/mm	公差值/μm											
≤10	0.4	0.8	1.5	3	5	8	12	20	30	50	80	120
>10~16	0.5	1	2	4	6	10	15	25	40	60	100	150
>16~25	0.6	1.2	2.5	5	8	12	20	30	50	80	120	200
>25~40	0.8	1.5	3	6	10	15	25	40	60	100	150	250
>40~63	1	2	4	8	12	20	30	50	80	120	200	300
>63~100	1.2	2.5	5	10	15	25	40	60	100	150	250	400
>100~160	1.5	3	6	12	20	30	50	80	120	200	300	500
>160~250	2	4	8	15	25	40	60	100	150	250	400	600
>250~400	2.5	5	10	20	30	50	80	120	200	300	500	800
>400~630	3	6	12	25	40	60	100	150	250	400	600	1000
>630~1 000	4	8	15	30	50	80	120	200	300	500	800	1200
>1 000~1 600	5	10	20	40	60	100	150	250	400	600	1 000	1 500

注：① 主参数 *L* 为给定平行度时轴线或平面的长度，或给定垂直度、倾斜度时被测要素的长度。
② 主参数 *d*（*D*）为给定面对线的垂直度时，被测要素轴（孔）的直径。

表 4-11　同轴度（同心度）、对称度、圆跳动、全跳动的公差值（摘自 GB/T 1184—1996）

主参数	公差等级											
	1	2	3	4	5	6	7	8	9	10	11	12
d (D)、B、L/mm	公差值/μm											
≤1	0.4	0.6	1	1.5	2.5	4	6	10	15	25	40	60
>1~3	0.4	0.6	1	1.5	2.5	4	6	10	20	40	60	120
>3~6	0.5	0.8	1.2	2	3	5	8	12	25	50	80	150
>6~10	0.6	1	1.5	2.5	4	6	10	15	30	60	100	200
>10~18	0.8	1.2	2	3	5	8	12	20	40	80	120	250

续表

主参数	公差等级											
	1	2	3	4	5	6	7	8	9	10	11	12
d (D)、B、L/mm	公差值/μm											
>18~30	1	1.5	2.5	4	6	10	15	25	50	100	150	300
>30~50	1.2	2	3	5	8	12	20	30	60	120	200	400
>50~120	1.5	2.5	4	6	10	15	25	40	80	150	250	500
>120~250	2	3	5	8	12	20	30	50	100	200	300	600
>250~500	2.5	4	6	10	15	25	40	60	120	250	400	800
>500~800	3	5	8	12	20	30	50	80	150	300	500	1000
>800~1 250	4	6	10	15	25	40	60	100	200	400	600	1 200

注：① 主参数 d（D）为给定同轴度或给定圆跳动、全跳动时轴（孔）的直径，圆锥体为平均直径。

② 主参数 B 为给定对称度时槽的宽度。

③ 主参数 L 为给定两孔对称度时的孔心距。

位置度公差只规定了标准公差值系列，没有规定公差等级。对于用螺栓或螺钉连接两个或两个以上的零件（或其他类似情况）按一定的方法计算。表 4-12 给出了位置度公差值的数系。

表 4-12　位置度公差值的数系（摘自 GB/T 1184—1996）　　μm

1	1.2	1.5	2	2.5	3	4	5	6	8
1×10^n	1.2×10^n	1.5×10^n	2×10^n	2.5×10^n	3×10^n	4×10^n	5×10^n	6×10^n	8×10^n

位置度公差值应通过计算得出。例如，用螺栓做连接件，被连接零件上的孔均为通孔，其孔径大于螺栓的直径，则位置度公差可用公式计算：

$$t=X_{min}$$

式中　t——位置度公差；

X_{min}——通孔与螺栓的最小间隙。

如用螺钉连接，被连接零件中有一个零件上的孔是螺纹，而其余零件上的孔都是通孔，且孔径大于螺钉直径，其位置度公差可用下式计算：

$$t=0.5X_{min}$$

按上式确定的公差，经化整后可按表 4-12 选择公差值。

4.5.4　几何公差未注公差值的规定

为了简化制图，几何精度由一般的机床加工就可保证，则不必在图样上具体注出几何公差。图样上如果没有具体注明几何公差值的要素，则其几何精度要求由下列未注几何公差的规定来处理。

GB/T 1184—1996 对直线度、平面度、垂直度、对称度和圆跳动的未注公差值做了规定，各规定了 H、K、L 三个公差等级，分别见表 4-13~4-16。其他项目如线轮廓度、面轮廓度、倾斜度、位置度和全跳动的公差值均由各要素的注出或未注几何公差、线性尺寸公差或角度公差控制。

表 4-13　直线度和平面度的未注公差值（摘自 GB/T 1184—1996）　mm

公差等级	基本长度范围					
	≤10	>10~30	>30~100	>100~300	>300~1 000	>1 000~3 000
H	0. 02	0. 05	0. 1	0. 2	0. 3	0. 4
K	0. 05	0. 1	0. 2	0. 4	0. 6	0. 8
L	0. 1	0. 2	0. 4	0. 8	1. 2	1. 6

表 4-14　垂直度未注公差值（摘自 GB/T 1184—1996）　mm

公差等级	基本长度范围			
	≤100	>100~300	>300~1 000	>1 000~3 000
H	0. 2	0. 3	0. 4	0. 5
K	0. 4	0. 6	0. 8	1
L	0. 6	1	1. 5	2

表 4-15　对称度未注公差值（摘自 GB/T 1184—1996）　mm

公差等级	基本长度范围			
	≤100	>100~300	>300~1 000	>1 000~3 000
H	0. 5			
K	0. 6	0. 5	0. 8	1
L	0. 6	1	1. 5	2

表 4-16　圆跳动未注公差值（摘自 GB/T 1184—1996）　mm

公差等级	圆跳动公差值
H	0. 1
K	0. 2
L	0. 5

1. 直线度和平面度

直线度和平面度的未注公差值见表 4-13。

2. 圆度

未注圆度公差值不能大于表 4-16 中的径向圆跳动值。

3. 圆柱度

对未注圆柱度公差值不做规定。

1）圆柱度误差由三部分组成：圆度、直线度和相对素线的平行度误差。其中每一项误差均由它们的注出公差或未注公差控制。

2）如因功能要求，圆柱度应小于圆度、直线度和平行度未注公差的综合结果，应在被测要素上按 GB/T 1182—2008 的规定注出圆柱度公差值。

3）采用包容要求。

4. 平行度

未注平行度公差值等于尺寸公差值，或直线度和平面度未注公差值中的较大者，应取两要素中较长者为基准。若两要素长度相等，则可任选其一作为基准。

5. 垂直度

表 4-14 给出了垂直度的未注公差值，应取形成直角中较长的一边作为基准，较短的一边作为被测要素。若两边长度相等，则可任选其一作为基准。

6. 对称度

表 4-15 给出了对称度的未注公差值，应取两要素中较长者为基准，较短者为被测要素。若两要素长度相等，则可任选其一作为基准。

需要注意的是：对称度的未注公差值用于至少两个要素中的一个是中心平面，或两个要素的轴线相互垂直。

7. 同轴度

对同轴度的未注公差值未做规定。在极限情况下，同轴度的未注公差值可以与表 4-16 中规定的径向圆跳动的未注公差值相等。应取两要素中较长者为基准。若两要素长度相等，则可任选其一作为基准。

8. 圆跳动

表 4-16 给出了圆跳动（径向、轴向、斜向）的未注公差值。对于圆跳动的未注公差值，应以设计或工艺给出的支承面作为基准，否则应取两要素中较长的一个作为基准。若两要素长度相等，则可任选其一作为基准。

4.6　几何误差的评定与检测原则

4.6.1　几何误差的评定

在测量被测实际要素的几何误差值时，首先应确定理想要素对被测实际要素的理想方位。因为不同方位的理想要素与被测实际要素上各点的距离是不相同的，因而测量所得的几何误差值也不相同。

1. 几何误差的评定方法

确定理想要素方位的常用方法为最小包容区域法。

最小包容区域法是指形状与被测要素的公差带形状相同，包容被测实际要素，且具有最小宽度或直径的包容区域。应用最小包容区域法评定几何误差是完全满足前述“最小条件”的。如图 4-39（a）所示，直径 20 mm 的轴有素线直线度要求，其实际轮廓素线如图 4-39（b）

所示。理想直线的方位可取 A_1–B_1、A_2–B_2、A_3–B_3 等，其中与 A_1–B_1 之间的距离（误差）h_1 为最小，故理想直线应取 A_1–B_1，由此来评定直线度误差。

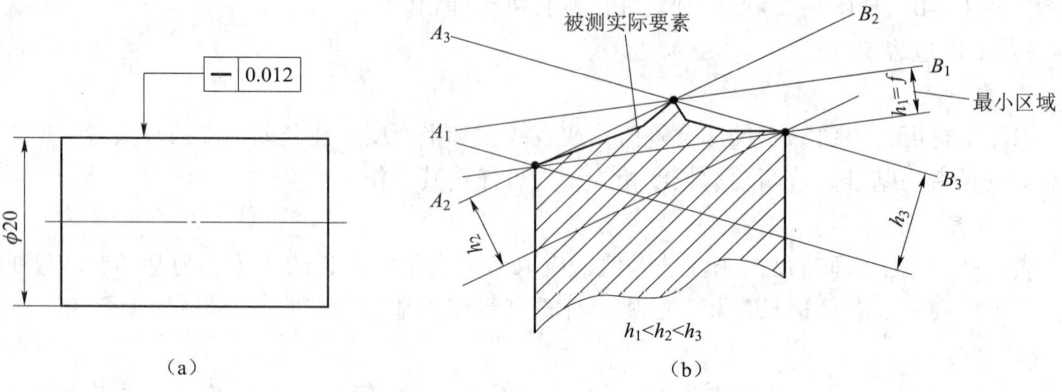

图 4-39　最小条件评定直线度误差

（a）图样标注；（b）最小包容区域

2. 几何误差的评定准则

由于几何要素及其功能要求变化的多样性，不同的公差特征项目、不同的被测要素，其最小包容区域也不相同。下面分别介绍评定不同类型几何误差的最小区域及生产中常用的最小区域判别准则。

（1）评定形状误差的最小区域

由于形状误差是单一被测实际要素（单一被测提取要素）的变动量对其理想要素（拟合要素）的变动量，与其他要素没有关系，所以形状误差评定的最小区域就是与相应公差带形状相同、包容被测实际要素的最小宽度或直径的区域。其宽度或直径就是形状误差值。直线度、圆度和平面度误差的测量，是实际生产中最常见的几何误差测量，其最小区域的形状（与其各特征项目公差带形状相同）分别是：测量平面内两平行直线之间包容的区域；测量截面内两同心圆环之间包容的区域及两平行平面之间包容的区域。

1）平面内直线度误差的最小区域判别。包容提取轮廓线（实际轮廓线）的两拟合直线（理想直线）与提取轮廓线形成至少两高一低（或两低一高），且高低相间的接触形式，所形成的区域才是最小区域（称为“相间准则”），如图 4-40 所示。

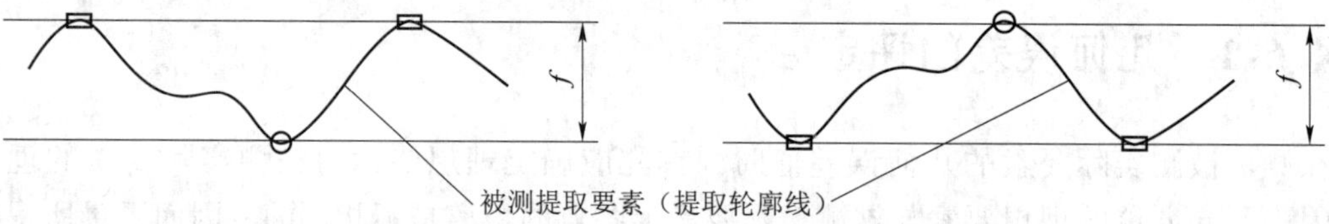

图 4-40　评定平面内直线度误差的最小区域

2）平面度误差的最小区域判别。包容区域为两理想平行平面间的区域，被测实际平面至少有 4 点分别与其接触。这分为两种情况：一种是三点一面接触、一点与另一面接触，但一点的投影应落在三点形成的三角形区域内（三角形准则）；另一种是两点分别与两面接触，但两点的连线应交叉（交叉准则），如图 4-41 所示。

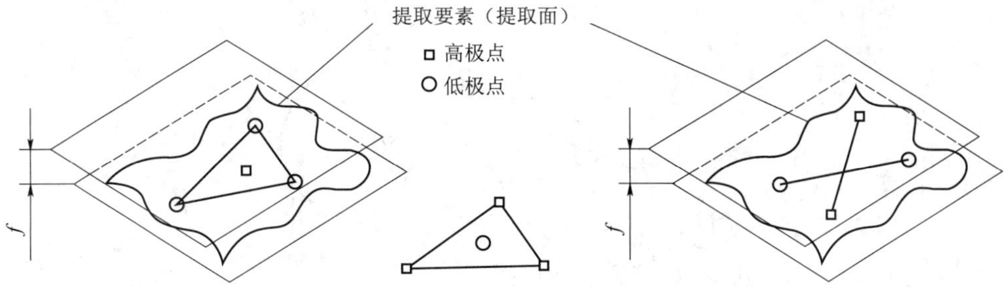

图 4-41　评定平面度误差的最小区域

3）圆度误差的最小区域判别。包容实际圆轮廓的两理想同心圆必须与被测实际圆轮廓形成至少 4 点内外交替的接触形式，所形成的区域才是最小区域（相间准则），如图 4-42 所示。

注意：最小区域法是评定形状误差的基本方法。生产中，在满足功能要求的前提下，也允许采用其他近似的评定方法。例如，评定直线度误差时，常以两端点的连线作为理想直线（两端点连线法）；评定圆度误差时，常以最小二乘圆作为理想圆（最小二乘法）等。用近似方法评定得到的形状误差值一般大于用最小区域法评定得到的误差值。当采用不同评定方法得到不同误差值而引起争议时，应以最小区域法为准。

（2）评定方向误差的最小区域

方向误差是关联被测要素对具有确定方向的理想要素的变动量。因为理想要素的方向由基准确定，所以评定方向误差的最小区域就是与相应公差带形状相同，在确定方向上（与基准平行、垂直或倾斜）包容被测要素且具有最小宽度或直径的定向最小包容区域。其宽度或直径就是方向误差值。它与评定形状误差的区别是该区域与基准必须保持规定的方向关系。图 4-43 所示为评定垂直度误差的定向最小区域。

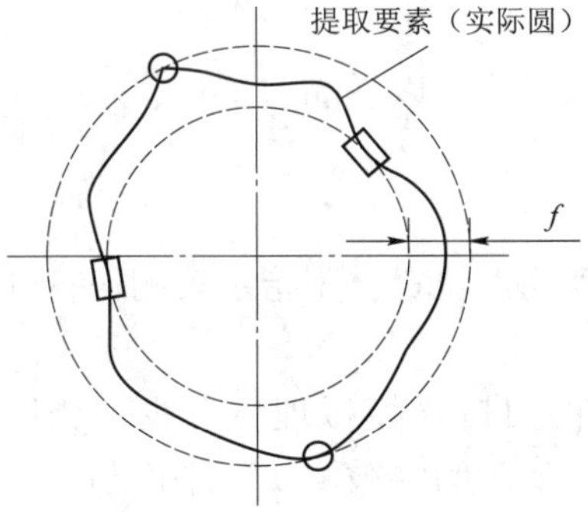

图 4-42　评定圆度误差的最小区域

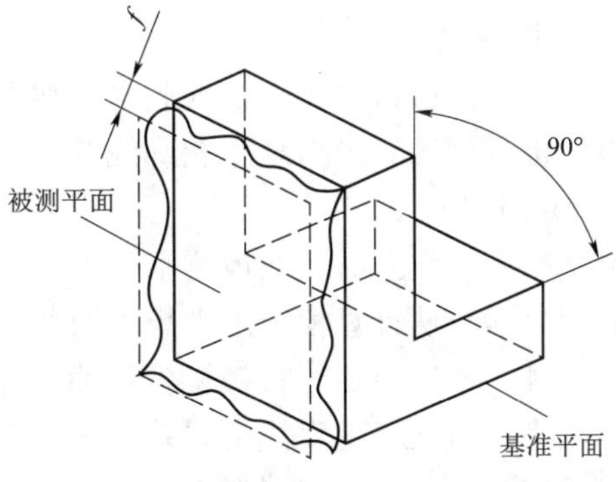

图 4-43　评定垂直度误差的定向最小区域

（3）评定位置误差的最小区域

位置误差是关联被测要素对具有确定位置的理想要素的变动量。评定位置误差的最小区域就是与相应公差带形状相同，与基准保持规定的几何位置关系（由基准或基准和理论正确尺寸确定），包容被测要素的定位最小包容区域。其宽度或直径就是位置误差值。它与评定形状误差的区别是该区域与基准必须保持规定的位置关系。图 4-44 所示为评定同轴度误差的定位最小区域。

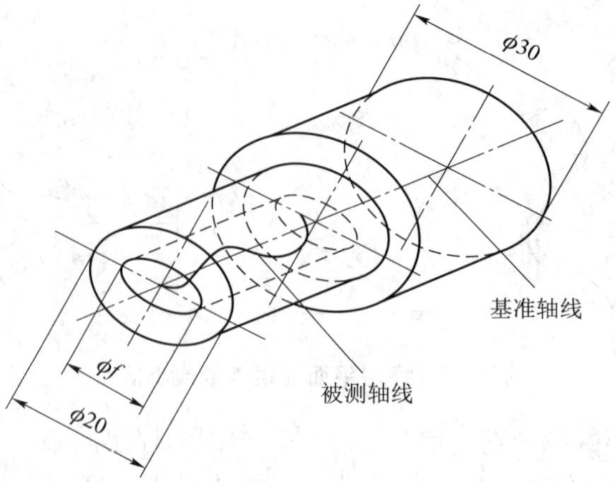

图 4-44 评定同轴度误差的定位最小区域

4.6.2 几何误差的检测原则

由于几何误差的项目很多，实际零件的结构形式多样，因此，在实际生产中几何误差的检测方法也多种多样。为了正确地测量几何误差，以便选择合理的检测方案，国家标准规定了 5 个检测原则。

这些原则是各种检测方法的概括，可以按照这些原则，根据被测对象的特点和有关文件，选择合理的检测方案。也可以根据这些原则，采用其他检测方法和测量装置。

1. 与理想要素比较原则

与理想要素比较原则是指将被测实际要素与理想要素相比较，量值由直接法或间接法获得的原则。在实际测量中，绝对的理想要素是不存在的，所以理想要素常用模拟的方法获得。具体模拟的方法有以下两种。

（1）实物模拟

如以刀口尺的刃口、光束、地表水平线等模拟理想直线；以平晶、平板、水平面等模拟平面；以样板的轮廓线模拟理想轮廓线等。

（2）数据模拟

如测量平面度误差时，在被测平面上有规律地排列测点位置，用指示表测得各测点的数据，然后用数学方法计算模拟出理想平面。

如图 4-45（a）所示，将被测实际直线与刀口尺的刃口（模拟理想直线）相比较，根据其间隙大小，直接确定直线度误差值。图 4-45（b）所示为将被测实际平面与平板的工作面（模拟理想平面，也是测量基准）相比较，取得被测实际平面上各测点的测量数据（指示表示值），然后按一定规则处理测量数据，间接得到平面度误差值。

2. 测量坐标值原则

测量坐标值原则是指利用计量器具固有的坐标系，测量被测实际要素的坐标值（如直角坐标值、极坐标值、圆柱面坐标值），再经过数据处理确定几何误差值的原则。该原则多用于轮廓度、位置度的测量。

3. 测量特征参数原则

测量特征参数原则是指以测量被测实际要素中具有代表性的参数（即特征参数）来表

示几何误差值的原则。该原则是不符合几何误差定义的，得到的几何误差也只是近似值而已，但因操作简便易行，故在生产中的应用较为普遍。

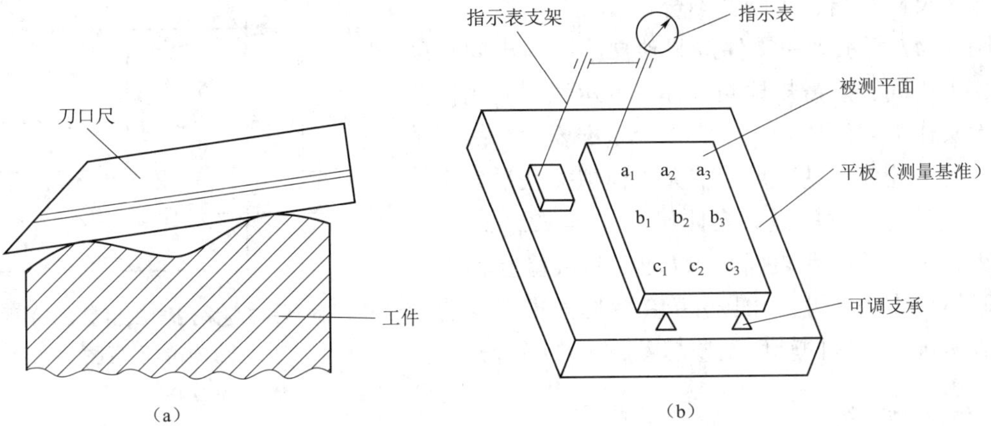

图 4-45　与理想要素比较原则

（a）刀口尺检测工件直线度；（b）工作平台上检测平面度

例如，通过测量两侧壁厚检验孔的对称度误差（近似取两壁厚之差），就是取壁厚作为特征参数进行测量的；通过测量圆形零件的半径变动量检验圆度误差，则是以半径作为圆度误差的特征参数进行测量的。

4. *测量跳动原则*

测量跳动原则是指在被测实际要素绕基准轴线回转过程中相对某参考点或线的变化情况来表示跳动值的一种检测原则。变动量为指示器的最大与最小读数之差。绕基准回转一周，测头固定可测得圆跳动误差（径向、轴向、斜向）；绕基准连续回转，测头移动可测得全跳动误差（径向与轴向）。图 4-46（a）所示为径向圆跳动和全跳动的测量示意图；图 4-46（b）所示为轴向全跳动的测量示意图；图 4-46（c）所示为斜向圆跳动的测量示意图。

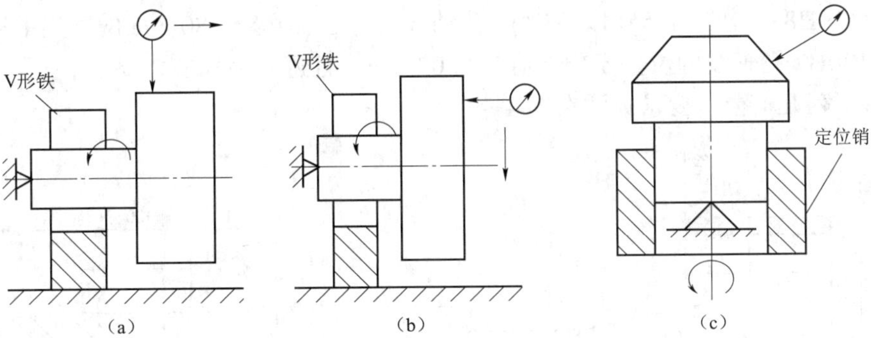

图 4-46　测量跳动原则

（a）径向圆跳动和全跳动；（b）轴向全跳动；（c）斜向圆跳动

5. *边界控制原则*

按包容要求或最大实体要求给出几何公差时，就给定了最大实体边界或最大实体实效边界，要求被测要素的实际轮廓不得超出相应边界。边界控制原则是指用光滑极限量规的通规或位置量规（只有通规）的工作表面来模拟体现图样上给定的边界，以便检测被测实际要素的体外作用尺寸的合格性。若量规的通规测头能够通过（或插入）被测要素的实际表面，则表示被测要素的体外作用尺寸合格，否则就不合格。

图 4-47 所示为一零件按照独立原则提出同轴度要求，采用同轴度量规检测阶梯轴的示意图。用被测轴的大头作为被测要素，小头作为基准要素，故同轴度量规的小孔体现基准尺寸，大头模拟关联最大实体边界（直径等于轴的最大实体尺寸 $d_M=\phi25$ mm，轴线为小孔轴线的内孔表面），以此控制被检验轴大头的关联体外作用尺寸。由图 4-48 可见，工件没能全部插入量规，故其同轴度误差超差，工件不合格。

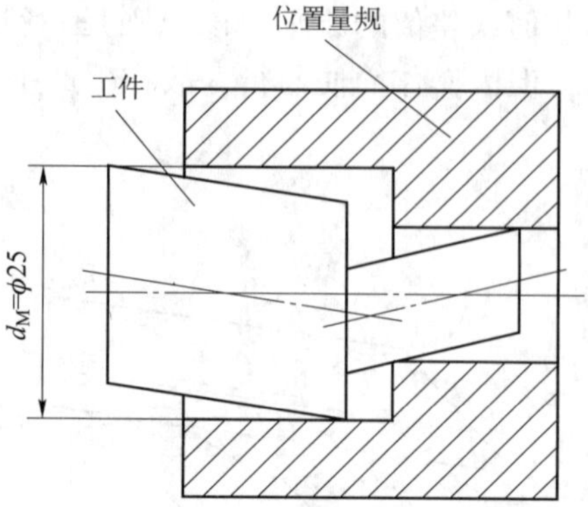

图 4-47　采用同轴度量规检测阶梯轴的示意图

习题

1. 实际尺寸、最大与最小实体尺寸、作用尺寸、实效尺寸等有何区别与联系？
2. 几何公差的项目有哪些？其表示符号都是什么？
3. 几何公差的公差带有哪几种主要形式？几何公差带由哪些要素组成？
4. 基准形式通常有几种？基准标注不同，对公差带有何影响？
5. 公差原则是什么？有哪几种？
6. 图样上的几何公差值在什么情况下应该标注，什么情况下可以不标注？
7. 当被测要素遵守包容要求时，其实际尺寸和体外作用尺寸的合格条件是什么？
8. 当被测要素遵守最大实体要求时，其实际尺寸和体外作用尺寸的合格条件是什么？
9. 将下列几何公差要求标注在图 4-48 上。

1）*B* 端面的平面度公差值为 0. 01 mm；*B* 端面对 *A* 端面的平行度公差值为 0. 03 mm。

2）ϕ100 mm 轴心线对 ϕ30H7 孔轴线的同轴度公差值为 0. 03 mm。

3）ϕ30H7 孔遵守包容要求，其轴线对端面 *A* 的垂直度公差值为 0. 02 mm。

4）4×ϕ16H8 孔均匀分布在以 ϕ30H7 孔轴线为中心、直径 ϕ80 mm 的圆周上，其轴线对端面 *A* 和 ϕ30H7 孔轴线的位置度公差值为 0. 03 mm，且遵守最大实体要求。

10. 将下列几何公差要求标注在图 4-49 上。

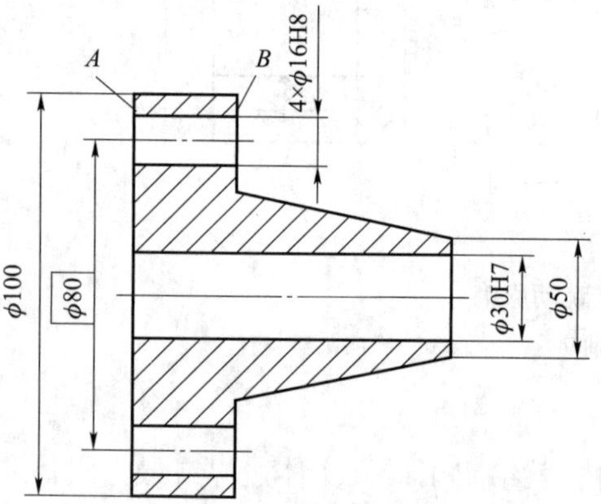

图 4-48　习题 9

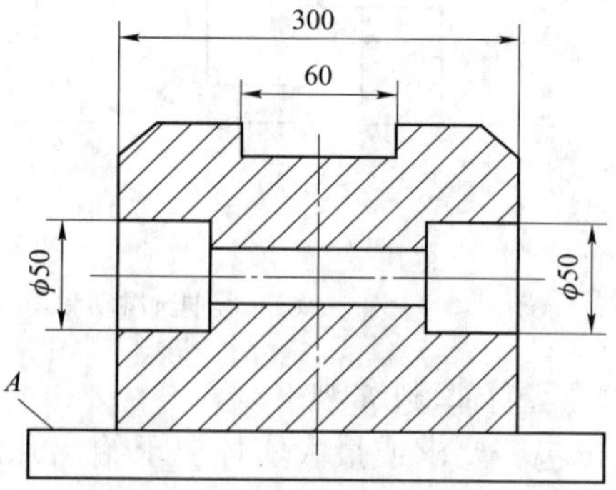

图 4-49　习题 10

1）平面 A 的平面度公差值为 0.01 mm；

2）平面 A 对两个 $\phi 50$ mm 孔的公共轴线的平行度公差值为 0.02 mm；

3）相距 300 mm 的两平行平面的中心平面对平面 A 的垂直度公差值为 0.03 mm；

4）宽度为 60 mm 的槽相对于相距 300 mm 的两平行平面中心的对称度公差值为 0.04 mm。

11. 在不改变几何公差项目的条件下，改正图 4-50 中标注的错误。

12. 在不改变几何公差项目的条件下，改正图 4-51 中标注的错误。

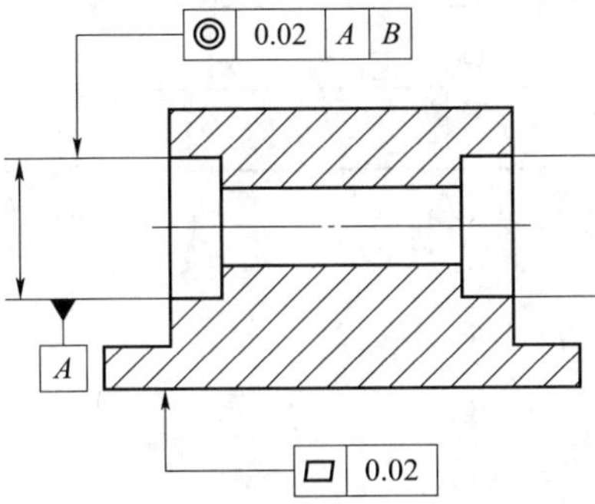

图 4-50　习题 11

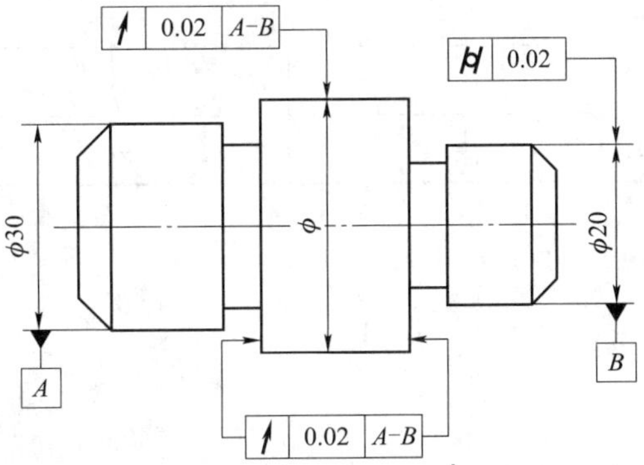

图 4-51　习题 12

13. 试根据图 4-52 中的 6 个图样标注，完成表 4-17。

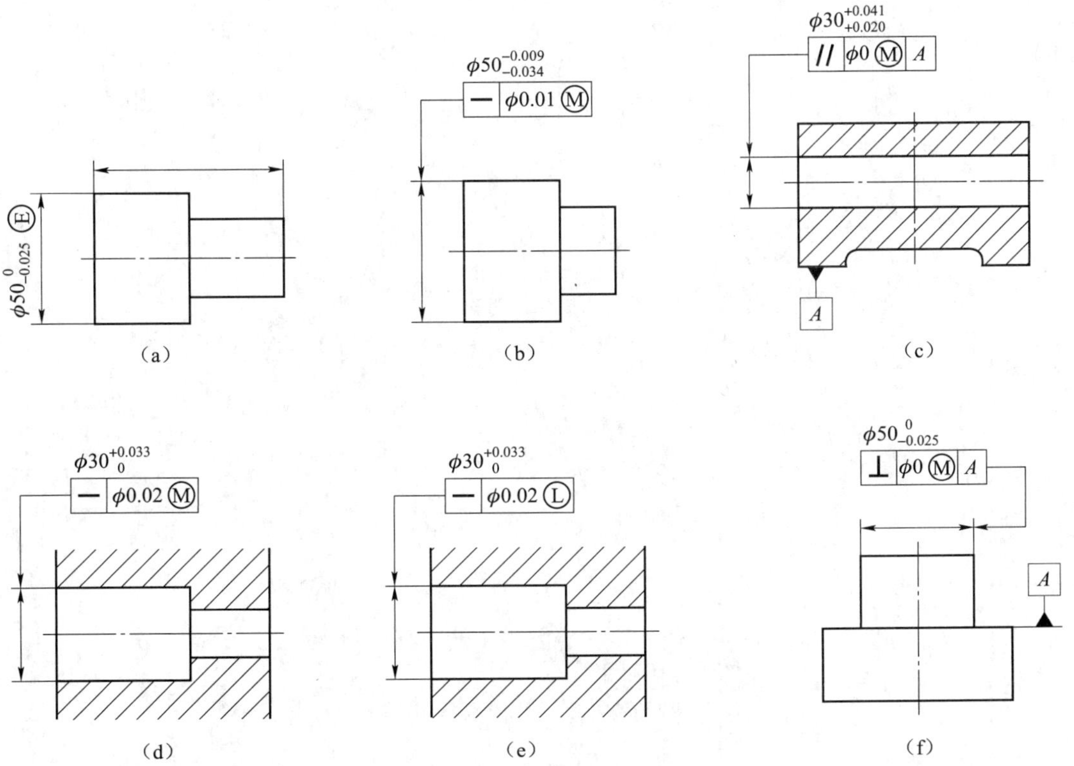

图 4-52　习题 13

表 4-17　习题 13

图示	公差原则	最大实体尺寸/mm	最小实体尺寸/mm	遵守的边界及边界尺寸/mm	最大实体状态下的几何公差/mm	最小实体状态下的几何公差/mm	实际尺寸范围/mm
(a)							
(b)							
(c)							
(d)							
(e)							
(f)							

第 5 章　表面粗糙度与检测

5.1　基本概念及其对零件使用性能的影响

5.1.1　基本概念

1. 表面粗糙度的定义

表面粗糙度是指加工表面（或其他方法获得的表面）所具有的较小间距和微小峰谷不平度。在机械加工过程中，由于整个加工工艺系统的原因，零件表面会出现加工误差。如在切削过程中由于切屑分离时的塑性变形、工艺系统的振动以及刀具和被加工表面的摩擦等，会使零件表面留下微小的凹凸不平的痕迹。其相邻两波峰或两波谷之间的距离（波距）很小（1 mm 以下），肉眼难以区分，因此，它属于微观几何形状误差。

2. 表面波纹度和表面形状误差

在加工过程中，由于机床—刀具—工件系统的强迫振动、刀具进给的不规则和回转质量的不平衡等，在零件表面留下的波距较大且具有较强周期性的误差称为“表面波纹度”。

由刀具导轨倾斜等造成的误差则为宏观的表面形状误差。表面轮廓误差如图 5-1 所示。

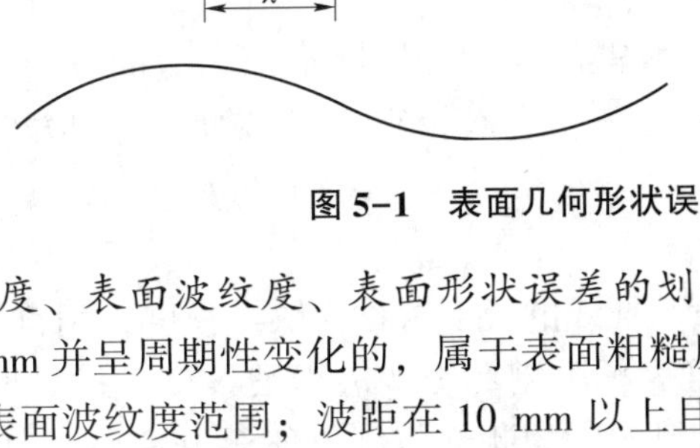

图 5-1　表面几何形状误差

3. 表面粗糙度、表面波纹度、表面形状误差的划分

波距小于 1 mm 并呈周期性变化的，属于表面粗糙度范围；波距在 1～10 mm 并呈周期形变化的，属于表面波纹度范围；波距在 10 mm 以上且无明显周期变化的，属于表面形状误差。

5.1.2 表面粗糙度对零件性能的影响

表面粗糙度对机器零件的使用性能影响很大，主要表现在以下几个方面。

1. 表面粗糙度影响零件的耐磨性

一般来讲，表面越粗糙，则摩擦阻力越大，零件的磨损也就越快。但是，当结合表面过于光滑时，由于润滑油被挤出以及分子间的吸附作用，摩擦系数反而增大，从而使磨损加剧。

2. 面粗糙度影响配合性质的稳定性

对于间隙配合，表面越粗糙，轮廓峰顶磨损就会越快，使得配合间隙增大，破坏配合性质。特别是在尺寸小的情况下，表面粗糙度对配合性质的影响更大。

对于过盈配合，表面粗糙度使得实际过盈量小于公称过盈量，从而使连接强度降低。

3. 影响疲劳强度

承受交变载荷的零件，其大部分损坏部位都是由表面产生疲劳裂纹造成的。零件表面越粗糙，对应力集中越敏感，零件疲劳损坏的可能性则越大。

4. 影响耐蚀性

金属材料的腐蚀是由化学过程或者电化学过程所致的。表面越粗糙，则积聚在零件表面的腐蚀性气体或液体就越多，因而腐蚀作用就越大。

5. 影响接触刚度

零件表面越粗糙，实际接触面积就越小，则受力后的局部变形增大，接触刚度降低，从而影响零件的抗振性和工作精度。

6. 影响密封性

由于粗糙的表面之间无法严密地贴合，气体或液体可通过接触面间的缝隙渗漏。

7. 影响测量精度

零件被测表面和测量工具测量面的表面粗糙度都会直接影响测量的精度，尤其是在精密测量时。此外，表面粗糙度对零件的镀涂层、导热性和接触电阻、反射能力和辐射性能、液体和气体流动的阻力、导体表面电流的流通等都会有不同程度的影响。

5.1.3 表面粗糙度的基本术语和定义

1. 表面轮廓

表面轮廓是平面与实际表面相交所得的轮廓。按照平面相截的方向不同，又可分为 X 向表面轮廓和 Y 向表面轮廓，通常是指 X 向表面轮廓，即与加工纹理方向垂直的截面上的轮廓，如图 5-2 所示。

2. 取样长度 lr

评定表面粗糙度时所规定的一段基准线的长度，称为取样长度，用符号“lr”表示，如图 5-3 所示。规定和选择取样长度是为了限制和减弱表面波纹度、排除形状误差对表面粗糙度测量结果的影响。lr 过长，表面粗糙度的测量值则可能含有表面波纹度成分；lr 过短，表面粗糙度的测量值则不能客观地反映表面粗糙度的实际情况。取样长度应与表面粗糙度的大小相适应（见表 5-1）。所选取的取样长度一般应包含 5 个以上的轮廓峰和轮廓谷，而取样长度的大小取决于表面粗糙度的疏密程度。

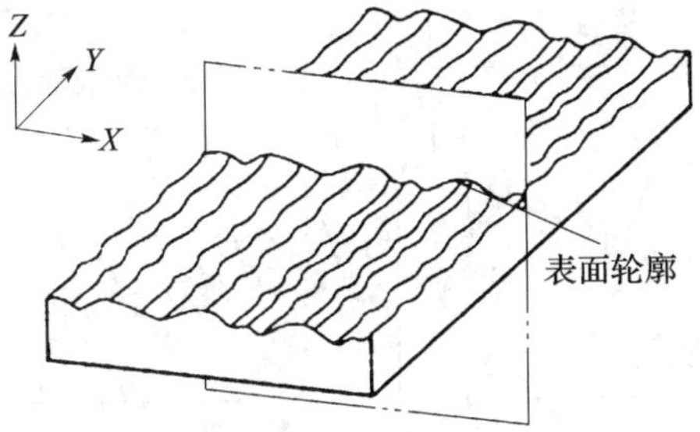

图 5-2　表面轮廓

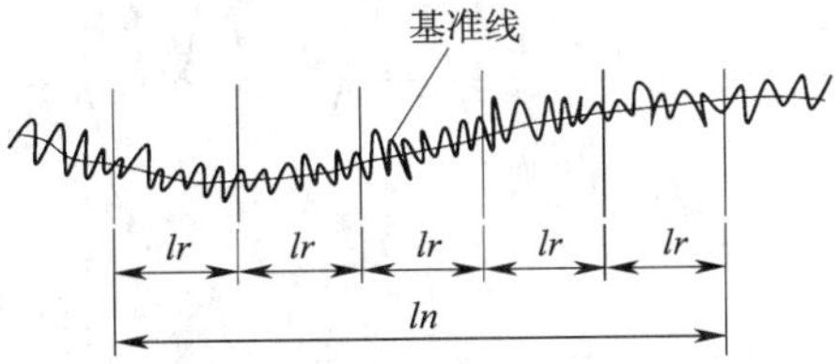

图 5-3　取样长度和评定长度

表 5-1　取样长度与表面结构评定参数的对应关系（摘自 GB/T 1031—2009）

Ra/μm	Rz/μm	lr/mm	ln/mm
≥0.008~0.02	≥0.025~0.10	0.08	0.4
>0.02~0.1	>0.10~0.50	0.25	1.25
>0.1~2.0	>0.50~10.0	0.8	4
>2.0~10.0	>10.0~50.0	2.5	12.5
>10.0~80.0	>50~320	8.0	40.0

3. 评定长度

由于加工表面有着不同程度的不均匀性，为了充分、合理地反映某一表面的粗糙度特性，规定在评定时所必需的一段表面长度，它包含一个或几个连续的取样长度，称这一段表面长度为“评定长度”用符号“ln”表示，见图 5-3。

评定长度与取样长度之间的数量关系取决于表面粗糙度的均匀程度和加工方法，表面粗糙度比较规则均匀，可以规定比较小的评定长度；反之，则可规定较大的评定长度。一般情况下，取 $ln=5lr$。

4. 中线

中线是具有几何轮廓形状并划分轮廓的基准线。中线有以下两种：

(1) 轮廓的最小二乘中线

轮廓的最小二乘中线是指在取样长度内，使轮廓各点至基准线的距离平方和为最小的线，即 $\int_0^l [Z(x)]^2 dx$ 为最小的线，如图 5-4 所示。

(2) 轮廓的算术平均中线

在取样长度内，由一条假想的基准线将实际轮廓分成上下两部分，且使上下两部分的面积之和相等，这条假想的基准线即为轮廓的算术平均中线，如图 5-5 所示。

可借用计算机求最小数的方法确定最小二乘中线的位置。微机化的表面粗糙度测量仪使用最小二乘中线作为基准线。光切法测量表面粗糙度可用轮廓算术平均中线作为基准线，一般可用目测估计法来确定。

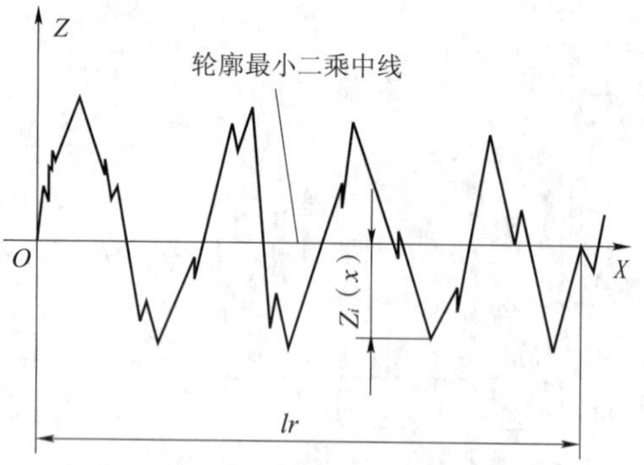

图 5-4　轮廓最小二乘中线

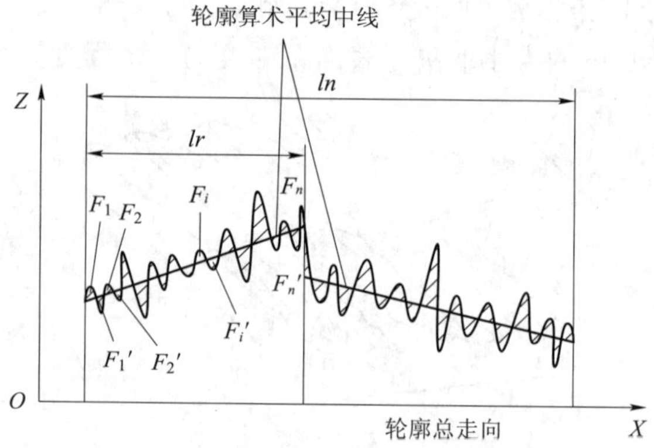

图 5-5　轮廓算术平均中线

5. 几何参数术语

（1）轮廓峰和轮廓谷

轮廓峰是指连接两相邻交点向外（从材料向周围介质）的轮廓部分。轮廓谷是指连接两相邻交点向内（从周围介质向材料）的轮廓部分。

（2）轮廓单元

轮廓单元是指每个轮廓峰和轮廓谷的组合，如图 5-6 所示。

（3）轮廓峰高 Zp 和轮廓谷深 Zv

轮廓峰高 Zp 是轮廓最高点到 X 轴的距离；轮廓谷深 Zv 是轮廓最低点到 X 轴的距离，见图 5-6 中所示。

（4）轮廓单元的高度 Zt

轮廓单元的高度 Zt 是指一个轮廓单元的峰高和谷深之和，见图 5-6 中所示。

（5）轮廓单元的宽度 Xs

轮廓单元的宽度 Xs 是指 X 轴与轮廓单元相交线段的长度，见图 5-6 中所示。

（6）水平位置 c 上轮廓的实体材料长度 $Ml(c)$

水平位置上的轮廓的实体材料长度 $Ml(c)$ 指在一个给定水平位置 c 上用一条平行于 X 轴的线与轮廓单元相截所获得的各段截线之和，如图 5-7 所示。其用公式表示为：

$$Ml(c) = \sum_{i=1}^{n} Ml_i \qquad (5\text{-}1)$$

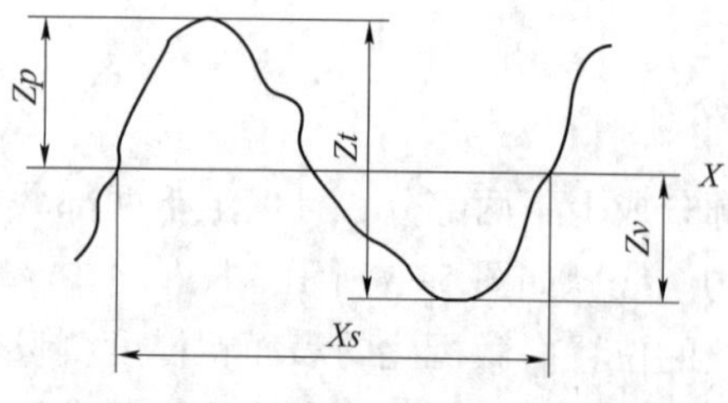

图 5-6　轮廓单元

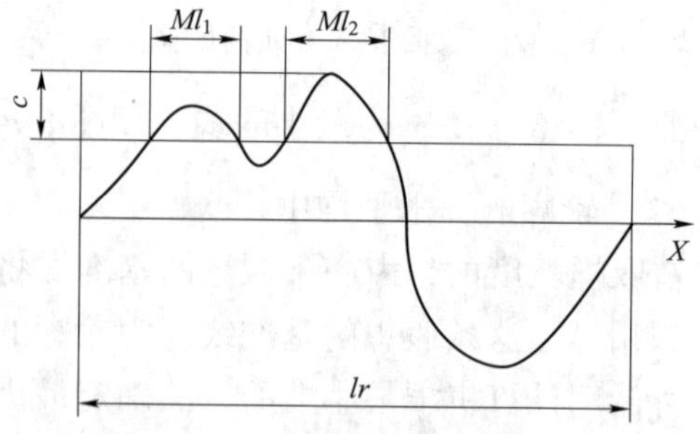

图 5-7　实体材料长度

5.1.4　表面粗糙度的评定参数及数值

国家标准 GB/T 3505—2009 从表面粗糙度的高度参数、间距参数、混合参数以及曲线和相关参数等方面规定了相应的评定参数，以满足机械产品对零件表面的各种功能要求。

1. 轮廓的算术平均偏差 *Ra*（高度参数）

如图 5-8 所示，*Ra* 是指在一个取样长度内纵坐标 $Z(x)$ 绝对值的算术平均值，即：

$$Ra = \frac{1}{lr}\int_0^{lr} |Z_i(x)| \mathrm{d}x \tag{5-2}$$

近似为：

$$Ra = \frac{1}{n}\sum_{i=1}^{n} |Z_i(x)| \tag{5-3}$$

式中　n——在取样长度内所测点的数目。

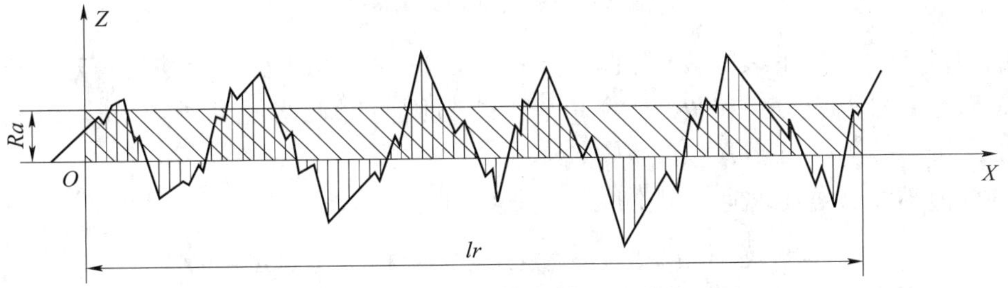

图 5-8　轮廓的算术平均偏差

测得 *Ra* 越大，则表面越粗糙。*Ra* 能客观地反映表面微观几何形状特性，但因受到计量器具功能的限制，不宜作为过于粗糙或过于光滑表面的评定参数。*Ra* 的数值见表 5-2。根据表面功能和生产的合理性，当 *Ra* 的数值不能满足要求时，可选取其补充系列值，见表 5-2 中 *Ra* 的补充系列值。

表 5-2　*Ra* 的数值及其补充系列值（摘自 GB/T 1031—2009）　μm

Ra	0. 012	0. 05	0. 2	0. 8	3. 2	12. 5	50
	0. 025	0. 1	0. 4	1. 6	6. 3	25	100
Ra 的补充系列	0. 008	0. 032	0. 125	0. 50	2	8	32
	0. 01	0. 04	0. 16	0. 63	2. 5	10	40
	0. 016	0. 063	0. 25	1	4	16	63
	0. 02	0. 08	0. 32	1. 25	5	20	80

2. 轮廓的最大高度 *Rz*（高度参数）

如图 5-9 所示，轮廓的最大高度 *Rz* 是指在一个取样长度内，最大轮廓峰高和最大轮廓谷深之和的高度，指在一个取样长度内，最大轮廓峰高 *Rp* 等于轮廓峰高的最大值 Zp_{max}，最大轮廓谷深 *Rv* 等于轮廓谷深最大值 Zv_{max}，则有：

$$Rz = Rp + Rv = Zp_{max} + Zv_{max} \tag{5-4}$$

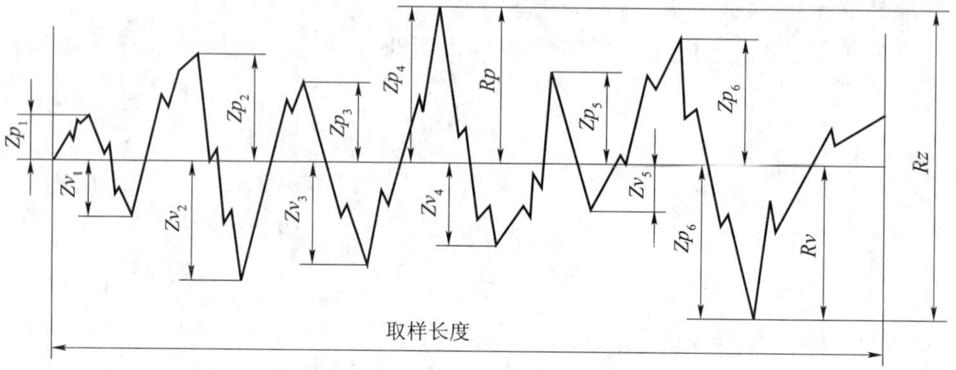

图 5-9　轮廓的最大高度

Rz 的值越大，零件的表面就越粗糙。*Rz* 不如 *Ra* 对表面粗糙度反映得客观、全面。对于同一表面，只能标注 *Ra* 和 *Rz* 中的一个，切勿同时对两者进行标注。其相关的数值见表 5-3。

Rz 的数值不能满足要求时，可选取其补充系列值，见表 5-3。

表 5-3　*Rz* 的数值及其补充系列值（摘自 GB/T 1031—2009）　μm

Rz	0. 025	0. 2	1. 6	12. 5	100	800	
	0. 05	0. 4	3. 2	25	200	1 600	
	0. 1	0. 8	6. 3	50	400		
Rz 的补充系列	0. 032	0. 16	1	5. 0	32	160	
	0. 040	0. 25	1. 25	8. 0	40	250	1 000
	0. 063	0. 32	2	10. 0	63	320	1 250
	0. 080	0. 50	2. 5	16. 0	80	500	
	0. 125	0. 63	4. 0	20	125	630	

3. 轮廓单元的平均宽度 *Rsm*（间距参数）

轮廓单元的平均宽度是指在一个取样长度内，所有轮廓单元宽度 X_{Si} 的平均值，如图 5-10 所示。其计算公式为：

$$Rsm = \frac{1}{m}\sum_{i=1}^{m} X_{Si} \tag{5-5}$$

轮廓单元平均宽度的大小反映了轮廓表面峰谷的疏密程度。*Rsm* 越小，峰谷越密，密封性就越好。轮廓单元的平均宽度值及其补充系列值见表 5-4。

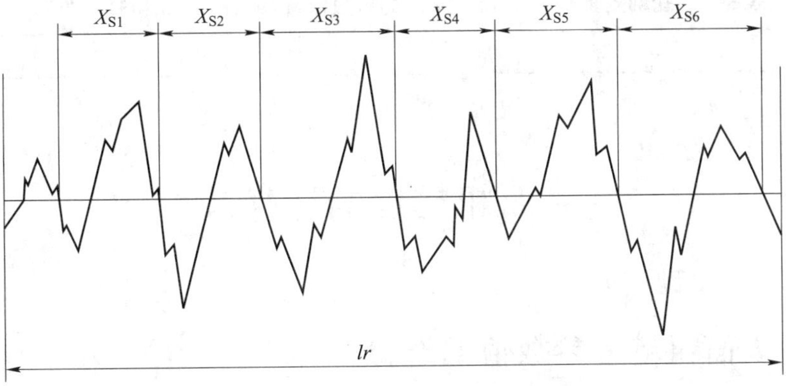

图 5-10　轮廓单元的平均宽度

表 5-4　*Rsm* 的数值及其补充系列值（摘自 GB/T 1031—2009）　　mm

Rsm	0.006	0.025	0.1	0.4	1.6	6.3	
	0.012 5	0.05	0.2	0.8	3.2	12.5	
Rsm 的补充系列	0.002	0.008	0.032	0.125	0.50	2.0	
	0.003	0.010	0.040	0.160	0.63	2.5	8.0
	0.004	0.016	0.063	0.25	1.00	4.0	10.0
	0.005	0.020	0.080	0.32	1.25	5.0	

4. 轮廓的支承长度率 $Rmr(c)$（曲线参数）

轮廓的支承长度率 $Rmr(c)$ 是指，在给定的水平截面高度 c 上，轮廓的实体材料 $Ml(c)$ 与评定长度 ln 的比率，如图 5-11 所示，即：

$$Rmr(c) = \frac{Ml(c)}{ln} \tag{5-6}$$

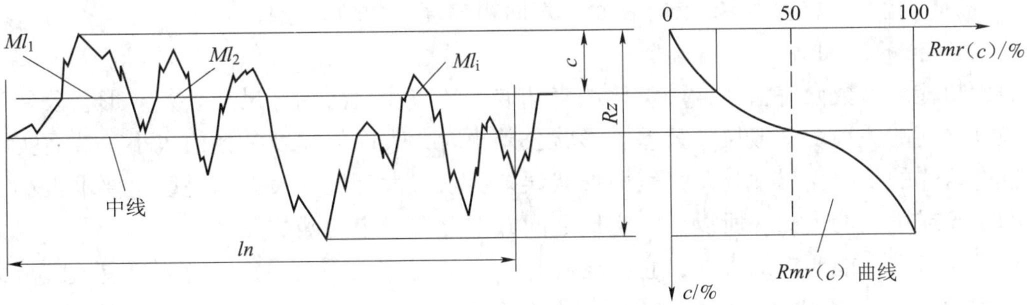

图 5-11　轮廓的支承长度率及曲线

轮廓的实体材料长度 $Ml(c)$ 与轮廓的水平截距 c 有关，评定时，要给出对应的水平截距 c。它可用微米（μm）或轮廓的最大高度 Rz 的百分比来表示。百分数系列如下：Rz 的 5%、10%、15%、20%、25%、30%、40%、50%、60%、70%、80%、90%。轮廓支承长度率 $Rmr(c)$ 的数值见表 5-5。

表 5-5 轮廓支承长度率 $Rmr(c)$ 的参数值（摘自 GB/T 1031—2009） %

10	15	20	25	30	40	50	60	70	80	90

5.2 表面粗糙度的选择及标注

5.2.1 表面粗糙度参数值的选择

表面粗糙度参数的允许值应该根据零件表面的功能要求并按国家标准规定的参数值系列来选取。表面粗糙度参数值选择得合理与否，不仅对产品的使用性能有很大影响，而且直接关系到产品的质量和制造成本。选择的基本原则是在满足功能要求的前提下，尽可能选用较大的表面粗糙度数值。

1. 一般选用原则

1）同一零件上，工作表面的表面粗糙度参数值小于非工作表面的表面粗糙度参数值。

2）摩擦表面比非摩擦表面的表面粗糙度参数值要小；滚动摩擦表面比滑动摩擦表面的表面粗糙度参数值要小；运动速度高、单位压力大的摩擦表面，比运动速度低、单位压力小的摩擦表面的表面粗糙度参数值要小。

3）承受交变载荷的表面、容易引起应力集中的表面（如圆角、沟槽等处），其表面粗糙度参数值要小。

4）对配合性质要求高的结合表面，如配合间隙小的配合表面以及要求连接可靠、受重载的过盈配合表面等，都应取较小的表面粗糙度参数值。

5）配合性质相同时，零件尺寸越小，其表面粗糙度参数值应越小；同一公差等级，小尺寸比大尺寸、轴比孔的表面粗糙度参数值要小。

6）有防腐性、密封性等要求的表面，表面粗糙度参数值要小些。

2. 参数值的选用方法

表面粗糙度参数允许值通常用类比法来选取，还应注意协调好尺寸公差、形状公差和表面粗糙度之间的关系。一般尺寸公差、形状公差小时，表面粗糙度参数值也小。然而实际生产中也有这样的情况，尺寸公差、表面形状误差要求很大，但其表面粗糙度值要求很小，如机床的手轮或手柄的表面，所以说，它们之间并不存在确定的函数关系。

对于无特殊功能要求的表面，它们之间有一定的对应关系。设表面形状公差值为 t，尺寸公差为 IT，它们之间的关系可以参照如下对应关系：

若 $t \approx 0.6\text{IT}$，则 $Ra \leqslant 0.05\text{IT}$，$Rz \leqslant 0.2\text{IT}$；

若 $t \approx 0.4\text{IT}$，则 $Ra \leqslant 0.025\text{IT}$，$Rz \leqslant 0.1\text{IT}$；

若 $t \leqslant 0.25\text{IT}$，则 $Ra \leqslant 0.012\text{IT}$，$Rz \leqslant 0.05\text{IT}$；

若只考虑尺寸公差，则取 $Ra \leqslant 0.025\text{IT}$，过盈配合的零件表面可取 $Ra \leqslant 0.05\text{IT}$。

常用的表面粗糙度参数值与公差等级、公称尺寸的对应关系及所适用的零件表面分别见表 5-6 和表 5-7。

表 5-6 常用的表面粗糙度参数值与公差等级、公称尺寸的对应关系（摘自 GB/T 1031—2009）

μm

经常拆装的配合表面

公差等级	表面	公称尺寸/mm ~50 (*Ra*)	公称尺寸/mm >50~500 (*Ra*)
IT5	轴	0.2	0.4
	孔	0.4	0.6
IT6	轴	0.4	0.8
	孔	0.4~0.8	0.8~1.6
IT7	轴	0.4~0.8	0.8~1.6
	孔	0.8	1.6
IT8	轴	0.8	1.6
	孔	0.8~1.6	1.6~3.2

过盈配合的配合表面

公差等级	表面	公称尺寸/mm ~50 (*Ra*)	公称尺寸/mm >50~120 (*Ra*)	公称尺寸/mm >120~500 (*Ra*)
IT5	轴	0.1~0.2	0.4	0.4
	孔	0.2~0.4	0.8	0.8
IT6~IT7	轴	0.4	0.8	1.6
	孔	0.8	1.6	1.6
IT8	轴	0.8	0.1~0.2	1.6~3.2
	孔	1.6	0.1~0.2	1.6~3.2
热装法	轴	1.6		
	孔	1.6~3.2		

定心精度高的配合表面

径向跳动	轴 (*Ra*)	孔 (*Ra*)
2.5	0.05	0.1
4	0.1	0.2
6	0.1	0.2
10	0.2	0.4
16	0.4	0.8
20	0.8	1.6

滑动轴承表面

公差等级	表面	*Ra*
IT6~IT9	轴	0.4~0.8
	孔	0.8~1.6
IT10~IT12	轴	0.8~3.2
	孔	1.6~3.2
流体润滑	轴	0.1~0.4
	孔	0.2~0.8

通常表面粗糙度反映了加工要求。不同的加工方法和切削用量会得到不同的表面粗糙度数值。所以正确选择表面粗糙度参数值，会简化加工程序，降低生产成本。

表 5-7 表面粗糙度参数值与所适用的零件表面

Ra/μm	*Rz*/μm	表面特征		加工方法	应用举例
≤20	≤80	粗糙表面	微见刀痕	粗车、粗铣、粗刨、钻、毛锉等	粗加工非配合表面，如轴端面、倒角、钻孔、齿轮和带轮侧面、键槽底面等
≤10	≤40	半光表面	微见加工痕迹	车、铣、刨、镗、钻、粗铰	用于不重要零件的非配合表面，如支柱、轴、支架、外壳、衬套、盖等的端面，紧固件的自由装配表面等
≤5	≤20		微见加工痕迹	车、刨、铣、镗、磨、拉、粗刮、滚压	半精加工表面，如外壳、箱体、盖、套筒等和其他零件连接面而不要求配合的表面，键和键槽的工作面等
≤2.5	≤10		看不清加工痕迹	车、刨、铣、镗、磨、拉、刮、铣齿	接近于精加工的表面，如齿轮、齿条齿面，花键结合面，传动螺纹工作面等
≤1.25	≤6.3	光表面	可辨加工痕迹方向	车、镗、磨、拉、刮、精铰、磨齿、滚压	圆柱销、圆锥销，与滚动轴承配合的表面，普通车床导轨面，内外花键定心表面，中速转动的轴颈等

续表

Ra/μm	Rz/μm	表面特征		加工方法	应用举例
≤0.63	≤3.2	光表面	微辨加工痕迹方向	精铰、精镗、磨、刮、滚压	要求配合性质稳定的配合表面；工作时受交变应力的重要零件，如较高精度的车床导轨面等
≤0.32	≤1.6		不可辨加工痕迹方向	精磨、研磨	精密机床主轴锥孔、顶尖圆锥面、曲轴和凸轮轴的工作面、高精度齿轮齿面等
≤0.16	≤0.8	极光表面	暗光泽面	精磨、研磨、普通抛光	精密机床主轴颈表面、活塞销表面、液压传动用孔的表面、气缸内表面等
≤0.08	≤0.4		亮光泽面	超精磨、镜面磨削、精抛光	特别精密滚动轴承套圈滚道、滚珠及滚柱表面，高压油泵中柱塞孔和柱塞配合表面，保证高度气密的结合表面等
≤0.04	≤0.2		镜状光泽面		
≤0.01	≤0.05		镜面	镜面磨削、超精研	仪器的测量面、量块的工作面、光学仪器中的金属镜面等

5.2.2 表面粗糙度的符号、代号及其标注

GB/T 131—2006 规定了零件表面结构的图形符号及其在图样上的标注。

1. 表面结构的图形符号

在图样上表示表面结构的图形符号见表 5-8。

表 5-8 表面粗糙度符号（摘自 GB/T 131—2006）

符　号	意　义
	基本符号，表示表面可用任何方法获得。当不加注粗糙度参数值或有关说明（如表面处理、局部处理状况）时，仅适用于简化代号标注
	基本符号加一横线，表示表面是用去除材料的方法获得，如车、铣、钻、磨、剪切、抛光、腐蚀、电火花加工、气割等
	基本符号加一小圆，表示表面是用不去除材料的方法获得，如铸、锻、冲压变形、热轧、冷轧、粉末冶金等，或者是用于保持原供应状况的表面（包括保持上道工序状况的表面）
	完整符号，在上述三个符号的长边上均可加一横线，用于标注有关参数和说明
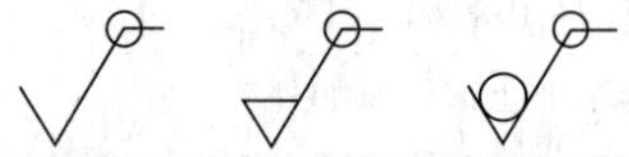	在上述三个符号上均可加一小圆，表示所有表面具有相同的表面粗糙度要求

2. 表面结构要求在图样符号中的注写位置

为了明确表面结构要求，除了标注表面结构参数和数值外，必要时应标注补充要求，包括传输带、取样长度、加工工艺、表面纹理及方向、加工余量等。这些要求应注写在如图 5-12 所示的指定位置。

（1）位置 *a*

注写表明结构的单一要求，即注写表面结构参数代号、极限值和传输带（或取样长

度）。为避免误解，在参数代号和极限值之间应插入空格。传输带或取样长度后应有一斜线“/”，之后是表面结构参数代号，最后是数值。如 0.025-0.8/Rz 6.3（传输带标注），-0.8/Rz 6.3（取样长度标注）。

（2）位置 a 和 b

注写两个或多个表面结构要求，即在位置 a、b 分别注写第一、第二表面结构要求。如果注写多个表面结构要求，图形符号应在垂直方向扩大，以留出足够的空间，同时 a 和 b 的位置随之上移。

（3）位置 c

注写加工方法、表面处理或其他工艺要求，如车、磨、镀等。

（4）位置 d

注写表面加工纹理方向，如“=”“×”“R”“M”等。

表面加工纹理是指表面微观结构的主要方向，由所采用的加工方法或其他因素形成。标注示例如图 5-13 所示。常见的加工纹理方向符号及说明见表 5-9。

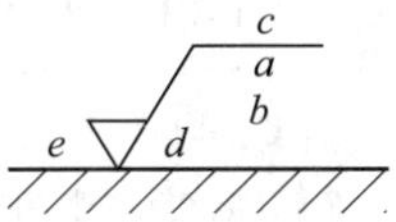

图 5-12　补充要求的注写位置（a~e）

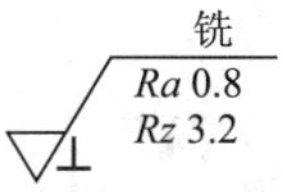

图 5-13　表面加工纹理的标注示例

表 5-9　常见的加工纹理方向符号及说明

符号	图例与说明
=	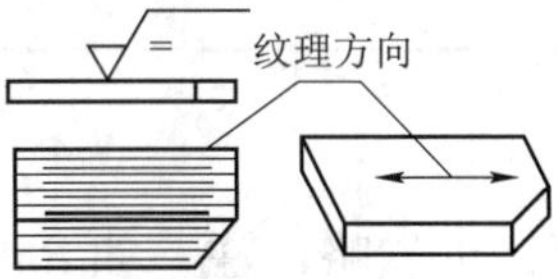 纹理沿平行方向
⊥	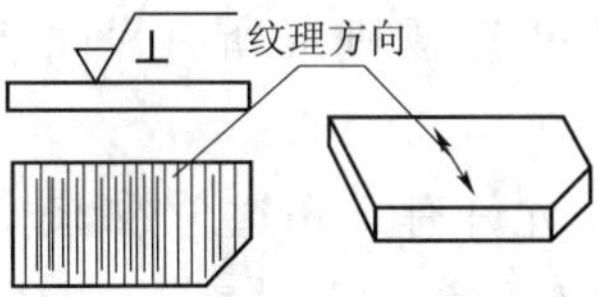 纹理沿垂直方向
×	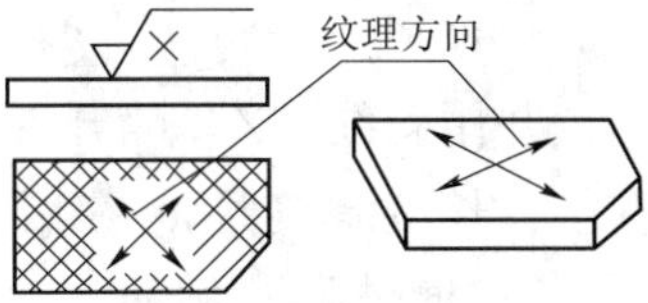 纹理沿两交叉方向

符号	图例与说明
C	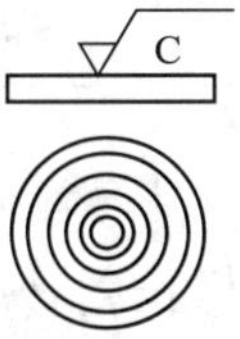 纹理呈近似同心圆，且圆心与表面中心相关
M	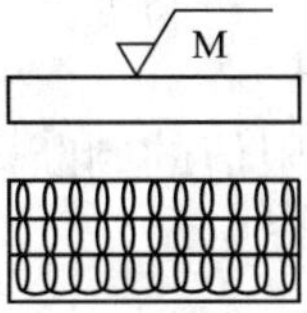 纹理呈多方向
R	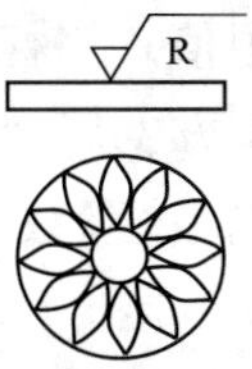 纹理近似为通过表面中心的辐线
P	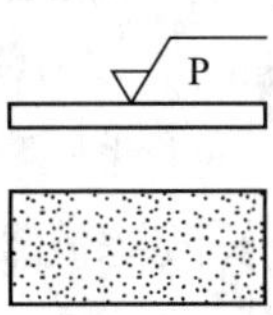 纹理无方向或呈凸起的细粒状

(5) 位置 e

注写加工余量（单位为 mm）。

3. 表面结构代号

表面结构符号中注写了参数代号及数值等要求后称为“表面结构代号”，根据 GB/T 3505—2009 的规定，具体标注示例见表 5-10。

表 5-10　表面结构代号标注示例及含义（摘自 GB/T 131—2006）

标注示例	含　义
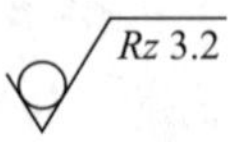	表示不允许去除材料，单项上限值，默认传输带，R 轮廓，算术平均偏差为 3.2 μm，默认评定长度为 5 个取样长度，默认“16%”规则
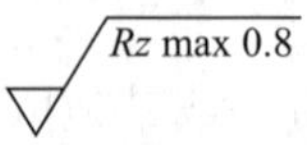	表示去材料，单项上限值，默认传输带，R 轮廓，粗糙度最大高度的最大值为 0.8 μm，默认评定长度为 5 个取样长度，“最大”规则
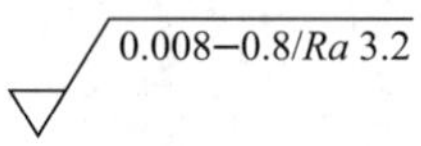	表示去除材料，单项上限值，传输带为 0.008~0.8 mm，R 轮廓，算术平均偏差为 3.2 μm，默认评定长度为 5 个取样长度，默认“16%”规则
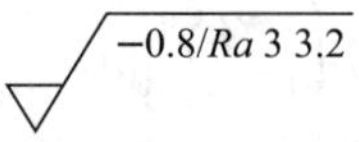	表示去除材料，单项上限值，传输带：取样长度 0.8 mm（长波滤波器 λ_c）（λ_s 默认为 0.002 5 mm），R 轮廓，算术平均偏差为 3.2 μm，评定长度为 3 个取样长度，默认“16%”规则
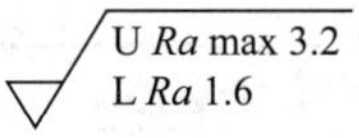	表示去除材料，双向极限值，两极限值均使用默认传输带，R 轮廓。上限值：算术平均偏差为 3.2 μm，默认评定长度为 5 个取样长度，“最大”规则；下限值：算术平均偏差 1.6 μm，默认评定长度为 5 个取样长度，默认“16%”规则

1）高度参数选 Ra 或 Rz，其参数代号不可以省略。

2）评定长度等于 5 个取样长度（$ln=5lr$）为默认值，可省略标注，如 Ra 3.2。否则不可以省略，应在参数代号后标注其个数。如 Ra 33.2 表示要求评定长度为三个取样长度。

3）极限判断规则的标注。

表面结构要求中给定极限值的判断规则有两种：“16%”规则（所有表面结构要求标注的默认规则）和“最大”规则。

“16%”规则是指表面粗糙度参数的所有实测值中，允许有不超过总数 16%的实测值超过规定值。默认为参数的上限值。当标注为单向下限值时，参数带号前应加“L”。当标注为双向极限值时，上限值在上方，用“U”表示；下限值在下方，用“L”表示。

“最大”规则是指表面粗糙度参数的实测值不得超过规定值。应用最大规则时应在参数代号后加“max”，见表 5-10。

4）传输带的标注。传输带应标注在参数代号的前面，并用斜线“/”隔开。传输带标注包括滤波截止波长（单位为 mm），其中短波滤波器 λ_s 在前，长波滤波器 λ_c 在后，并用“-”隔开。如果只注一个滤波器，应保留“-”来区分短波、长波滤波器。例如：“0.008-”指短波滤波器 λ_s，“-0.25”指长波滤波器 λ_c。表面结构没有标注传输带时，表示表面结构要求采用默认传输带。

λ_s 滤波器是确定表面上的粗糙度与比它更短的波的成分之间相交界限的滤波器。λ_c 是确定粗糙度与波纹度成分之间相交界限的滤波器。国标规定的 λ_c、λ_s 数值见表 5-11。

表 5-11　国标规定的 λ_c、λ_s 数值　　mm

λ_c	λ_s	λ_c	λ_s
0.08	0.002 5	2.5	0.008
0.25	0.002 5	8	0.025
0.8	0.002 5		

5）其他补充要求。如加工方法、加工纹理方向、加工余量等，可根据需要标注。

4. *表面结构要求在图样中的标注方法*

1）表面结构要求对每一表面一般只标注一次，并尽可能标注在相应的尺寸及其公差的同一视图上。除非另有说明，所标注的结构要求是对完工零件表面的要求。

2）表面结构的注写和读取方向应与尺寸的注写和读取方向一致，如图 5-14 所示。表面结构要求可标注在轮廓线上，如符号直接标注在轮廓线上，其符号应从材料外指向并接触表面，如图 5-15 所示。必要时，表面结构也可以用带箭头或黑点的指引线引出标注，如图 5-16 和图 5-17 所示。

3）在不引起误解时，表面结构可以直接标注在给定的尺寸线上，如图 5-18 所示。

4）表面结构要求标注在几何公差框格的上方，如图 5-19 所示。

5）表面结构要求标注在延长线上，或用带箭头的指引线引出标注，如图 5-20 所示。

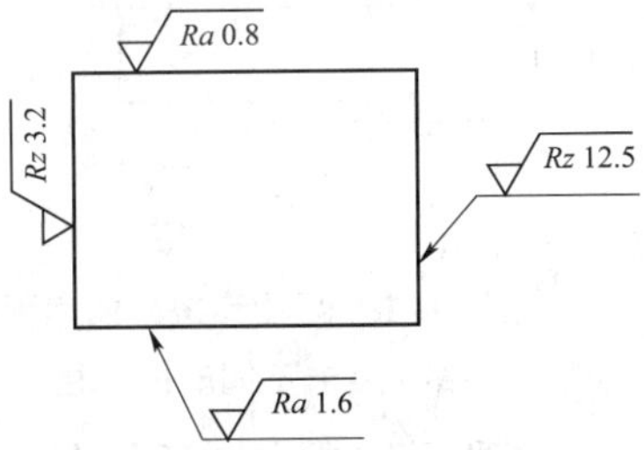

图 5-14　表面结构要求注写和标明读取方向

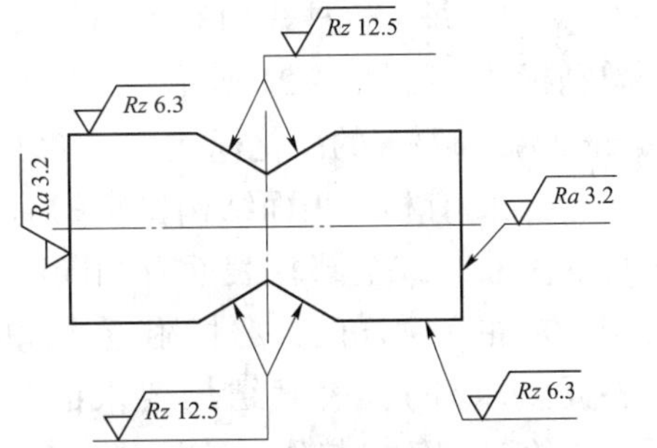

图 5-15　表面结构要求标注在轮廓线上

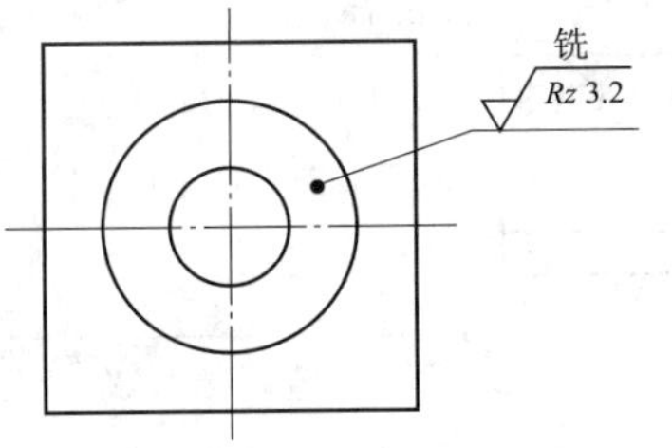

图 5-16　表面结构用带黑点的指引线标注

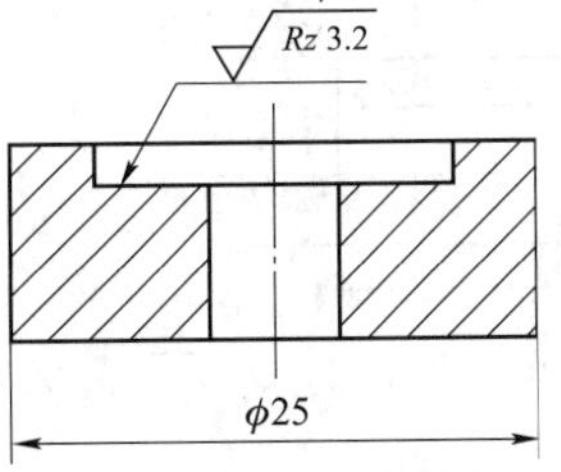

图 5-17　表面结构用带箭头的指引线标注

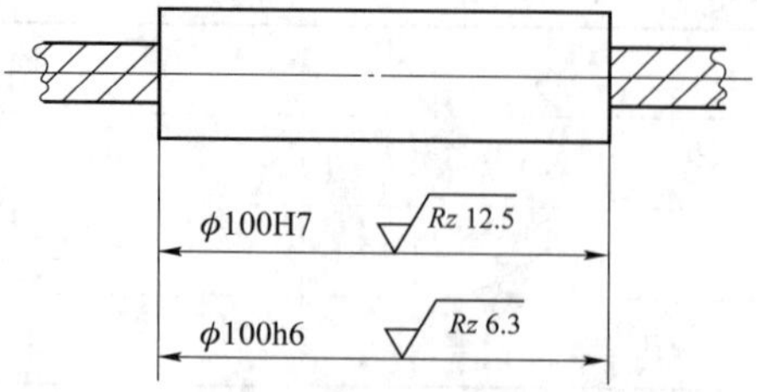

图 5-18　表面结构要求标注在尺寸线上

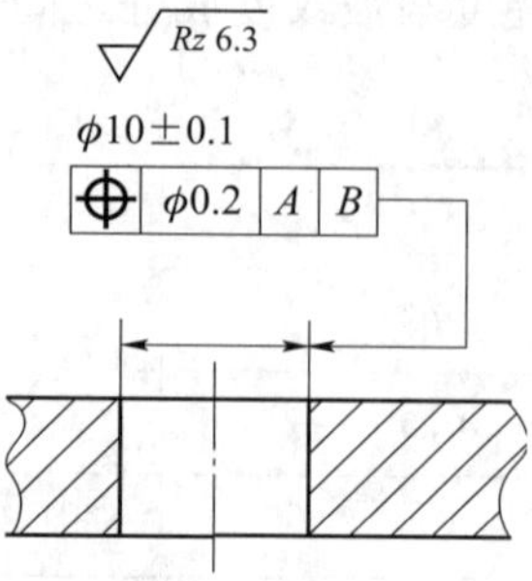

图 5-19　表面结构要求标注在几何公差框格的上方

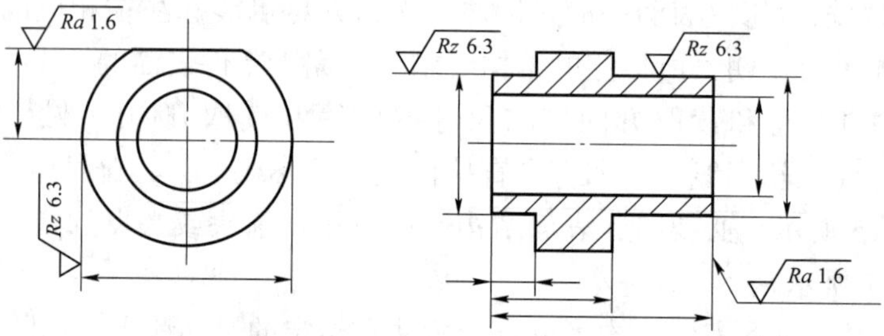

图 5-20　表面结构要求标注在圆柱特征的延长线上

6）圆柱和棱柱表面的表面结构要求只标注一次，见图 5-20。如果每个棱柱表面有不同的表面要求，则应分别单独标注，如图 5-21 所示。

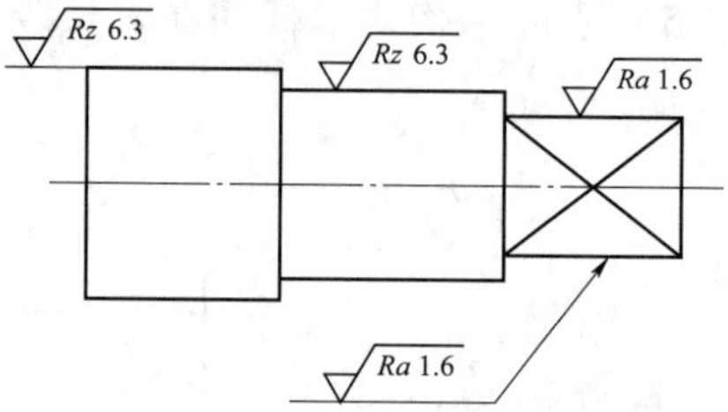

图 5-21　圆柱和棱柱的表面结构要求不同时的标注

7）表面结构要求的简化标注。

① 多数表面有相同表面结构要求的简化标注。如果在工件的多数（或全部）表面有相同的表面结构要求，可统一标注在图样的标题栏附近。此时（除全部表面有相同要求外），表面结构要求的符号后面应：在圆括号内给出无任何其他标注的基本符号，如图 5-22（a）所示；或在圆括号内给出不同的表面结构要求，如图 5-22（b）所示。

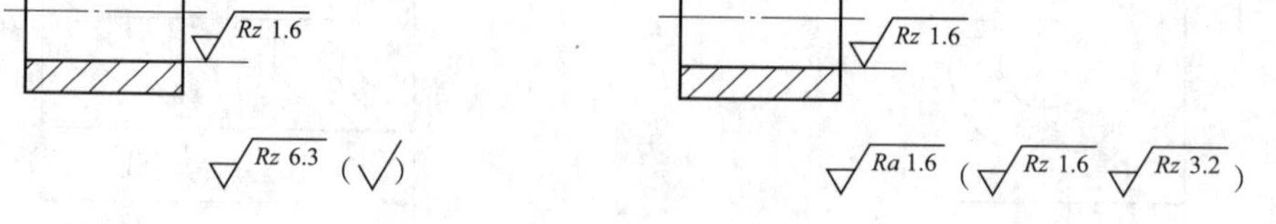

（a）　　（b）

图 5-22　多数表面有相同表面结构要求的简化标注

对于不同的表面结构要求应直接标注在图形中，见图 5-22。

② 多个表面有共同要求的简化标注。

用带字母的完整符号的简化标注，可用带字母的完整符号，以等式的形式在图形或标题栏附近对有相同表面结构要求的表面进行简化标注，如图 5-23 所示。

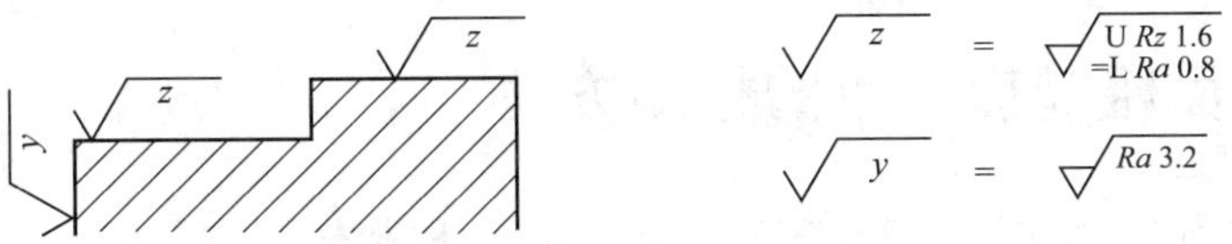

图 5-23　在图纸空间有限时的简化标注

只用表面结构符号的简化标注，可以用基本符号和扩展符号，以等式的形式给出对多个表面共同的表面结构要求，如图 5-24 所示。

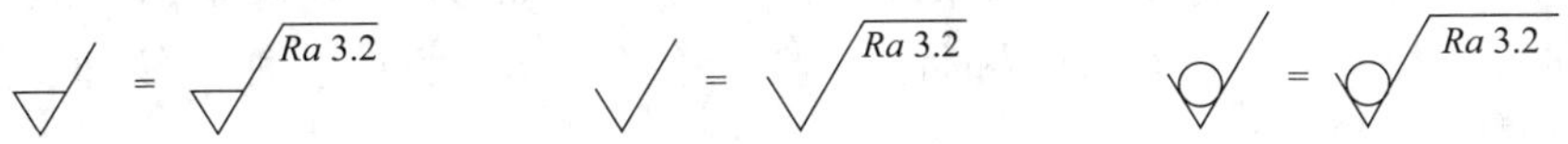

（a）　　（b）　　（c）

图 5-24　多个表面结构要求的简化标注

（a）去除材料；（b）未指定工艺；（c）不允许去除材料

③ 通过两种或多种工艺获得的同一表面的标注。由几种不同工艺方法获得的同一表面，当需要明确每种工艺方法的表面结构要求时，可按图 5-25 所示进行标注（图中 Fe 表示基体材料为钢，Ep 表示加工工艺为电镀）。

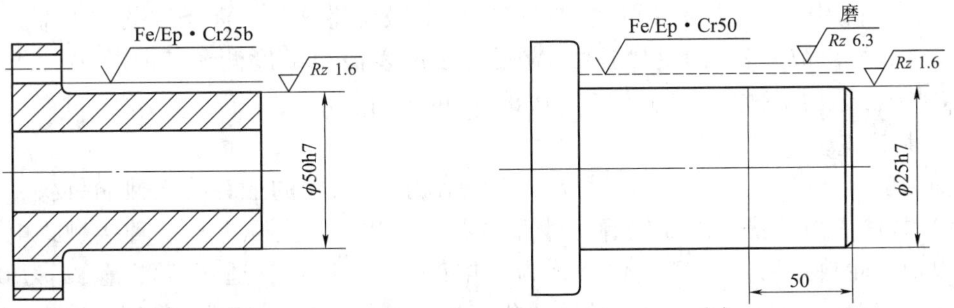

（a）　　（b）

图 5-25　多种工艺获得同一表面的标注

图 5-25（b）中为三个连续加工工序的表面结构、尺寸和表面处理的标注。

第一道工序：单项上限值 $Rz=1.6$ μm，默认“16%”规则，默认评定长度，默认传输带，表面纹理没有要求，采用去除材料工艺法。

第二道工序：镀铬，无其他表面结构要求。

第三道工序：仅对长为 50 mm 的圆柱表面有效，单项上限值 $Rz=6.3$ μm，默认“16%”规则，默认评定长度，默认传输带，对表面纹理没有要求，采用磨削加工工艺。

5.3 表面粗糙度的测量

5.3.1 表面粗糙度常用的检测方法

表面粗糙度常用的检测方法有比较法、光切法、干涉法、针描法和印模法。

1. 比较法

比较法是通过将被测表面与标有一定数值的粗糙度样板比较，来确定被测表面粗糙度数值的方法。用比较法进行测量较简便，多用于车间现场测量，常用于中等或较粗糙表面的测量。比较时可以采用的方法：*Ra*>1.6 μm 时，用目测；*Ra* 为 1.6~0.4 μm 时，用放大镜；*Ra*<0.4 μm 时，用比较显微镜。比较时的要求：样板的加工方法、加工纹理、加工方向以及材料与被测零件表面应相同。

2. 光切法

光切法是应用光切原理来测量表面粗糙度的方法。常用的仪器是双管显微镜（也叫“光切显微镜”），适用于测量车、铣、刨或其他类似加工方法所加工的零件平面或外圆表面。测量表面粗糙度，可用作 *Rz* 在 0.5~60 μm 内的检测。

3. 干涉法

利用光波干涉原理（见平晶、激光测长技术）将被测表面的形状误差以干涉条纹图形显示出来，并利用放大倍数高（可达 500 倍）的显微镜将这些干涉条纹的微观部分放大后进行测量，以得出被测表面的粗糙度。应用此法的表面粗糙度测量工具称为“干涉显微镜”。这种方法适用于测量 *Rz* 为 0.025~0.8 μm 的表面。

4. 针描法

针描法也叫“触针法”或“轮廓法”，是利用接触仪器的触针（金刚石针尖，半径为 2~3 μm）探测表面并获得表面轮廓、计算参数的方法。它实际上是一种接触式电测量方法，可以记录轮廓。所用的测量仪器称为“电感式轮廓仪”，适用于测量 *Ra* 为 0.025~6.300 μm 的表面。用这种方法测量快速可靠、操作简便，易于实现自动测量和微机的数据处理，但被测表面易被触针划伤。

5. 印模法

印模法是指利用石蜡、低熔点合金或其他印模材料，压印在被测零件表面，以取得被测表面的复印模型，放在显微镜上间接地测量被测表面的表面粗糙度的方法。印模法适用于对笨重零件及内表面，如孔、横梁等不便用仪器测量的零件表面进行的测量。

5.3.2 电感式轮廓仪的工作原理

电感式轮廓仪的工作原理框图如图 5-26 所示，其传感器结构原理如图 5-27 所示。传感器测杆上的触针与被测表面接触，当触针以一定的速度沿被测表面移动时，由于工作表面的峰谷使传感器杠杆绕其支点摆动，使电磁铁芯在感应线圈中运动，引起电感量的变化，从而使测量电桥的输出电压相应地发生变化，即得到测量表面粗糙度的电信号。电信号经过放大、滤波、A/D 转换等处理，输入计算机进行数据处理后，经由显示器显示被测表面微观不平度的截面轮廓形状，同时给出被测表面各表面粗糙度参数的测得值。

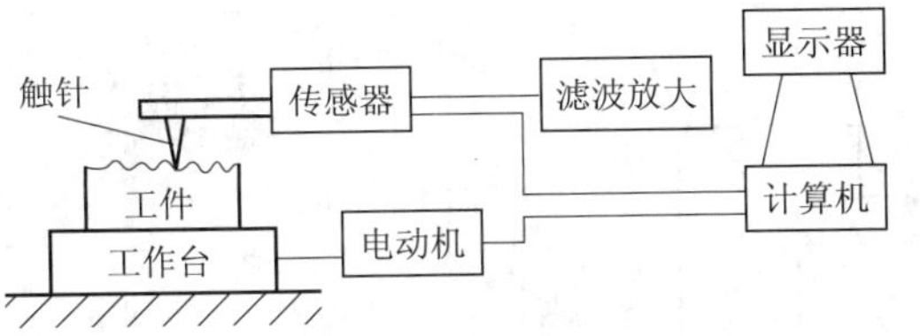

图 5-26　电感式轮廓仪的工作原理框图

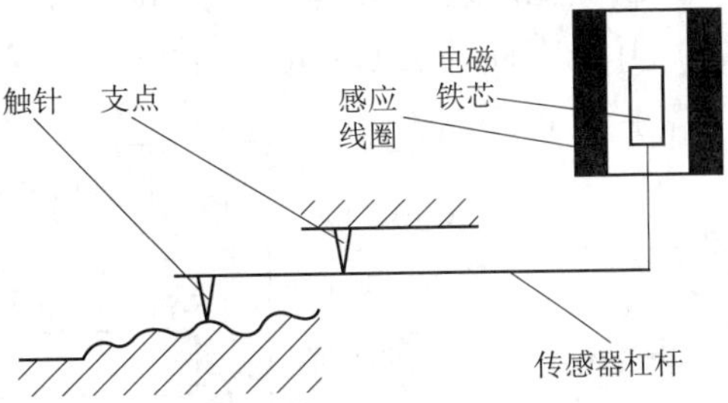

图 5-27　电感式轮廓仪的传感器结构原理

习题

1. 表面粗糙度属于什么误差？对零件的使用性能有哪些影响？
2. *Ra* 和 *Rz* 有何区别？各适用于哪些场合？
3. 国家标准为什么规定取样长度和评定长度？二者有何关系与区别？
4. 选择表面粗糙度参数值时，应考虑哪些因素？
5. 表面粗糙度的符号有哪些？表面粗糙度的代号如何规定？
6. 将下列表面粗糙度的要求标注在图 5-28 上：

1）端面 *b* 和 *c* 的表面去除材料，表面粗糙度参数 *Ra* 的单项最大值为 3. 2 μm；

2）柱面 *a* 的表面粗糙度参数 *Rz* 的单项最大值为 6. 3 μm；

3）ϕ30 mm 孔采用拉削加工方法，表面粗糙度参数 *Ra* 的单项最大值为 3. 2 μm；

4）6±0. 012 mm 键槽两侧面的表面粗糙度参数 *Rz* 的单项最大值为 6. 3 μm；

5）其余表面的表面粗糙度参数 *Ra* 的单项最大值为 6. 3 μm。

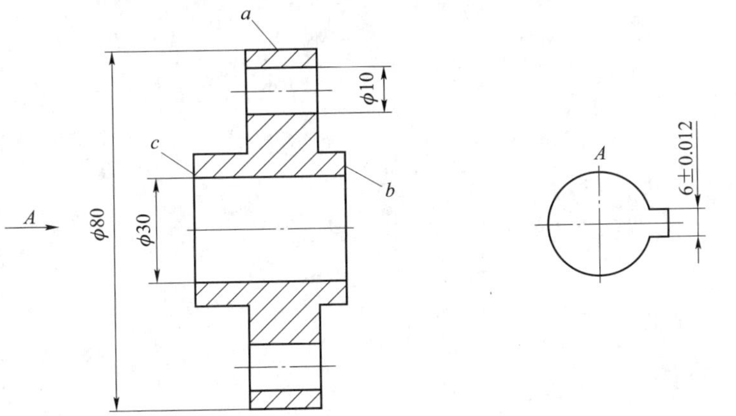

图 5-28　习题 6

7. 将下列表面粗糙度的要求标注在图 5-29 上：

1）左侧端面采用铣削加工法，其表面粗糙度参数 *Rz* 的单项最大值为 6. 3 μm，加工纹理呈近似放射线形；

2）ϕd_1、ϕd_2 柱面的表面粗糙度参数 Ra 的单项最大值为 3.2 μm；

3）ϕD_1 孔采用拉削加工法，表面粗糙度参数 Ra 的单项最大值为 3.2 μm；

4）ϕD_2 孔的表面粗糙度参数 Ra 的上、下限值在 1.6~3.2 μm；

5）其余表面的表面粗糙度参数 Ra 的单项最大值为 6.3 μm。

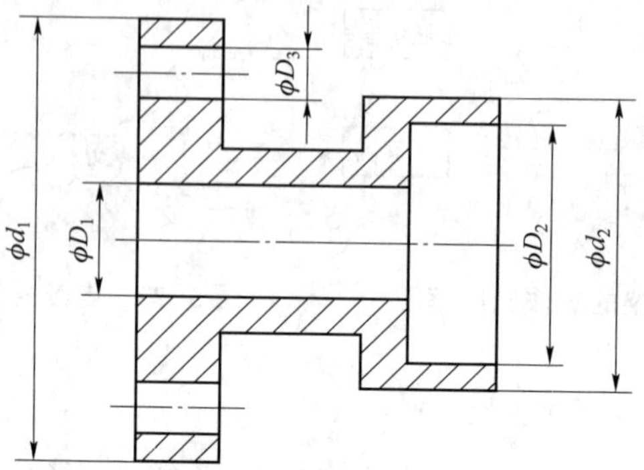

图 5-29　习题 7

第 6 章　光滑工件尺寸的检测

光滑工件尺寸的检测通常采用通用计量器具和光滑极限量规。当孔、轴（被测要素）的尺寸公差与几何公差的关系采用独立原则时，实际尺寸和几何误差分别使用普通计量器具来测量。当孔、轴采用包容要求时，实际尺寸和形状误差的综合结果可以使用光滑极限量规检验，也可以分别使用普通计量器具来测量实际尺寸和几何误差（如圆度、直线度），并将这些形状误差的测量结果与尺寸的测量结果综合起来，以判定工件表面各部位是否超出最大实体边界。

普通计量器具指一般日常工作中所用的计量器具，它可用来获得某给定量的计量结果。光滑极限量规是一种无刻度的计量器具，用此检验可以判断工件合格与否，但不能获得工件的实际尺寸和几何误差的数值。由于量规使用方便，检验效率高，因而在机械产品生产中得到广泛的应用，常用于大批量生产。

我国已颁布的国家标准 GB/T 3177—2009《产品几何技术规范（GPS）光滑工件尺寸的检验》和 GB/T 1957—2006《光滑极限量规 技术条件》，是为正确贯彻执行《极限与配合》《形状和位置公差》等国家标准而制定的。

6.1　通用计量器具

由于计量器具和计量系统都存在误差，这些误差必然会强加于被测工件，所以，任何测量都不能测出真值。考虑到车间实际情况，通常工件的形状误差取决于加工设备及工艺装备的精度，工件合格与否只按一次测量来判断，对于温度、压陷效应以及计量器具和标准器具的系统误差均不进行修正。

6.1.1　孔、轴实际尺寸的验收极限

在测量孔、轴实际尺寸时，常常存在着误判的情况，也就是存在所谓的误收与误废现象。

1. 误收与误废

测量孔、轴实际尺寸时，由测量误差导致将尺寸超出规定的极限尺寸的不合格品判为合格品，这种现象称为“误收”。如果检测时将尺寸位于规定的极限尺寸以内的合格品误判为不合格品而报废，这种现象就称为“误废”。误收会影响产品质量；误废会造成经济损失，影响成品率。所以，为了保证产品质量，需要规定合理的验收极限。

2. 验收极限

验收极限是检验工件尺寸时判断合格与否的尺寸界限。国家标准 GB/T 3177—2009《产品几何技术规范（GPS）光滑工件尺寸的检验》规定了两种验收极限方式。

（1）内缩方式

验收极限是从规定的最大实体尺寸和最小实体尺寸分别向工件公差带内移动一个安全裕度 A 来确定，如图 6-1 所示。安全裕度 A 值按工件公差（IT）的 1/10 确定，具体数值参见表 6-1。

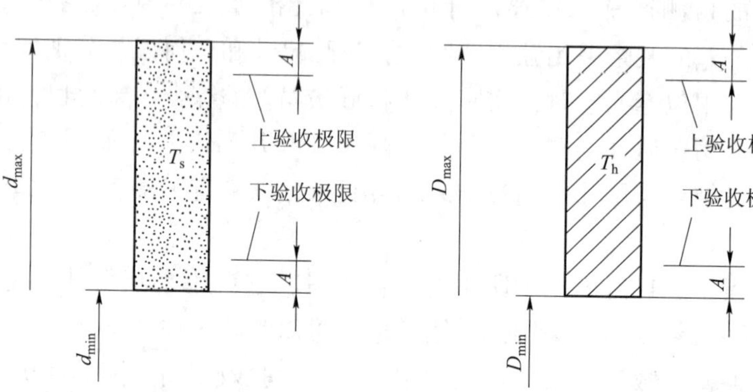

图 6-1　验收极限

表 6-1　安全裕度 A 与计量器具的不确定度允许值 u_1（摘自 GB/T 3177—2009）

公差等级		6					7					8					9				
公称尺寸/mm		T	A	u_1			T	A	u_1			T	A	u_1			T	A	u_1		
大于	至			Ⅰ	Ⅱ	Ⅲ			Ⅰ	Ⅱ	Ⅲ			Ⅰ	Ⅱ	Ⅲ			Ⅰ	Ⅱ	Ⅲ
—	3	6	0.6	0.54	0.9	1.4	10	1.0	0.9	1.5	2.3	14	1.4	1.3	2.1	3.2	25	2.5	2.3	3.8	5.6
3	6	8	0.8	0.72	1.2	1.8	12	1.2	1.1	1.8	2.7	18	1.8	1.6	2.7	4.1	30	3.0	2.7	4.5	6.8
6	10	9	0.9	0.81	1.4	2.0	15	1.5	1.4	2.3	3.4	22	2.2	2.0	3.3	5.0	36	3.6	3.2	5.4	8.1
10	18	11	1.1	1.0	1.7	2.5	18	1.8	1.6	2.7	4.1	27	2.7	2.4	4.1	6.1	43	4.3	3.9	6.5	9.7
18	30	13	1.3	1.2	2.0	2.9	21	2.1	1.9	3.2	4.7	33	3.3	3.0	5.0	7.4	52	5.2	4.7	7.8	12.0
30	50	16	1.6	1.4	2.4	3.6	25	2.5	2.3	3.8	5.6	39	3.9	3.5	5.9	8.8	62	6.2	5.6	9.3	14.0
50	80	19	1.9	1.7	2.9	4.3	30	3.0	2.7	4.5	6.8	46	4.6	4.1	6.9	10.0	74	7.4	6.7	11.0	17.0
80	120	22	2.2	2.0	3.3	5.0	35	3.5	3.2	5.3	7.9	54	5.4	4.9	8.1	12.0	87	8.7	7.8	13.0	20.0
120	180	25	2.5	2.3	3.8	5.6	40	4.0	3.6	6.0	9.0	63	6.3	5.7	9.5	14.0	100	10.0	9.0	15.0	23.0
180	250	29	2.9	2.6	4.4	6.5	46	4.6	4.1	6.9	10.0	72	7.2	6.5	11.0	16.0	115	12.0	10.0	17.0	26.0

设置安全裕度 A 的目的是补偿测量误差的影响，以减少误收率。再者是因为通用测量器具皆用来进行两点式测量，无法控制工件的形状误差的影响，亦即不能对工件的作用尺寸判断合格与否。此时采用内缩的验收极限，就可补偿几何误差对测量验收的影响。

孔尺寸的验收极限：

上验收极限＝最小实体尺寸－安全裕度＝上极限尺寸－安全裕度

下验收极限=最大实体尺寸+安全裕度=下极限尺寸+安全裕度

轴尺寸的验收极限：

上验收极限=最大实体尺寸-安全裕度=上极限尺寸-安全裕度

下验收极限=最小实体尺寸+安全裕度=下极限尺寸+安全裕度

（2）不内缩方式

验收极限等于最大实体尺寸或最小实体尺寸，即安全裕度A值等于零。此方案使误收和误废可能发生。

3. 验收极限方式的选择

至于选择哪种极限验收方式，应综合考虑被测工件的尺寸功能要求及其重要程度、尺寸公差等级、测量不确定度和工艺能力等因素来确定。

1）对于遵循包容要求的尺寸和公差等级高的尺寸，其验收极限按内缩方式确定。

2）当工艺能力指数$C_P \geqslant 1$时，验收极限可以按不内缩方式确定；但对于遵循包容要求的孔、轴，其最大实体尺寸一边的验收极限应该按内缩方式确定。

这里的工艺能力指数C_P是指工件尺寸公差T与加工工序的工艺能力$C\sigma$的比值，C为常数，σ为工序样本的标准偏差。如果工序的尺寸遵循正态分布，则该工序的工艺能力为6σ。在这种情况下，$C_P = T/(6\sigma)$。

3）对于偏态分布的尺寸，其验收极限可以仅对尺寸偏向的一边按内缩方式确定。

4）对于非配合尺寸和一般公差的尺寸，其验收极限按不内缩方式确定。

确定工件尺寸验收极限后，还需正确选择计量器具才能进行测量。

6.1.2　计量器具的选择

测量误差的主要来源是计量器具的误差和环境的误差。计量器具选择的主要依据是测量不确定度。安全裕度A相当于测量中总的不确定度。

1. 测量不确定度

测量不确定度是与测量结果相联系的参数，用于表征测量过程中各项误差综合影响沿测量结果分散程度的误差界限，它反映了由于测量误差的存在而对被测量的量值不能肯定的程度。它由两部分组成，即计量器具的不确定度u_1和测量条件（环境误差）引起的测量不确定度u_2。u_1与u_2均为独立随机变量，两者之和也为随机变量。u_1对A的影响比u_2对A的影响大，一般按2∶1的关系处理。由独立随机变量合成规则，得$A=\sqrt{u_1+u_2}$，因此，$u_1=0.9A$，$u_2=0.45A$。

计量器具的不确定度允许值u_1按测量不确定度u与工件公差比值分挡：对于IT6～IT11的分为Ⅰ、Ⅱ、Ⅲ三挡；对于IT12～IT18的分为Ⅰ、Ⅱ两挡。测量不确定度允许值（u）的Ⅰ、Ⅱ、Ⅲ三挡值，分别为工件公差的1/10、1/6、1/4的90%。计量器具的测量不确定度允许值u_1约为测量不确定度的90%，其三挡数值列于表6-1。

2. 计量器具的选择

（1）“$u_1' \leqslant u_1$”原则

按照计量器具所引起的测量不确定允许值u_1来选择计量器具，以保证测量结果的可靠性。

常用的千分尺、游标卡尺、比较仪的测量不确定度数值 u_1' 列于表6-2和表6-3中。在选择计量器具时，应使所选用的计量不确定度 u_1' 小于或等于计量器具的不确定度允许值 u_1，即 $u_1' \leqslant u_1$。

表6-2　千分尺和游标卡尺的测量不确定度（摘自GB/T 3177—2009）

尺寸范围/mm	分度值（0.01 mm）外径千分尺	分度值（0.01 mm）内径千分尺	分度值（0.02 mm）游标卡尺	分度值（0.05 mm）游标卡尺
	测量不确定度 u_1'/mm			
≤50	0.004	0.008	0.02	0.05
>50~100	0.005			
>100~150	0.006			
>150~200	0.007	0.013		

注：当采用比较测量法时，千分尺和游标卡尺的测量不确定度 u_1' 可减小至表中数值的60%。

表6-3　比较仪的测量不确定度（摘自GB/T 3177—2009）

尺寸范围/mm	分度值（0.000 5 mm）	分度值（0.001 mm）	分度值（0.002 mm）	分度值（0.005 mm）
	测量不确定度 u_1'/mm			
≤25	0.000 6	0.001	0.001 7	0.003
>25~40	0.000 7		0.001 8	
>40~65	0.000 8	0.001 1		
>65~90	0.000 8			
>90~115	0.000 9	0.001 2	0.001 9	

注：本表规定的数值是指测量时，使用的标准由4块1级（或4等）量块组成的数值。

从表6-1选用 u_1 时，一般情况下优先选用Ⅰ挡，其次选用Ⅱ挡、Ⅲ挡。然后，按表6-2和表6-3所列通用计量器具的测量不确定度数值 u_1'，选择具体的计量器具。所选择的计量器具的 u_1' 值应不大于表6-1中选定的允许值 u_1。

（2）“$0.4u_1' \leqslant u_1$”原则

当使用形状与工件形状相同的标准器进行比较测量时，千分尺的测量不确定度 u_1' 降为原来的40%。

（3）“$0.6u_1' \leqslant u_1$”原则

当使用形状与工件形状不相同的标准器进行比较测量时，千分尺的测量不确定度 u_1' 降为原来的60%，见表6-2注。

选择计量器具时除考虑测量不确定度外，还要考虑其适用性及检测成本。计量器具的使用性能要适应被测工件的尺寸、结构、被测部位、工件质量、材质软硬以及批量大小和检测效率等方面的要求。例如，测量大尺寸的零件，一般选用上置式的计量器具；测量仪表中的小尺寸及硬度低、刚性差的工件，应选用非接触测量方式，即选用光学投影放大、气动、光电等原理的测量仪器；对大批量生产的工件，应选用量规或自动检测装置，以提高检测效率。另外还要考虑成本，在保证测量准确度的前提下，应选用价格较低的计量器具。

例6-1　被测工件为 $\phi50f8\left(^{-0.025}_{-0.064}\right)$，试确定验收极限并选择合适的测量器具。

解：确定安全裕度 A 和测量器具的不确定度允许值 u_1。该工件的公差值为 0.039 mm，从表 6-1 查得 $A=0.003\ 9$ mm，$u_1=0.003\ 5$ mm。

1）选择计量器具。按工件公称尺寸从表 6-2 查出，分度值为 0.005 mm 的比较仪不确定度 $u_1'=0.003\ 0$ mm，其小于允许值 u_1，可满足使用要求。

2）计算验收极限，如图 6-2 所示。

$$上验收极限=d_{max}-A=50-0.025-0.003\ 9=49.972\ 2\ (mm)$$

$$下验收极限=d_{min}+A=50-0.064+0.003\ 9=49.939\ 9\ (mm)$$

当现有测量器具的不确定度 u_1' 达不到“小于或等于Ⅰ挡允许值 u_1”的要求时，可选用表 6-1 中的Ⅱ挡 u_1，重新选择测量器具，依此类推，当Ⅱ挡 u_1 满足不了要求时，可选用Ⅲ挡 u_1。

例 6-2　试确定测量 ϕ75js8（±0.023）Ⓔ轴时的验收极限，选择相应的计量器具。并分析该轴可否使用分度值为 0.01 mm 的外径千分尺用比较法测量验收。

解：1）确定验收极限。ϕ75js8（±0.023）Ⓔ轴采用包容要求，因此验收极限按内缩方式确定。从表 6-1 查得安全裕度 $A=0.004\ 6$ mm。其上、下验收极限为：

$$上验收极限=d_{max}-A=75.023-0.004\ 6=75.018\ 4\ (mm)$$

$$下验收极限=d_{min}+A=74.977+0.004\ 6=74.981\ 6\ (mm)$$

ϕ75js8（±0.023）Ⓔ轴的尺寸公差带及验收极限如图 6-3 所示。

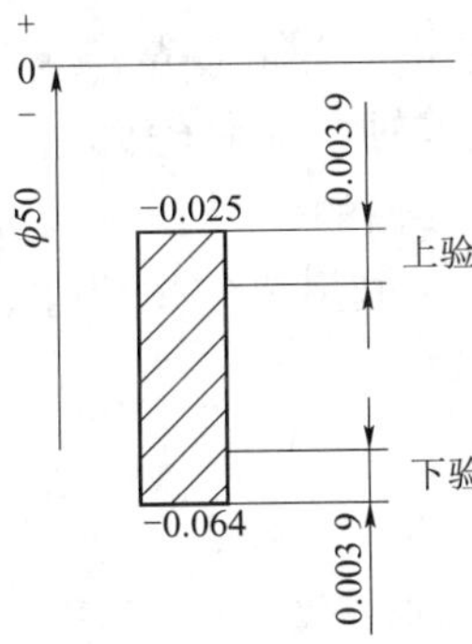

图 6-2　工件公差带及验收极限

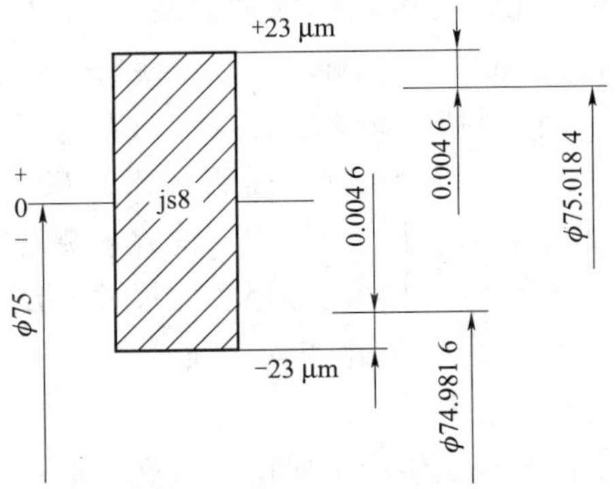

图 6-3　轴的尺寸公差带及验收极限

2）选择计量器具。由表 6-1 按优先选用Ⅰ挡计量器具不确定度允许值的原则，确定 $u_1=0.004\ 1$ mm。

① 由表 6-2 选用分度值为 0.005 mm 的比较仪，其测量不确定度 $u_1'=0.003\ 0$ mm，其小于允许值 u_1，可满足使用要求。

② 当没有比较仪时，由表 6-3 选用分度值为 0.01 mm 的外径千分尺测量不确定度 $u_1'=0.005$ mm，其大于 u_1。显然，用分度值为 0.01 mm 的外径千分尺采用绝对测量法不能满足测量要求。

③ 用分度值为 0.01 mm 的外径千分尺进行比较测量，为了提高千分尺的测量精度，采用比较法可使千分尺的测量不确定度 u_1' 降为原来的 40%（当使用的标准器形状与工件形状相同时）或 60%（当使用的标准器形状与工件形状不同时）。在此，使用 75 mm 量块组作为标准器（标准器形状与工件形状不相同）并将绝对测量改为比较测量法，可使千分尺的测

量不确定度由 0.005 mm 减小到其 60%，即 0.003 mm，显然小于测量不确定度允许值 u_1（即符合“$0.6u_1' \leq u_1$”原则）。所以，用分度值为 0.01 mm 的外径千分尺进行比较测量是能满足测量要求的。

6.2 光滑极限量规

孔、轴采用包容要求时，可以使用光滑极限量规检验。光滑极限量规是一种没有刻度的专用计量器具。用这种量规检验工件时，只能判断工件合格与否，而不能获得工件实际尺寸的数值。

检验孔或轴时，如果通规能够自由通过，且止规不能通过，则表示被测孔或轴合格。如果通规不能通过，或者止规能够通过，则表示被测孔或轴不合格。

6.2.1 光滑极限量规的功用和种类

光滑极限量规一般分为孔用光滑极限量规和轴用光滑极限量规两种。

1. 按工件形状不同分类

检验孔径的量规称为“塞规”，检验轴径的量规称为“卡规”。塞规和卡规均有通规（通端）和止规（止端）之分。通规用来模拟体现被测孔或轴的最大实体边界，通规的公称尺寸等于孔和轴的最大实体尺寸（$D_{min}=D_M$，$d_{max}=d_M$）。检验孔或轴的实际轮廓（实际尺寸和形状误差的综合结果）是否超出其最大实体边界，即检验孔或轴的体外作用尺寸是否超出其最大实体尺寸。止规用来检验被测孔或轴的实际尺寸是否超出其最小实体尺寸。止规的公称尺寸等于孔和轴的最小实体尺寸（$D_{max}=D_L$，$d_{min}=d_L$）。

2. 按量规的用途不同分类

（1）工作量规

工作量规是生产中使用的量规、通规，应是新的或磨损较少的。

（2）验收量规

检验员或用户代表使用验收量规，通规应是旧的验收量规已经磨损较多但未超磨损极限的。

（3）校对量规

校对量规是用以检验轴用工作量规的量规。只有轴有校对量规，因为孔的工作量规形状为轴，故可用普通的计量器具校对。而轴正好相反，其工作量规形状为孔，用普通计量器具检测不方便，所以轴有校对量规。

校对量规又分为以下几类。

1）校量规的通端或通规，称为“校通—通”（代号为“TT”），其作用是防止轴用工作量规通端尺寸过小（制造或使用磨损等原因）。

2）校止端或止规，称为“校止—通”（代号为“ZT”），其作用是防止轴用工作量规止端尺寸过小。

3）校通端磨损极限的量规，称为“校通—损”（代号为“TS”），其作用是防止轴用工作量规通端在使用中超出磨损极限尺寸。通规在使用过程中要通过合格的被测孔、轴，因而会逐渐磨损，为了使通规具有一定的使用寿命，应留出适当的磨损储量，所以校对通规规定了磨损极限。止规通常不通过被测孔、轴，因此无须留磨损储量。校对量规也没有磨损极限。

6.2.2　量规的设计

量规的设计包括量规结构形式的选择、量规工作尺寸的计算及精度设计和量规设计图样的绘制等。

1. 光滑极限量规的设计要求

使用光滑极限量规时，应遵守泰勒原则（极限尺寸判断原则）的规定。泰勒原则是指孔或轴的实际尺寸与形状误差的综合结果所形成的体外作用尺寸（D_{fe}或 d_{fe}）不允许超出最大实体尺寸（D_M 或 d_M），在孔或轴任何位置上的实际尺寸（D_a或 d_a）不允许超出最小实体尺寸（D_L 或 d_L）。即：

对于孔：

$$D_{fe} \geqslant D_{min}，且\ D_a \leqslant D_{max}$$

对于轴：

$$d_{fe} \leqslant d_{max}，且\ d_a \geqslant d_{min}$$

这里提到的泰勒原则和包容要求的实际内容是一致的。包容要求是从设计的角度出发，反映对孔、轴的设计要求。而泰勒原则是从验收的角度出发，反映对孔、轴的验收要求。从保证孔与轴的配合性质的要求来看，两者是一致的。

光滑极限量规的设计要求：使通规具有 MMS（最大实体尺寸）边界的形状（全形通规），使止规应具有与被测孔、轴成两点接触的形状（两点式止规）。但在实际设计中，往往由于量规的制造和使用方面的原因，要求量规的形状完全符合泰勒原则会有困难，有时甚至难以实现，因而不得不使用偏离泰勒原则的量规。例如，标准通规的长度常常并不等于工件的配合长度；大尺寸的孔和轴通常分别用非全形通规（或杆规）和卡规代替笨重的全形通规；曲轴的轴颈只能用卡规检验，而不能用环规检验；由于点接触容易磨损，止规不得不采用小平面或圆柱面。检验小孔用的止规，为了增加刚度和便于制造，通常采用全形塞规。检验薄壁零件时，为防止两点状止规造成工件变形，也常采用全形止规。

为了尽量减少在使用偏离泰勒原则的量规检验时造成的误判，操作量规一定要正确。例如，使用非全形的通端塞规时，应在被检孔全长上沿圆周的几个位置上检验；使用卡规时，应在被检轴配合长度的几个部位并围绕被检轴圆周上的几个位置检验。

图 6-4 和图 6-5 所示为常用塞规和卡规的结构。在设计光滑极限量规时，可以根据需要选用合适的结构。

2. 光滑极限量规的公差

（1）工作量规的定形尺寸公差带和各项公差

为了确保产品质量，GB/T 1957—2006 规定量规定形尺寸公差不得超出被测孔、轴的公差带，具体的量规尺寸公差带的位置如图 6-6（a）所示，工作量规的公差带宽度为公差数

值 T_1，通规应接近工件的最大实体尺寸，其尺寸公差带的中心距离最大实体尺寸为 Z_1，Z_1 也称为“位置要素”。止规应接近工件的最小实体尺寸，其公差带宽度与通规相同，也是用 T_1 表示。位置要素 Z_1 和工作量规的尺寸公差 T_1 可通过表 6-4 查得。当用量规检验工件有争议时，应使用的量规尺寸为：通规应等于或接近工件的最大实体尺寸，止规应等于或接近工件的最小实体尺寸。

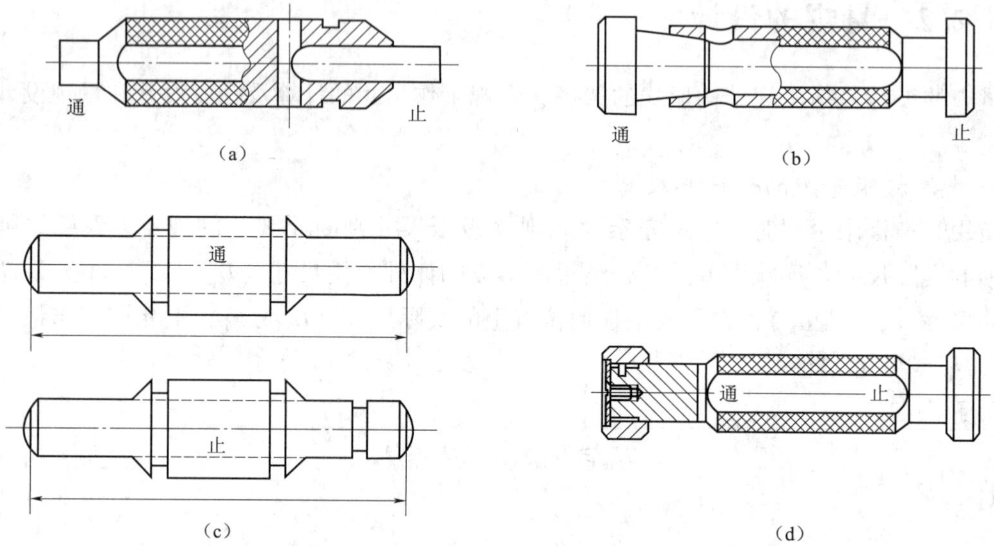

图 6-4　常用塞规的结构

(a) 针头式塞规；(b) 锥柄测头塞规；(c) 球端杆形塞规；(d) 套式塞规

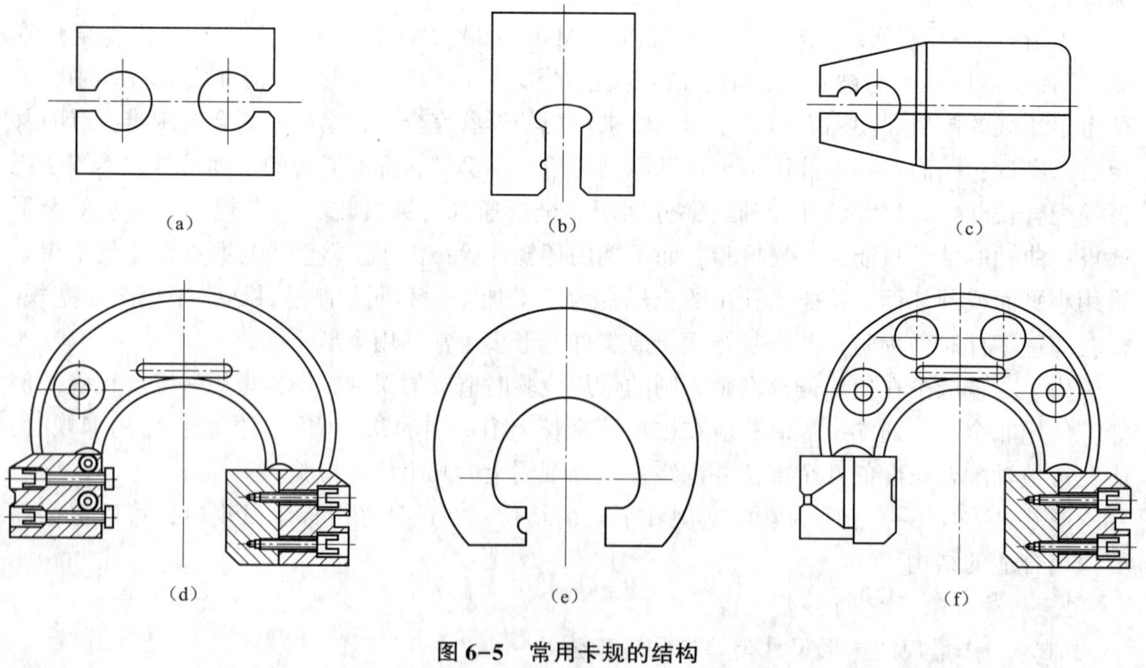

图 6-5　常用卡规的结构

(a) 片形双头卡规；(b) 片形单头卡规；(c) 组合卡规；(d) 可调整卡规；
(e) 圆形单头卡规；(f) 铸造镶钳口单头卡规

表 6-4　工作量规的尺寸公差 T_1 及其通端位置要素 Z_1（摘自 GB/T 1957—2006）　μm

工件孔或轴的公称尺寸 /mm		工件孔或轴的公差等级											
		IT6			IT7			IT8			IT9		
大于	至	孔或轴公差值	T_1	Z_1	孔或轴公差值	T_1	Z_1	孔或轴公差值	T_1	Z_1	孔或轴公差值	T_1	Z_1
—	3	6	1.0	1.0	10	1.2	1.6	14	1.6	2.0	25	2.0	3.0
3	6	8	1.2	1.4	12	1.4	2.0	18	2.0	2.6	30	2.4	4.0
6	10	9	1.4	1.6	15	1.8	2.4	22	2.4	3.2	36	2.8	5.0
10	18	11	1.6	2.0	18	2.0	2.8	27	2.8	4.0	43	3.4	6.0
18	30	13	2.0	2.4	21	2.4	3.4	33	3.4	5.0	52	4.0	7.0
30	50	16	2.4	2.8	25	3.0	4.0	39	4.0	6.0	62	5.0	8.0
50	80	19	2.8	3.4	30	3.6	4.6	46	4.6	7.0	74	6.0	9.0
80	120	22	3.4	3.8	35	4.2	5.4	54	5.4	8.0	87	7.0	10.0
120	180	25	3.8	4.4	40	4.8	6.0	63	6.0	9.0	100	8.0	12.0
180	250	29	4.4	5.0	46	5.4	7.0	72	7.0	10.0	115	9.0	14.0

工作量规的形状和位置误差应在其尺寸公差带内，其公差为量规尺寸公差的 50%。当量规尺寸公差小于或等于 0.002 mm 时，其形状和位置公差为 0.001 mm。工作量规工作面的表面粗糙度轮廓幅度参数 Ra 的上限值为 0.05~0.80 μm。

（2）校对量规的定形尺寸公差带和各项公差

校对量规的定形尺寸公差 T_p 为校对轴用量规尺寸公差 T_1 的 50%（$T_p = T_1/2$），其位置如图 6-6（b）所示。校对量规的校通—通 TT 的下极限尺寸等于工作量规通规的下极限尺寸；校对量规的校通—损 TS 的上极限尺寸等于轴的上极限尺寸；校对量规的校止—通 ZT 的下极限尺寸等于工作量规止规的下极限尺寸。

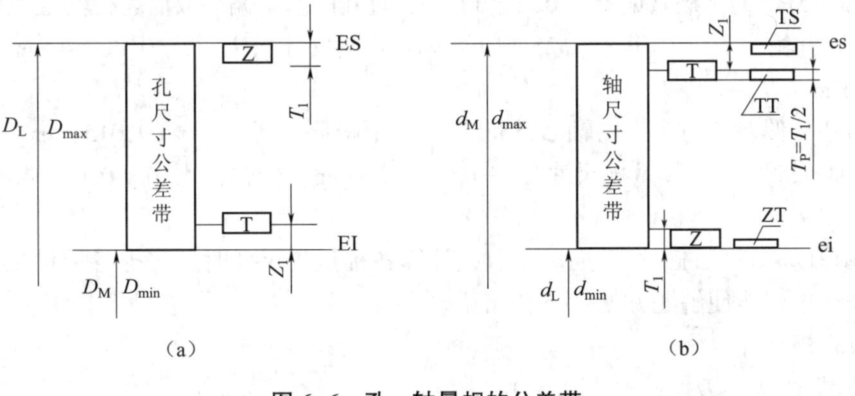

图 6-6　孔、轴量规的公差带

（a）检验孔用的工作量规公差带；（b）检验轴用的工作量规公差带和校对量规公差带

校对量规的形状误差应在其尺寸公差带内，校对量规工作面的表面粗糙度轮廓幅度参数 *Ra* 值比工作量规小，常取 0. 05~0. 40 μm。

3. 量规的形式和应用尺寸范围的选择

量规的形式分孔用与轴用量规，孔用有全形塞规、不全形塞规、片状塞规和球端杆规。轴用有环规、卡规。

形式的选择方法：首先，应根据测量工件为轴还是孔来决定；其次，根据工件的公称尺寸来决定。表 6-5 所示为国标推荐的量规形式及应用尺寸范围。

表 6-5　国标推荐的量规形式及应用尺寸范围（摘自 GB/T 1957—2006）

用　途	推荐顺序	量规的工作尺寸/mm			
		~18	>18~100	>100~315	>315~500
工件孔用的通端量规形式	1	全形塞规		全形塞规	球端杆规
	2	—	不全形塞规或片形塞规	片形塞规	—
工件孔用的止端量规形式	1	全形塞规	全形塞规或片形塞规		球端杆规
	2	—	不全形塞规		—
工件轴用的通端量规形式	1	环规		卡规	
	2	卡规		—	
工件轴用的止端量规形式	1	卡规			
	2	环规	—		

4. 光滑极限量规的设计步骤

1）由标准公差数值表、孔轴极限偏差数值表查出被测工件的公差，上、下极限偏差。

2）由表 6-4 查出量规的尺寸公差 T_1 和位置要素 Z_1 值。按工作量规制造公差 T_1，确定工作量规的形状公差和校对量规的制造公差。

3）画出量规公差带图，计算量规的工作尺寸或极限偏差。

4）绘制光滑极限量规及其校对量规的工作图，正确标注各项技术要求。

例 6-3　计算检验 ϕ25H7/n6 孔和轴用量规的工作尺寸，并绘制工作量规图样。

解：孔 ϕ25H7 的下极限偏差为 0，即 EI=0，查孔的基本偏差数值表得其上极限偏差 ES=+0. 021 mm；并由表 6-4 查得孔 ϕ25H7 的工作量规尺寸公差 T_1=0. 002 4 mm，位置要素 Z_1=0. 003 4 mm。

由轴的基本偏差数值表查出轴 ϕ25n6 的上、下极限偏差：ei=+0. 015；es=+0. 028。由表6-4查得轴 ϕ25n6 的工作量规尺寸公差 T_1=0. 002 mm；位置要素 Z_1=0. 002 4 mm；校对量规的尺寸公差 $T_p=T_1/2$=0. 001 mm。

1）计算孔 ϕ25H7 的工作量规尺寸。在计算各种量规尺寸时，先把各种量规的尺寸公差带图画出来，这样能使解题方便且不会出错。

止端或止规尺寸：

上极限尺寸 $=D_L=D_{max}$；

上极限偏差=ES=+0. 021 0 mm；

下极限尺寸 $=D_L-T_1=D_{max}-T_1$；

下极限偏差 = ES − T_1 = +0.021 − 0.002 4 = +0.018 6（mm）。

通端或通规尺寸：

上极限尺寸 = $D_M + Z_1 +（T_1/2）= D_{min} + Z_1 +（T_1/2）$；

上极限偏差 = EI + Z_1 +（$T_1/2$）= 0 + 0.003 4 + 0.0 012 = +0.004 6（mm）。

下极限尺寸 = $D_M + Z_1 -（T_1/2）= D_{min} + Z_1 +（T_1/2）$；

下极限偏差 = EI + Z_1 −（$T_1/2$）= 0 + 0.003 4 − 0.0 012 = +0.002 2（mm）。

2）计算轴 ϕ25n6 的工作量规尺寸。

止端或止规尺寸：

下极限尺寸 = $d_L = d_{min}$；

下极限偏差 = ei = +0.015 mm；

上极限尺寸 = $d_L + T_1 = d_{min} + T_1$；

上极限偏差 = ei + T_1 = +0.015 + 0.002 = +0.017（mm）。

通端或通规尺寸：

上极限尺寸 = $d_M - Z_1 +（T_1/2）= d_{max} - Z_1 +（T_1/2）$；

上极限偏差 = es − Z_1 +（$T_1/2$）= +0.028 − 0.002 4 + 0.001 = +0.026 6（mm）。

下极限尺寸 = $d_M - Z_1 -（T_1/2）= d_{max} - Z_1 -（T_1/2）$；

下极限偏差 = es − Z_1 −（$T_1/2$）= +0.028 − 0.0 024 − 0.001 = +0.024 6（mm）。

绘制工作量规的公差图，分别如图 6-7 和图 6-8 所示。

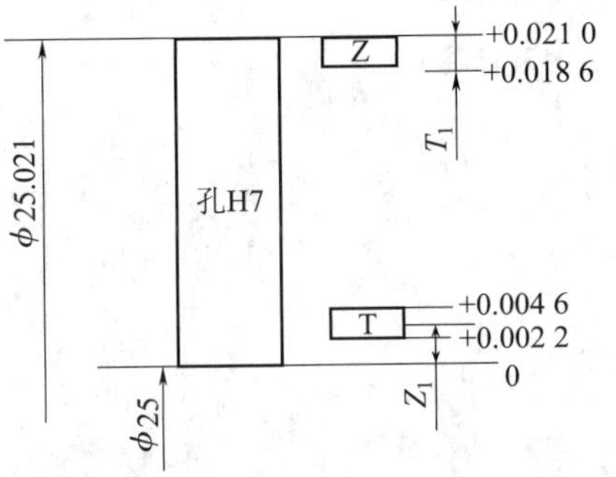

图 6-7　ϕ25H7 的工作量规公差带图

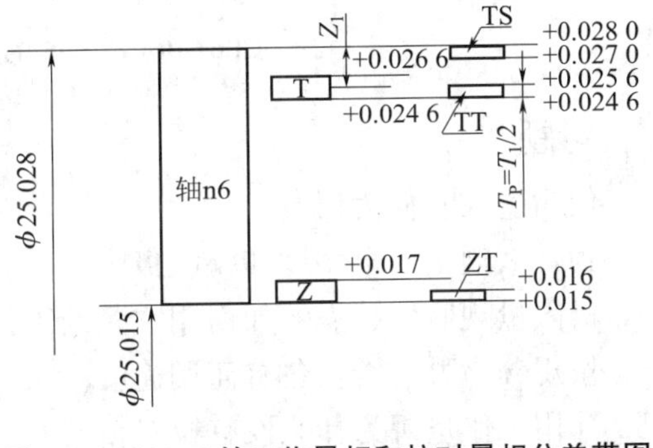

图 6-8　ϕ25n6 的工作量规和校对量规公差带图

3）计算轴的校对量规尺寸。

校通端（通规）TT：

下极限偏差 = 通规的下极限偏差 = +0.024 6 mm；

上极限偏差 = 下极限偏差 + T_p = +0.025 6 mm。

校通损（磨损极限）TS：

上极限偏差 = es = +0.028 mm；

下极限偏差 = es − T_p = +0.027 mm。

校止端（止规）ZT：

下极限偏差 = ei = +0.015 mm；

上极限偏差 = ei + T_p = +0.016 mm。

4）绘制工作量规图样，确定技术要求，分别如图 6-9 和图 6-10 所示。

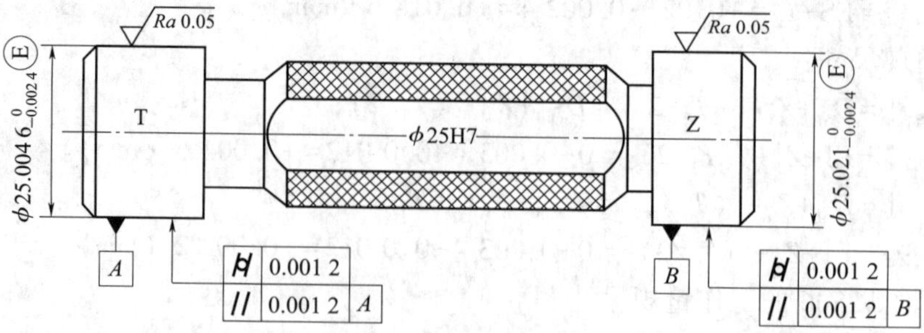

图 6-9 ϕ25H7 的塞规工作简图及标注

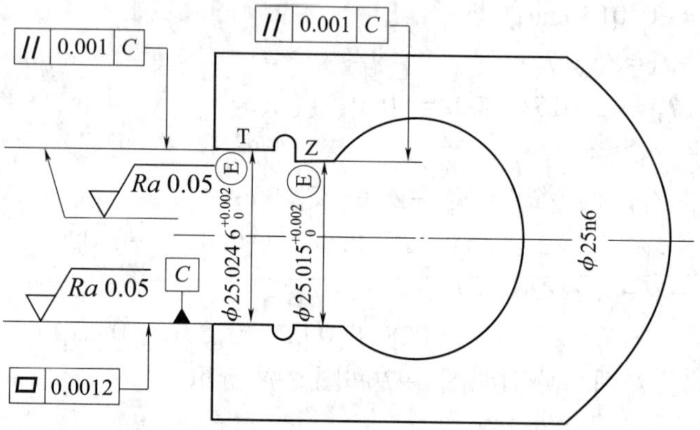

图 6-10 ϕ25n6 的卡规工作简图及标注

习题

1. 何为误收？何为误废？

2. 为什么规定安全裕度和验收极限？

3. 极限量规有何特点？如何用它判断工件的合格性？

4. 量规分为哪几类？各有何用途？

5. 孔用工作量规为什么没有校对量规？

6. 用普通计量器具测量 $\phi40^{+0.007}_{-0.032}$，安全裕度为 0.003 mm，从下列给出的答案中选出该孔的上验收极限。

1）40.004；2）40.010；3）39.971；4）39.965。

7. 某轴直径要求为 $\phi35^{+0.025}_{-0.050}$Ⓔ，试选择测量器具，并确定验收极限尺寸。

8. 试计算检验 ϕ30H8/h7 工作量规通规和止规的尺寸和轴的校对量规的尺寸。

第 7 章　滚动轴承与孔、轴结合的互换性

滚动轴承是由专门的滚动轴承制造厂生产的标准部件，在机器中起着支承作用，可以减小运动副的摩擦、磨损，提高机械效率。滚动轴承相配件精度的设计就是合理确定滚动轴承内圈与相配件轴颈的配合、外圈与相配件外壳孔的配合、轴颈和外壳孔的几何公差以及表面粗糙度参数值，以保证滚动轴承的工作性能和使用寿命。

滚动轴承相配件精度设计涉及的国家标准有 GB/T 4199—2003《滚动轴承 公差 定义》、GB/T 6930—2002《滚动轴承 词汇》、GB/T 307.1—2005《滚动轴承 向心轴承 公差》、GB/T 307.3—2017《滚动轴承 通用技术规则》和 GB/T 307.4—2012《滚动轴承 公差 第 4 部分：推力轴承公差》、GB/T 275—2015《滚动轴承 配合》等。

7.1　滚动轴承的组成、分类及公差特点

7.1.1　滚动轴承的组成和分类

滚动轴承一般由轴承外圈、轴承内圈、滚动体（钢珠或滚珠）和保持架（又称“保持器”或“隔离圈”）等组成，具有摩擦力小、功率消耗小、起动容易以及更换简便等优点，如图 7-1 所示。轴承内圈与轴颈配合，轴承外圈与外壳孔配合。通常，内圈与轴颈一起旋

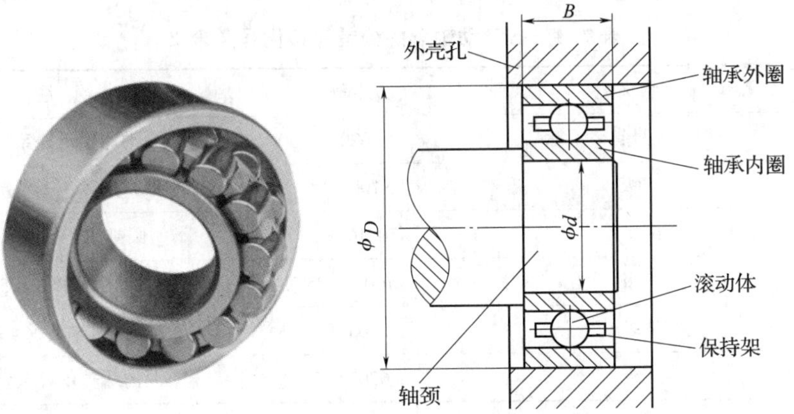

（a）　（b）

图 7-1　滚动轴承及其相配件

（a）实物图；（b）剖面图

转，外圈与外壳固定不动。滚动体是承载并使轴承形成滚动摩擦的元件，它们的尺寸、形状和数量由承载能力和载荷方向等因素决定。保持架是一组隔离元件，将轴承内一组滚动体均匀分开，使每个滚动体均匀地轮流承受相等的载荷，并保持滚动体在轴承内、外滚道间正常滚动。

按滚动体的形状不同，滚动轴承可分为球轴承和滚珠（圆柱或圆锥体）轴承；按所能承受载荷的方向不同，滚动轴承可分为向心轴承（主要承受径向负荷）、向心推力轴承（同时承受径向和轴向负荷）和推力轴承（仅承受轴向负荷）。

滚动轴承是具有两种互换性的标准零件。滚动轴承内圈与轴颈的配合以及外圈与外壳孔的配合称为“外互换”，滚动体与轴承内、外圈的配合称为“内互换”。

滚动轴承的工作性能取决于滚动轴承本身的制造精度、滚动轴承与轴和外壳孔的配合性质，以及轴和外壳孔的尺寸精度、几何公差和表面粗糙度等因素。设计时，应根据以上因素合理选用。

7.1.2 滚动轴承的公差等级及应用

1. 滚动轴承的公差等级

滚动轴承的公差等级由轴承的尺寸公差和旋转精度决定。前者是指轴承内径（内圈孔的直径）d、外径（外圈外圆柱面的直径）D 和宽度 B 等的尺寸公差；后者是指轴承内、外圈做相对转动时跳动的程度（包括成套轴承内、外圈的径向跳动，内、外圈端面对滚道的跳动，内圈基准端面对内孔轴线的跳动等）。

根据滚动轴承的尺寸公差和旋转精度，GB/T 307.3—2017《滚动轴承通用技术规则》将轴承的精度加以分级。其中，向心轴承（圆锥滚子轴承除外）的公差等级分为 2、4、5、6、0 五级，圆锥滚子轴承的公差等级分为 2、4、5、6x、0 五级，推力轴承的公差等级分为 4、5、6、0 四级。它们的精度依次由高到低，2 级精度最高，0 级精度最低。推力轴承无 2 级，圆锥滚子轴承有 6x 级而无 6 级。各滚动轴承的公差等级代号及含义见表 7-1。

表 7-1 各滚动轴承的公差等级代号及含义

精度代号	含义	示例	注释
/P0	0 级，代号省略不标	6203	深沟球轴承轻系列 0 级精度
/P6	6 级	N1005/P6	单列圆柱滚子轴承 6 级精度
/P6x	6x 级	30210/P6x	圆锥滚子轴承 6x 级精度
/P5	5 级	7000C/P5	角接触球轴承 5 级精度
/P4	4 级	5203/P4	推力球轴承 4 级精度
/P2	2 级	6203/P2	深沟球轴承轻系列 2 级精度

2. 滚动轴承公差等级的应用

一般机械、通用机械、中低速减速器及旋转精度不高的减速器等常用 0 级滚动轴承，高精度滚动轴承公差等级的应用范围见表 7-2，滚动轴承公差等级的应用示例见表 7-3。

表 7-2　高精度滚动轴承公差等级的应用范围

设备类型	轴承精度等级				
	深沟球轴承	圆柱滚子轴承	角接触球轴承	圆锥滚子轴承	推力轴承
普通车床主轴	—	P5，P4	P5	P5	P5，P4
精密车床主轴	—	P4	P5，P4	P5，P4	P5，P4
铣床主轴	—	P5，P4	P5	P5	P5，P4
镗床主轴	—	P5，P4	P5，P4	P5，P4	P5，P4
坐标镗床主轴	—	P5，P4	P4，P2	P4，P2	P4
机械磨头	—	—	P5，P4	P4	P5
高速磨头	—	—	P4	P2	P4，P2
精密仪表	P5，P4	—	P5，P4	—	—
增压器	P5	—	P5	—	—
航空发动机主轴	P5	P5	P5，P4	—	—

表 7-3　滚动轴承公差等级的应用示例

公差等级	应用示例
0 级（普通级）	在旋转精度大于 10 μm 的一般轴系中应用十分广泛，如普通机床的变速机构、进给机构，汽车、拖拉机的变速机构，普通电机、水泵及农业机械等一般通用机械的旋转机构
6（6x）级（中级） 5 级（高级）	在旋转精度 5~10 μm 或转速较高的精密轴系中应用广泛，如普通机床主轴所用的轴承（前支承采用 5 级，后支承采用 6 级），较精密的仪器、仪表以及精密的仪器、仪表和精密机械的旋转机构
4 级（精密级） 2 级（超精级）	在旋转精度小于 5 μm 或转速要求很高的超精密轴系中应用，如精密坐标镗床、精密齿轮磨床的主轴系统，精密仪器、仪表以及高速摄影机等精密机械的轴系

7.1.3　滚动轴承的内、外径公差带

滚动轴承是标准部件，国家标准 GB/T 307.1—2005《滚动轴承 向心轴承 公差》对其内、外径公差带规定为：公差带在以轴承内圈孔、外圈圆柱面的公称尺寸为零线的下方，且上极限偏差为零，下极限偏差为负。内、外径公差值另有规定，其数值与内、外径的大小及轴承的公差等级有关。各公差等级轴承的内、外径公差带如图 7-2 所示。

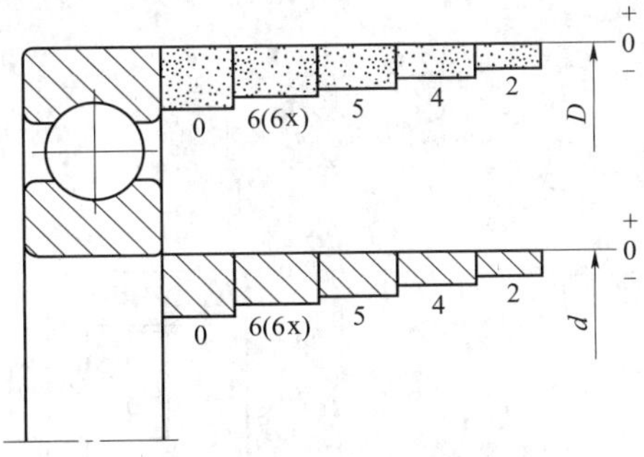

图 7-2　滚动轴承内、外径公差带示意图

d，D—轴承内圈孔、外圈圆柱面的公称尺寸

由于滚动轴承内圈孔的公差带在零线的下方，这种特殊的基准孔公差带不同于 GB/T 1800.2—2009《产品几何技术规范（GPS）极限与配合 第 2 部分：标准公差等级和孔、轴极限偏差表》中基本偏差代号为 H 的基准孔公差带。因此，当轴承内圈与基本偏差代号为 k、m、n 的轴颈配合时形成了

具有小过盈量的配合，而不是过渡配合。

由于滚动轴承是精密的标准部件，使用时不能再进行附加加工，因此轴承内圈与轴采用基孔制配合方法，轴承外圈与外壳孔采用基轴制配合方法。

在轴承内圈与轴的基孔制配合中，轴的各种公差带与一般圆柱结合基孔制配合中的轴公差带相同；但作为基准孔的轴承内圈孔，其公差带位置和大小都与一般基准孔不同。一般基准孔的公差带位于零线上方，而轴承内圈孔的公差带位于零线下方，并且公差带的大小不是采用《极限与配合》标准中的标准公差，而是采用轴承内圈平均内径 d_{mp} 的公差。

在轴承外圈与外壳孔的基轴制配合中，外壳孔的各种公差带与一般圆柱结合基轴制配合中的孔公差带相同；作为基准轴的轴承外圈圆柱面，其公差带位置虽与一般基准轴相同，但其公差带的大小不是采用《极限与配合》标准中的标准公差，而是采用轴承外圈平均内径 D_{mp} 的公差，所以其公差带也是特殊的。

7.2 滚动轴承配合件的公差及选用

7.2.1 轴颈和外壳孔公差带的种类

由于制造滚动轴承时，它的内圈孔和外圈圆柱面的公差带已确定，因此使用轴承时，它与轴颈和外壳孔的配合面间所需的配合性质要由轴颈和外壳孔的公差带确定。为了满足不同松紧程度的配合性质要求，GB/T 275—2015《滚动轴承 配合》规定了与 0 级和 6 级滚动轴承相配合的轴颈和外壳孔的常用公差带，其中对轴颈规定了 17 种常用公差带，对外壳孔规定了 16 种公差带，分别如图 7-3 和图 7-4 所示。

由图 7-3 可见，轴承内圈与轴颈的配合比 GB/T 1800.2—2009《产品几何技术规范（GPS）极限与配合第 2 部分：标准公差等级和孔、轴极限偏差表》中基孔制同名配合偏紧，h5、h6、h7、h8 轴颈与轴承内圈的配合已变成过渡配合，k5、k6、m6、n6 轴颈与轴承内圈的配合已变成小过盈量的过盈配合，其余配合也有所偏紧。

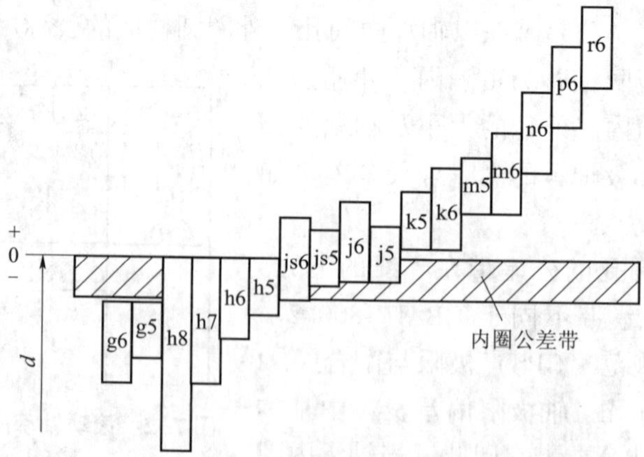

图 7-3　与滚动轴承相配合的轴颈的常用公差带

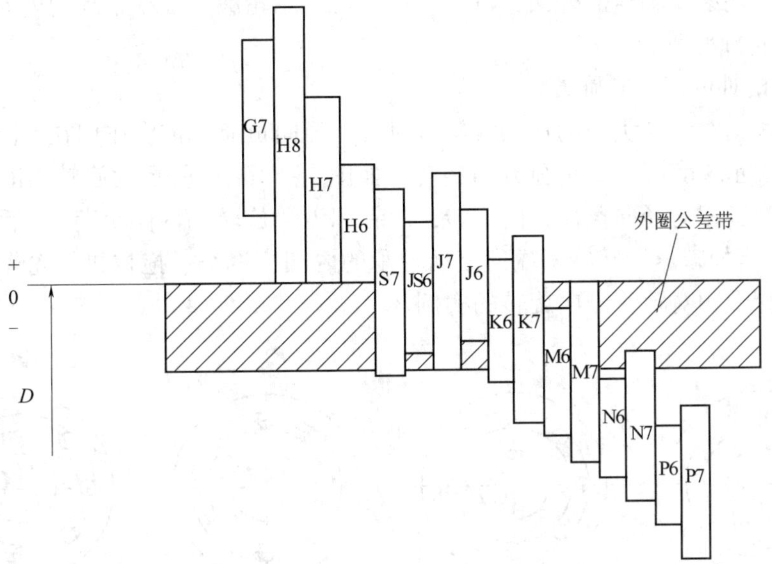

图 7-4　与滚动轴承相配合的外壳孔的常用公差带

由图 7-4 可见，轴承外圈与外壳孔的配合与 GB/T 1800.2—2009《产品几何技术规范（GPS）极限与配合第 2 部分：标准公差等级和孔、轴极限偏差表》中基轴制同名的配合基本相同。

7.2.2　滚动轴承配合的选择

为了防止轴承内圈与轴以及外圈与外壳孔在机器运转时产生不应有的相对滑动，必须选择适当的配合。通常轴与内圈一起转动，采用适当的紧配合，以防止轴与内圈相对滑动，这是最简单而有效的方法。特别是轴承的内、外圈属于薄壁套圈时，采用适当的紧配合可使轴承套圈在运转时受力均匀，以使轴承的承载能力得到充分的发挥。但是轴承的配合又不能太紧，否则会因内圈的弹性膨胀和外圈的收缩而使轴承径向游隙减小以至完全消除，从而影响正常运转。

由于滚动轴承内圈孔和外圈外圆柱面的公差带是固定的，因此轴承与轴颈及外壳孔配合的选择就是确定轴颈和外壳孔的公差带。选择滚动轴承与轴颈及外壳孔配合时应考虑的主要因素如下。

1. 轴承套圈相对负荷方向的运转状态

作用在轴承上的径向负荷，可以是定向负荷或旋转负荷，或者是两者的合成负荷。它的作用方向与轴承套圈（内圈或外圈）存在着以下三种关系。

（1）套圈相对负荷方向固定

当轴承套圈相对径向负荷的作用线不旋转时，该径向负荷始终作用在套圈滚道的某一局部区域上，这表示该套圈相对于负荷方向固定。如图 7-5（a）和图 7-5（b）所示，轴承承受大小和方向均不变的径向负荷。图 7-5（a）中的固定外圈和图 7-5（b）中的固定内圈皆相对径向负荷方向固定，前者称为“固定的外圈负荷”，后者称为“固定的内圈负荷”。诸如减速器转轴两端滚动轴承的外圈，汽车、拖拉机车轮轮毂中滚动轴承的内圈，都是套圈相对负荷方向固定的实例。

（2）套圈相对负荷方向旋转

当轴承套圈相对径向负荷的作用线旋转时，该径向负荷就依次作用在套圈整个滚道的各个部位上，这表示该套圈相对负荷方向旋转。如图 7-5（c）所示的旋转内圈和图 7-5（d）所示的旋转外圈皆相对径向负荷方向旋转，前者称为“旋转的内圈负荷”，后者称为“旋转的外圈负荷”。诸如减速器转轴两端的滚动轴承的内圈，汽车、拖拉机车轮轮毂中滚动轴承的外圈，都是套圈相对负荷方向旋转的实例。

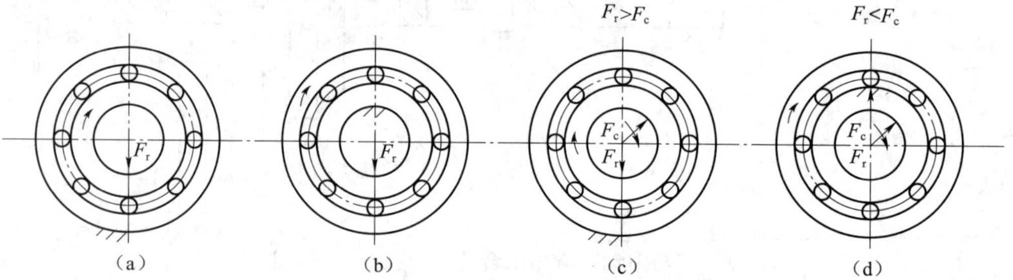

图 7-5　轴承套圈相对于负荷方向的运转状态

（a）内圈承受旋转负荷而外圈承受固定负荷；（b）内圈承受固定负荷而外圈承受旋转负荷

（c）内圈承受旋转负荷而外圈承受摆动负荷；（d）内圈承受摆动负荷而外圈承受旋转负荷

为了保证套圈滚道的磨损均匀，相对于负荷方向固定的套圈与轴颈或外壳孔的配合应稍松些，以便在摩擦力矩的带动下，它们可以做非常缓慢的相对滑动，从而避免套圈滚道局部磨损；相对负荷方向旋转的套圈与轴颈或外壳孔的配合应保证它们能固定成一体，以避免它们产生相对滑动，从而实现套圈滚道均匀磨损，以提高轴承的使用寿命。

（3）套圈相对负荷方向摆动

当大小和方向按一定规律变化的径向负荷依次往复地作用在套圈滚道的一段区域上时，这表示该套圈相对负荷方向摆动。如图 7-5（c）和图 7-5（d）中所示，轴承套圈承受一个大小和方向均不变的径向负荷 F_r 和一个旋转的径向负荷 F_c，利用力的平行四边形定理，其旋转到各位置的 F_c 与固定的 F_r 两者合成的向量 $\boldsymbol{F}$ 的大小将由小逐渐增大，再由大逐渐减小，其合成向量 $\boldsymbol{F}$ 的箭头端点的轨迹为一个圆，这样的径向负荷称为“摆动负荷”，如图 7-6 所示。

图 7-6　摆动负荷

总之，轴承套圈相对负荷方向的运转状态不同，该套圈与轴颈或外壳孔配合的松紧程度也应不同。当套圈相对负荷方向固定时，该套圈与轴颈或外壳孔的配合应稍松些，一般选用具有平均间隙较小的过渡配合或具有较小间隙的间隙配合；当套圈相对负荷方向旋转时，该套圈与轴颈或外壳孔的配合应较紧，一般选用小过盈量的过盈配合或过盈概率大的过渡配合；当套圈相对负荷方向摆动时，该套圈与轴颈或外壳孔配合的松紧程度，一般与套圈相对负荷方向旋转时选用的配合相同，或稍松一些。

2. 负荷的大小

轴承与轴颈、外壳孔配合的松紧程度与负荷的大小有关。对于向心轴承，GB/T 275—2015《滚动轴承 配合》按其径向当量负荷 P_r 与径向额定负荷 C_r 的比值将负荷状态分为轻负荷（$P_r \leqslant 0.06C_r$）、正常负荷（$0.06C_r < P_r \leqslant 0.12C_r$）和重负荷（$P_r > 0.12C_r$）三类，具体见表 7-4。

表 7-4　向心轴承负荷状态分类（GB/T 275—2015）

P_r/C_r	≤0.06	>0.06~0.12	>0.12
负荷状态	轻负荷	正常负荷	重负荷

轴承在重负荷作用下，套圈容易产生变形，这样会使该套圈与轴颈或外壳孔配合的实际过盈量减小而可能引起松动，从而影响轴承的工作性能。因此，承受轻负荷、正常负荷、重负荷的轴承与轴颈或外壳孔的配合应依次越来越紧。

3. 滚动轴承的游隙

轴承的游隙是指在无载荷的情况下，轴承内、外环间所能移动的最大距离。若做径向移动，则称为“径向游隙”；若做轴向移动，则称为“轴向游隙”。

GB/T 4604. 1—2012《滚动轴承 游隙 第 1 部分：向心轴承的径向游隙》规定，向心轴承的径向游隙共分 5 组，即 2 组、N 组、3 组、4 组、5 组，游隙依次由小到大。其中，N 组为基本游隙组。

若游隙过大，则会使转轴产生较大的径向跳动和轴向跳动，从而使轴承产生较大的振动和噪声；若游隙过小，当轴承与轴颈、外壳孔的配合为过盈配合时，则会使轴承中的滚动体与套圈产生较大的接触应力，并增加轴承的摩擦发热，以致降低轴承寿命。因此，游隙的大小应适当。

具有 N 组游隙的轴承与轴颈及外壳孔配合的过盈量应适中，尺寸公差带代号的选择可参考表 7-5；游隙比 N 组大的轴承，其配合的过盈量应增大；游隙比 N 组小的轴承，其配合的过盈量应减小。

表 7-5　基本组游隙轴承的配合

轴承类型	轴	外壳
球轴承	j5、j6、k5、k6	J6
滚子轴承和滚针轴承	k5、k6、m5、m6	K6

4. 工作温度

轴承运转时，由于受摩擦发热等因素的影响，套圈温度一般会高于相配件的温度。外圈的热膨胀会使外圈与外壳孔的配合变紧，内圈的热膨胀可使它与轴的配合变松。因此，在选择配合时，应充分考虑轴承工作时各部分的温度差及热传导的方向。

轴承负荷越大，转速越高，与相配件的温度差就越大，则选择轴承与轴颈的配合应越紧，与外壳孔的配合应越松。

5. 轴承旋转精度

当对轴承有较高的旋转精度要求时（如电动机等），为了消除弹性变形和振动的影响，避免采用间隙配合方法。在提高轴承公差等级的同时，轴承配合部位也应相应地提高精度。

注：与0、6（6x）级轴承配合的轴，其尺寸公差等级一般为IT6，轴承座孔的一般为IT7。

6. 轴颈与外壳孔的结构和材料

轴承套圈与其相配件的配合，不应由于轴径或外壳孔表面的不规则形状而导致轴承内、外圈的不正常变形。对于开式的外壳孔与轴承外圈的配合不宜采用过盈配合，但也不应使外圈在外壳孔内转动。为了保证轴承有足够的支承面，当轴承安装于薄壁外壳、轻合金外壳或空心轴上时，应采用比厚壁壳、铸铁外壳或实体轴更紧的配合。

7. 公差等级

与轴承配合的轴或外壳孔的公差等级与轴承精度相关。与0、6、6x公差等级的轴承配合，轴的公差等级一般为IT6，外壳孔的公差等级一般为IT7。对旋转精度和运转平稳性有较高要求时，应提高轴承的公差等级，轴承的配合部位也应按相应的精度提高。对于有严格要求高精度支承的轴承，不宜采用间隙配合方法。同时，对轴和外壳孔的几何公差也应有较高的要求。

7.2.3 轴颈和外壳孔的几何公差与表面粗糙度

轴颈和外壳孔的公差带确定后，为了保证轴承的工作质量及使用寿命，还应规定相应的几何公差与表面粗糙度。

为了保证轴承与轴颈和外壳孔的配合性质，轴颈和外壳孔应采用包容要求。此外，无论是轴颈还是外壳孔，若存在较大的形状误差，则轴承与其配合后，套圈会产生变形，必须对轴颈和外壳孔规定更严格的圆柱度公差。

通常，滚动轴承成对使用，为了保证同一根轴上两个轴颈和外壳孔上支承同一根轴的两个孔的同轴度要求，应规定这两个轴颈的轴线分别对它们公共轴线的同轴度公差和这两个孔的轴线分别对它们公共轴线的同轴度公差。为保证同轴度的要求，上述两个孔也可以采用最大实体要求的零几何公差。

此外，轴肩和外壳孔肩是轴承的轴向定位面，为避免装配后轴承歪斜影响旋转精度，对轴肩和外壳孔肩应规定端面圆跳动公差。

表面粗糙度值的大小直接影响配合质量和连接强度，因此对于轴承内圈和外圈配合的表面，通常提出较高的表面粗糙度要求。GB/T 275—2015《滚动轴承 配合》规定，轴颈和外壳孔与轴承的配合面以及轴肩和孔肩的几何公差值见表7-6，其表面粗糙度 Ra 值见表7-7。

表 7-6　轴颈和外壳孔与轴承的配合面以及轴肩和孔肩的几何公差值

轴承的公称内、外径/mm	圆柱度公差				端面圆跳动公差			
	轴颈		外壳孔		轴颈		外壳孔	
	轴承精度等级							
	0	6、6x	0	6、6x	0	6、6x	0	6、6x
	公差值/μm							
>18～30	4	2.5	6	4	10	6	15	10
>30～50	4	2.5	7	4	12	8	20	12
>50～80	5	3	8	5	15	10	25	15
>80～120	6	4	10	6	15	10	25	15
>120～180	8	5	12	8	20	12	30	20
>180～250	10	7	14	10	20	12	30	20

表 7-7　轴颈和外壳孔的表面粗糙度 *Ra* 值

轴或轴承座孔的直径/mm		轴或轴承座孔配合的表面直径公差等级					
		IT7		IT6		IT5	
		表面粗糙度 *Ra*/μm					
>	≤	磨	车	磨	车	磨	车
—	80	1.6	3.2	0.8	1.6	0.4	0.8
80	500	1.6	3.2	1.6	3.2	0.8	1.6
500	1 250	3.2	6.3	1.6	3.2	1.6	3.2
端面		3.2	6.3	6.3	6.3	6.3	3.2

7.2.4　滚动轴承配合选择示例

以图 7-7（a）所示的一级直齿圆柱齿轮减速器输入轴上的深沟球轴承为例，说明滚动轴承相配件精度的设计过程。

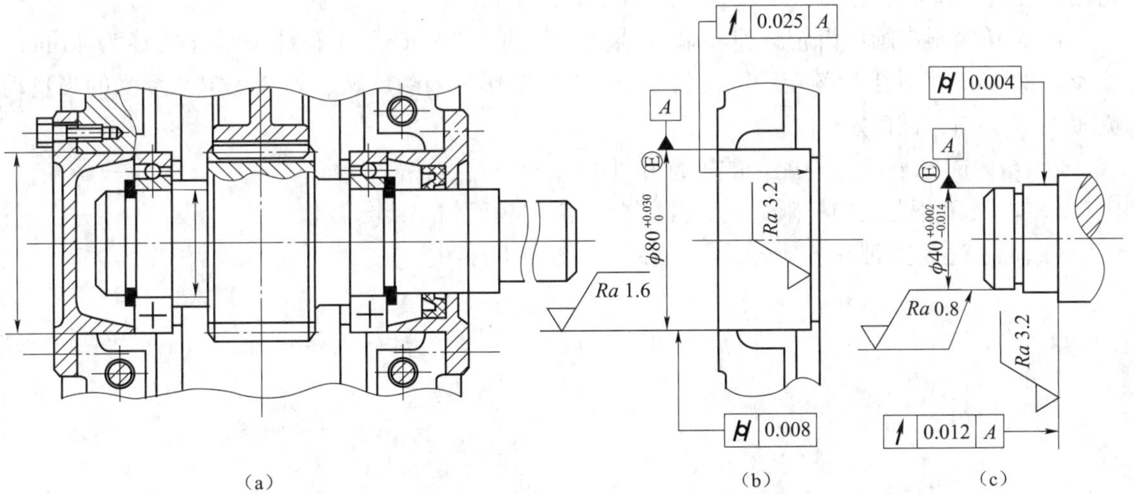

图 7-7　滚动轴承相配件公差在图样上的标注示例

（a）装配图部分图样；（b）外壳孔部分图样；（c）轴颈部分图样

例 7-1 已知减速器输入轴两端采用一对 6208 深沟球轴承（$d=40$ mm，$D=80$ mm），经计算轴承的径向当量动负荷 $P_r=2.9$ kN。试确定轴颈和外壳孔的公差带代号、几何公差值和表面粗糙度参数值，并将它们分别标注在装配图和零件图上。

解：1）减速器属于一般机械，轴的转速不高，所以选用 0 级轴承。

2）该轴承内圈与轴一起旋转，外圈安装在剖分式外壳孔中不旋转。因此，内圈相对负荷方向旋转，它与轴颈的配合应紧一些；外圈相对负荷方向固定，它与外壳孔的配合应松一些。

查机械设计手册得 6208 深沟球轴承的径向额定动负荷 $C_r=29.5$ kN，所以 $P_r/C_r=0.098$。查表可知，该轴承的负荷大小属正常负荷。

因此，按轴承工作条件，分别选取轴颈公差带为 ϕ40k6（基孔制配合），外壳孔公差带为 ϕ80H7（基轴制配合）。

3）按表 7-6 选取几何公差值：轴颈圆柱度公差为 0.004 mm、轴肩端面圆跳动公差为 0.012 mm、外壳孔圆柱度公差为 0.008 mm、孔肩端面圆跳动公差为 0.025 mm。

4）根据国家标准，选取轴颈和外壳孔的表面粗糙度参数值：轴颈 *Ra* 的上限值为 0.8 μm、轴肩端面 *Ra* 的上限值为 3.2 μm、外壳孔 *Ra* 的上限值为 1.6 μm，孔肩端面 *Ra* 的上限值为 3.2 μm。

5）将确定好的上述各项公差标注在图 7-7（b）和图 7-7（c）上。

由于滚动轴承是外购的标准件，因此，在装配图上只需注出轴颈和外壳孔的公差带代号。

习题

1. 滚动轴承的外圈外径和内圈内径的尺寸公差有什么特点？

2. 滚动轴承内、外径公差带有何特点？

3. 与 6 级深沟球轴承（代号为 6309/p6，内径为 $45_{-0.010}^{\ 0}$ mm，外径为 $100_{-0.013}^{\ 0}$ mm）配合的轴颈公差带代号为 j5，外壳孔的公差带代号为 H6。试画出轴承内、外圈分别与轴颈、外壳孔配合的公差带示意图，并计算它们的极限过盈和间隙。

4. 某单级斜齿圆柱齿轮减速器输入轴上安装两个 7208C 角接触球轴承（内径为 40 mm，外径为 80 mm），其当量额定动负荷为 26.8 kN，工作时内圈旋转、外圈固定，承受的当量动负荷为 3.2 kN，试确定：

1）与内圈和外圈分别配合的轴颈和外壳孔的公差带代号；

2）轴颈和外壳孔的极限偏差、几何公差值和表面粗糙度参数值；

3）把上述公差带和各项公差标注在装配图和零件图上。

第 8 章　圆锥的公差与配合

8.1　概　　述

8.1.1　圆锥结合的特点

圆锥是指由圆锥表面与一定尺寸所限定的几何体。圆锥结合是由内圆锥（圆锥孔）和外圆锥（圆锥轴）所形成的结合。圆锥结合具有同轴度好、装拆方便、配合间隙或过盈可以调整、良好的密封性等特点，并且在一定的条件下可利用摩擦力来传递转矩，故被广泛用于各种机械中。与圆柱配合相比较，圆锥配合在结构上比较复杂，影响其互换性的参数较多，除了直径因素以外还有角度因素，加工和检测也较困难，所以其应用受到一定程度的限制。我国的相关国家标准 GB/T 157—2001《产品几何量技术规范（GPS）圆锥的锥度与锥角系列》、GB/T 11334—2005《产品几何量技术规范（GPS）圆锥公差》、GB/T 12360—2005《产品几何量技术规范（GPS）圆锥配合》、GB/T 15754—1995《技术制图 圆锥的尺寸和公差注法》等分别规定了圆锥结合的有关参数系列及标注方法。

8.1.2　圆锥配合的种类

圆锥配合主要应用于连接、定心、密封和有调整要求的机械结构，按 GB/T 12360—2005《产品几何量技术规范（GPS）圆锥配合》规定，圆锥配合分为结构型圆锥配合和位移型圆锥配合两种。

1. 结构型圆锥配合

结构型圆锥配合是指由圆锥结构确定装配位置，内、外圆锥公差区之间的相互关系。结构型圆锥配合可以是间隙配合、过渡配合或过盈配合。

如图 8-1 所示，用外圆锥 1 的轴肩 3 与内圆锥 2 的端面接触来确定装配时最终的轴向相对位置，以获得指定的圆锥间隙配合。间隙配合主要用于有相对转动的机构中，如圆锥滑动轴承。

又如图 8-2 所示，用外圆锥大端基准平面 1 与内圆锥的基准平面 2 之间的结构尺寸 a 确定装配时最终的轴向相对位置，以获得指定的圆锥过盈配合。它主要用于对中定心或密封。

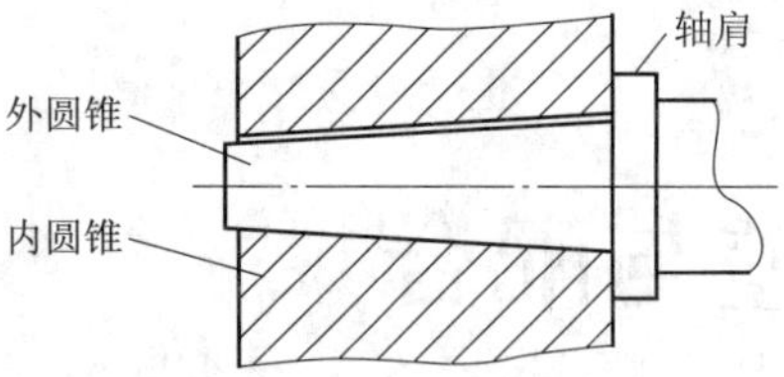

图 8-1　由轴肩接触得到的间隙配合

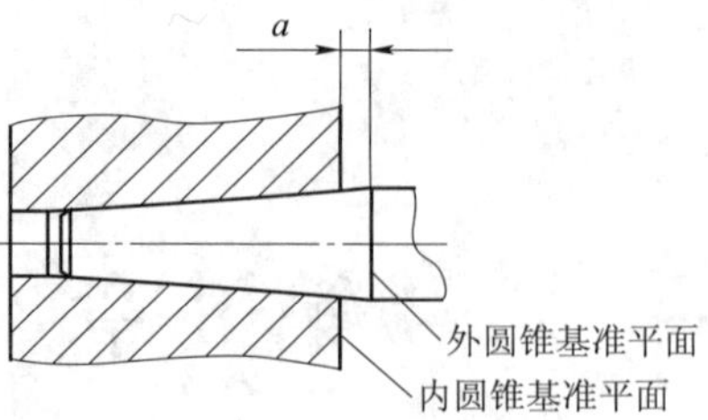

图 8-2　由结构尺寸得到的过盈配合

2. 位移型圆锥配合

位移型圆锥配合是指由规定内、外圆锥在装配时做一定程度的相对轴向位移 E_a确定的相互关系。

通过位移型圆锥配合可获得间隙配合或过盈配合。

如图 8-3 所示，在不受力的情况下内、外圆锥相接触，由实际初始位置 P_a开始，内圆锥向右做轴向位移 E_a到达终止位置 P_f，以获得指定的圆锥间隙配合。

又如图 8-4 所示，在不受力的情况下内、外圆锥相接触，由实际初始位置 P_a开始对内圆锥施加给定的装配力 F_s，使内圆锥向左做轴向位移到达终止位置 P_f，以获得指定的圆锥过盈配合。

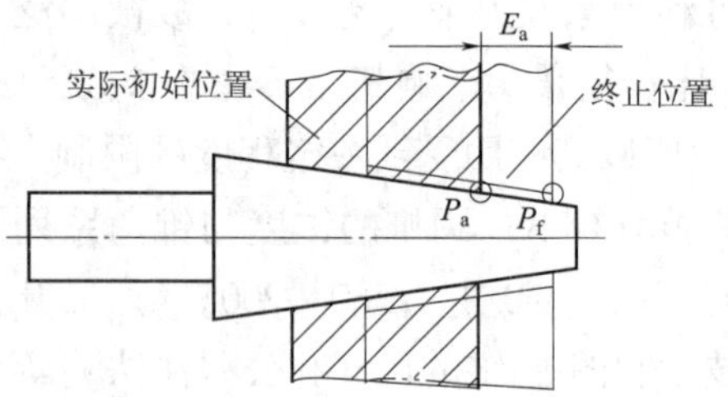

图 8-3　由轴向位移 E_a 形成圆锥间隙配合

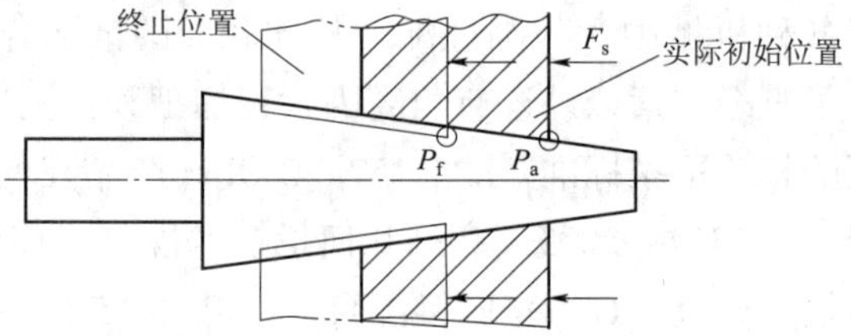

图 8-4　由给定装配力 F_s 形成圆锥过盈配合

轴向位移 E_a与间隙 X（或过盈 Y）的关系如下：

$$E_a=\frac{1}{C}\times|X|\text{或}E_a=\frac{1}{C}\times|Y| \tag{8-1}$$

式中　C——内、外圆锥的锥度。

轴向位移允许的变动量称为“轴向位移公差 T_E”，它等于最大轴向位移 E_{amax}与最小轴向位移 E_{amin}之差。

8.2　圆锥结合的主要参数

8.2.1　圆锥的主要几何参数

圆锥的主要几何参数有圆锥角、圆锥直径、圆锥长度和锥度，如图 8-5 所示。

圆锥角 α 是指在通过圆锥轴线的截面内，两条素线间的夹角。

圆锥直径是指圆锥在垂直于其轴线截面上的直径，常用的圆锥直径有最大圆锥直径 D、最小圆锥直径 d 和给定截面圆锥直径 d_x。

圆锥长度 L 是指最大圆锥直径截面与最小圆锥直径截面之间的轴向距离。

圆锥角的大小也可用锥度表示。锥度 C 是指两个垂直于圆锥轴线截面上的圆锥直径 D 与 d 之差对该两截面间的轴向距离 L 之比，即：

$$C=\frac{D-d}{L} \tag{8-2}$$

锥度 C 与圆锥角 α 的关系式为：

$$C=2\tan\frac{\alpha}{2} \tag{8-3}$$

锥度一般用比例或分数形式表示，例如：$C=1:5$ 或 $C=1/5$。

在零件图上，锥度用表示圆锥的图形符号和比例（或分数）形式来标注，如图 8-6 所示。图形符号和锥度应靠近圆锥轮廓标注，并配置在平行于圆锥轴线的基准线上，并且其方向与圆锥方向一致，在基准线的上面标注锥度的数值。用指引线将基准线与圆锥素线相连。在图样上标注了锥度，就不必标注圆锥角，两者不应重复标注。

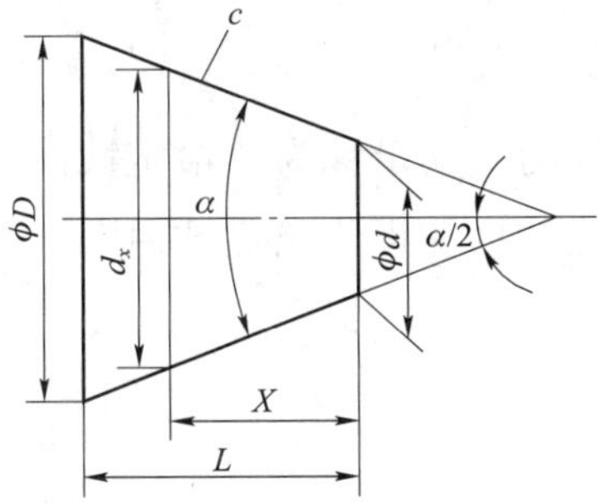

图 8-5　圆锥的主要几何参数

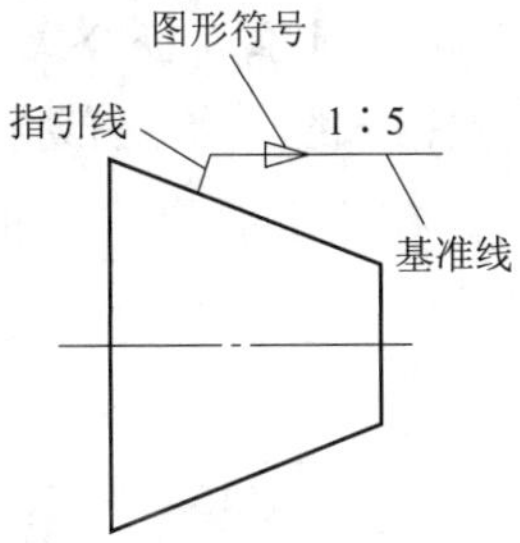

图 8-6　锥度的标注方法

8.2.2　圆锥公差的相关术语及定义

1. 公称圆锥

公称圆锥是指设计时给定的理想形状的圆锥。公称圆锥可用两种形式来确定：

1）一个公称圆锥直径（最大圆锥直径 D、最小圆锥直径 d 和给定截面圆锥直径 d_x）、公称圆锥长度 L、公称圆锥角 α 或公称锥度 C。

2）两个公称圆锥直径和公称圆锥长度 L。

2. 极限圆锥、圆锥直径公差和圆锥直径公差区

极限圆锥是指与公称圆锥共轴且圆锥角相等、直径分别为上极限直径和下极限直径的两个圆锥。

如图 8-7 所示，直径分别为上极限直径（D_{max}、d_{max}）的圆锥和下极限直径（D_{min}、d_{min}）的圆锥，即为极限圆锥。在垂直于圆锥轴线的所有截面上，这两个圆锥的直径差都相等。

圆锥直径公差 T_D 是指圆锥直径的允许变动量，圆锥直径公差在整个圆锥长度内都适用。

两个极限圆锥 B 所限定的区域称为“圆锥直径公差区 Z”（见图 8-7）。

3. 极限圆锥角、圆锥角公差和圆锥角公差区

极限圆锥角是指允许的上极限或下极限圆锥角，它们分别用符号“α_{max}”和“α_{min}”表示，如图 8-8 所示。圆锥角公差是指圆锥角的允许变动量，如图 8-8 中的 AT_{α}（以弧度或角度为单位）、AT_D（以长度为单位）。极限圆锥角 α_{max} 和 α_{min} 所限定的区域称为“圆锥角公差区 Z_{α}”。

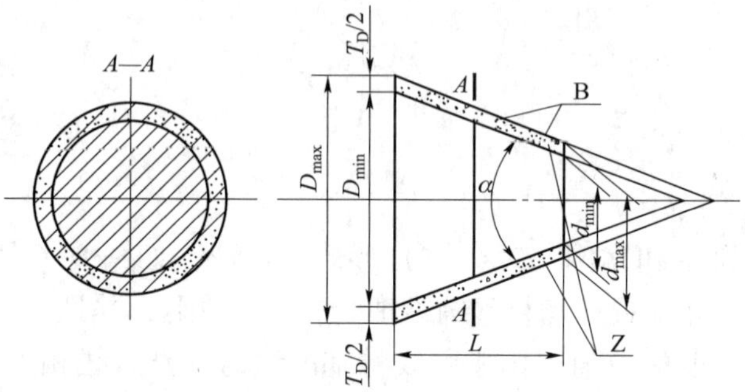

图 8-7　极限圆锥 B 和圆锥直径公差区 Z

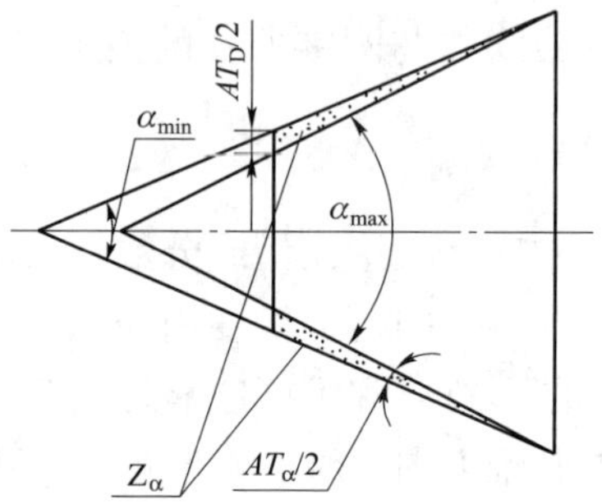

图 8-8　极限圆锥角和圆锥角公差区

4. 给定截面圆锥直径公差、给定截面圆锥直径公差区

在垂直圆锥轴线的给定截面内，圆锥直径（d_x）允许的变动量称为“给定截面圆锥直径公差 T_{DS}”。在给定的圆锥截面内，由两个同心圆所限定的区域即为给定截面圆锥直径公差区。

8.3　圆锥公差与配合

8.3.1　锥度与圆锥角系列

锥度与圆锥角的关系是确定的，见式（8-3）。光滑圆锥的锥度已标准化，GB/T 157—2001 规定了一般用途和特定用途的锥度与圆锥角系列。表 8-1 所示为一般用途的锥度与圆锥角系列的第一系列值。

表 8-1　一般用途的锥度与圆锥角系列的第一系列值（摘自 GB/T 157—2001）

基本值	推算值		
	圆锥角 α		锥度 C
	(°)	rad	
120°	—	2. 094 395 10	1 : 0. 288 675 1
90°	—	1. 570 796 33	1 : 0. 5
60°	—	1. 047 197 56	1 : 0. 866 025 4

续表

基本值	推算值		
	圆锥角 α		锥度 C
	(°)	rad	
45°	—	0.785 398 16	1 : 1.207 106 8
30°	—	0.523 598 78	1 : 1.866 025 4
1 : 3	18.924 644 42	0.330 297 35	—
1 : 5	11.421 186 27	0.199 337 30	—
1 : 10	5.724 810 45	0.099 916 79	—
1 : 20	2.864 192 37	0.049 989 59	—
1 : 30	1.909 682 51	0.033 330 25	—
1 : 50	1.145 877 40	0.019 999 33	—
1 : 100	0.572 953 02	0.009 999 33	—
1 : 200	0.286 478 30	0.004 999 99	—
1 : 500	0.114 591 52	0.002	—

特殊用途的圆锥用于特定场合，其锥度、圆锥角也有规定值。如用于机床主轴和工具配合的 7 : 24 锥柄，其锥度 C=1 : 3.428 571 4=7 : 24，圆锥角 α 为 16°35′40″；普通卧式车床主轴孔采用莫氏锥度 No. 6，其锥度 C 为 1 : 19.180，圆锥角 α 为 2°59′12″。

8.3.2　圆锥公差标准

为了保证内、外圆锥的互换性和满足使用要求，国家标准 GB/T 11334—2005《产品几何量技术规范（GPS）圆锥公差》对内、外圆锥规定了相关的公差项目。

1. 圆锥直径公差

圆锥直径公差 T_D 是以公称圆锥直径（一般取最大圆锥直径 D）为公称尺寸，按 GB/T 1800.1—2009 规定的标准公差（见表 3-1）选取。

给定截面圆锥直径公差 T_{DS} 是以给定截面圆锥直径 d_x 为公称尺寸，按 GB/T 1800.1—2009 规定的标准公差（见表 3-1）选取。

2. 圆锥角公差

圆锥角公差 AT 可用角度值 AT_α 或线性值 AT_D 给定，AT_α 与 AT_D 的换算关系为：

$$AT_D = AT_\alpha \times L \times 10^{-3} \tag{8-4}$$

式中　AT_D，AT_α 和圆锥长度 L 的单位分别为 μm、μrad 和 mm。

圆锥角公差 AT 共分 12 个公差等级，它们分别用 $AT1$、$AT2$、…、$AT12$ 表示，其中 $AT1$ 精度最高，等级依次降低，$AT12$ 精度最低。圆锥角公差的数值见表 8-2。表 8-2 中数值用于棱体的角度时，以该角短边长度作为 L 的选取公差值。如需更高等级或更低级时，可按公比数 1.6 向两端延伸得到。

表 8-2　圆锥角公差数值（摘自 GB/T 11334—2005）

公称圆锥		圆锥角公差等级								
公称圆锥		*AT*4			*AT*5			*AT*6		
长度 *L*/mm		AT_α		AT_D	AT_α		AT_D	AT_α		AT_D
大于	至	μrad	(″)	μm	μrad	(′)(″)	μm	μrad	(′)(″)	μm
6	10	200	41	>1.3~2.0	315	1′05″	>2.0~3.2	500	1′43″	>3.2~5.0
10	16	160	33	>1.6~2.5	250	52″	>2.5~4.0	400	1′22″	>4.0~6.3
16	25	125	26	>2.0~3.2	200	41″	>3.2~5.0	315	1′05″	>5.0~8.0
25	40	100	21	>2.5~4.0	160	33″	>4.0~6.3	250	52″	>6.3~10.0
40	63	80	16	>3.2~5.0	125	26″	>5.0~8.0	200	41″	>8.0~12.5
63	100	63	13	>4.0~6.3	100	21″	>6.3~10.0	160	33″	>10.0~16.0
公称圆锥		*AT*7			*AT*8			*AT*9		
长度 *L*/mm		AT_α		AT_D	AT_α		AT_D	AT_α		AT_D
大于	至	μrad	(′)(″)	μm	μrad	(′)(″)	μm	μrad	(′)(″)	μm
6	10	800	2′45″	>5.0~8.0	1 250	4′18″	>8.0~12.5	2 000	6′52″	>12.5~20.0
10	16	630	2′10″	>6.3~10.0	1 000	3′26″	>10.0~16.0	1 600	5′30″	>16.0~25.0
16	25	500	1′43″	>8.0~12.5	800	2′45″	>12.5~20.0	1 250	4′18″	>20.0~32.0
25	40	400	1′22″	>10.0~16.0	630	2′10″	>16.0~20.5	1 000	3′26″	>25.0~40.0
40	63	315	1′05″	>12.5~20.0	500	1′43″	>20.0~32.0	800	2′45″	>32.0~50.0
63	100	250	52″	>16.0~25.0	400	1′22″	>25.0~40.2	630	2′10″	>40.0~63.0

实际应用中，*AT*4~*AT*6 用于高精度的圆锥量规和角度样板；*AT*7~*AT*9 用于工具圆锥、圆锥销、传递大转矩的摩擦圆锥；*AT*10、*AT*11 用于圆锥套、圆锥齿轮之类的中等精度零件；*AT*12 用于低精度零件。

圆锥角的极限偏差可按单向取值（$\alpha+AT$ 或 $\alpha-AT$）或者双向对称取值（$\alpha\pm AT/2$）或不对称取值。为了保证内、外圆锥接触的均匀性，圆锥角公差区通常采用对称于基本圆锥角分布。

3. 圆锥形状公差

圆锥形状公差 T_F 包括素线直线度公差和横截面圆度公差。推荐按 GB/T 1184—1996 中附录 B“图样上注出公差值的规定”选取。在图样上可以按需要对圆锥标注这两项形状公差或其中的某一项公差，或者标注圆锥的面轮廓度公差。

8.3.3　圆锥配合标准

加工内、外圆锥时，会产生直径、圆锥角和形状误差。它们反映在圆锥配合中，将影响配合性质或轴向位移。

1. 圆锥直径配合量及对圆锥配合的影响

圆锥直径配合量是指圆锥配合在配合直径上允许的间隙或过盈的变动量 T_{Df}。

对于结构型圆锥配合：

圆锥直径间隙配合量 $T_{Df}=|X_{max}-X_{min}|$；

圆锥直径过盈配合量 $T_{Df}=|Y_{min}-Y_{max}|$；

圆锥直径过渡配合量 $T_{Df}=|X_{max}-Y_{max}|$；

圆锥直径配合量 $T_{Df}=T_{Di}-T_{De}$。

对于位移型圆锥配合，圆锥直径间隙配合量 T_{Df}是最大间隙 X_{max}与最小间隙 X_{min}之差的绝对值；圆锥直径过盈配合量 T_{Df}是最大过盈 Y_{max}与最小过盈 Y_{min}之差的绝对值；圆锥直径配合量 T_{Df}也等于轴向位移公差 T_E与锥度 C 之积；即：

圆锥直径间隙配合量 $T_{Df}=|X_{max}-X_{min}|=T_E\times C$

圆锥直径过盈配合量 $T_{Df}=|Y_{min}-Y_{max}|=T_E\times C$

显然，若内、外圆锥的圆锥角和形状均不存在误差，圆锥直径误差对相互配合的圆锥面间接触均匀性没有影响，而对轴向位移有影响。对于结构型圆锥配合，由于结构或尺寸的限制，内、外圆锥的轴向位置往往是固定的或在一定范围内是确定的，故圆锥直径误差对配合量会产生影响，严重时可能导致配合性质的改变。

2. 圆锥角偏差对圆锥配合的影响

内、外圆锥的圆锥角偏离其公称圆锥角的圆锥角偏差，会影响圆锥配合表面的接触质量和对中性能。内、外圆锥的圆锥角偏差给定的方向及其组合，会影响配合圆锥初始接触的部位，如图 8-9 和图 8-10 所示。

(a) (b)

图 8-9 内、外圆锥角偏差导致圆锥配合一端接触

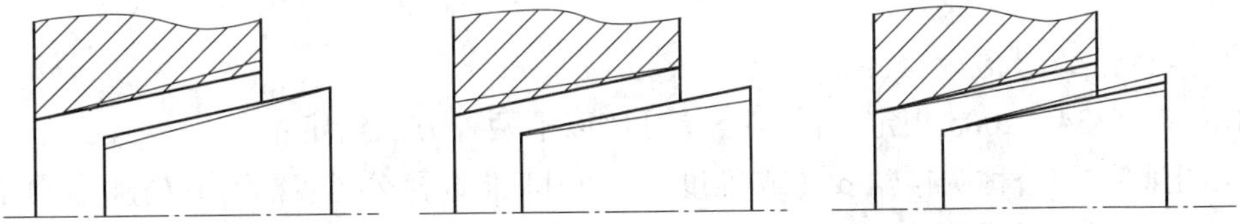

(a) (b) (c)

图 8-10 内、外圆锥角偏差导致圆锥配合任意端接触

图 8-9（a）所示的内圆锥锥角偏差为正（$+AT_i$），外圆锥锥角偏差为负（$-AT_e$），配合圆锥初始接触的部位是最小圆锥直径处；图 8-9（b）所示的内圆锥锥角偏差为负（$-AT_i$），外圆锥锥角偏差为正（$+AT_e$），配合圆锥初始接触的部位是最大圆锥直径处。

图 8-10（a）和图 8-10（b）所示的是内、外圆锥同向极限偏差的情况（$+AT_i$，$+AT_e$；$-AT_i$，$-AT_e$），图 8-10（c）所示的是内、外圆锥对称极限偏差的情况［$\pm(AT_i/2)$，$\pm(AT_e/2)$］，它们都会导致配合圆锥初始接触的部位不确定，可能在最大圆锥直径处（$\alpha_e>\alpha_i$），也可能在最小圆锥直径处（$\alpha_e<\alpha_i$）。

3. 圆锥形状误差对其配合的影响

圆锥形状误差主要影响其配合表面的接触精度。对于间隙配合，使其配合间隙大小不均匀；对于过盈配合，由于接触面积减少，使传递扭矩减小，所以它们连接不可靠；对于有密封性要求的配合，则影响其密封性。

4. 圆锥配合的一般规定

GB/T 12360—2005 推荐结构型圆锥配合优先采用基孔制，内、外圆锥直径公差带代号及配合按 GB/T 1801—2009 选取；位移型圆锥配合的内、外圆锥直径公差带代号的基本偏差推荐选用 H、h，JS、j，其轴向位移的极限值按 GB/T 1801—2009 规定的极限间隙或极限过盈来计算。

对于需要考虑接触部位的圆锥配合，应对圆锥角极限偏差给予严格规定。当要求初始接触部位为最大圆锥直径时，应规定圆锥角为单向极限偏差，外圆锥为正（$+AT_e$），内圆锥为负（$-AT_i$）；当要求接触部位为最小圆锥直径时，应规定圆锥角为单向极限偏差，外圆锥为负（$-AT_e$），内圆锥为正（$+AT_i$）；当对初始接触部位无特殊要求，而要求保证配合圆锥角之间的差别为最小时，内、外圆锥角的极限偏差的方向应相同，可以是对称的［$\pm(AT_i/2)$，$(\pm AT_e/2)$］，也可以是单向的（$+AT_i$，$+AT_e$或$-AT_i$，$-AT_e$）。

实际加工中，由于圆锥角偏差不便于测量和控制，多用圆锥直径公差来限制圆锥角偏差。由圆锥直径公差 T_D限制的最大圆锥角误差 $\Delta\alpha_{max}$可查阅 GB/T 11334—2005 附录 A。在完全利用圆锥直径公差区时，圆锥角极限偏差可达$\pm\Delta\alpha_{max}$。为使圆锥配合尽可能获得较大的接触长度，应选取较小的圆锥直径公差 T_D，或在圆锥直径公差区内给出更高要求的圆锥角公差。

8.3.4 圆锥尺寸及公差标注

在图样上标注配合内、外圆锥的尺寸和公差时，内、外圆锥必须具有相同的公称圆锥角（或基本锥度），同时在内、外圆锥上标注直径公差的圆锥直径必须具有相同的公称尺寸。

1. 圆锥公差的给定方法

按 GB/T 11334—2005 规定，圆锥公差可按以下两种方法给定：

1）给出圆锥的公称圆锥角 α（或锥度 C）和圆锥直径公差 T_D。由 T_D确定两个极限圆锥。此时圆锥角误差和圆锥的形状误差均应在极限圆锥所限定的区域内。当对圆锥角公差和圆锥形状公差有更高的要求时，可再给出圆锥角公差 AT、圆锥形状公差 T_F。此时，AT 和 T_F 仅占 T_D的一部分。

2）给出给定截面圆锥直径公差 T_{DS}和圆锥角公差 AT。此时，给定截面圆锥直径和圆锥角应分别满足这两项公差的要求。当对圆锥形状公差有更高的要求时，可再给出圆锥的形状公差 T_F。

2. 圆锥公差的标注方法

按 GB/T 15754—1995，圆锥公差的标注方法有三种：通常情况下，按面轮廓度法标注圆锥公差；有配合要求的结构型内、外圆锥，也可采用基本锥度法标注圆锥公差；当无配合要求时，可采用公差锥度法标注圆锥公差。

（1）面轮廓度法

面轮廓度法是指给出圆锥的理论正确圆锥角$\boxed{\alpha}$（或锥度$\boxed{C}$）、理论正确圆锥直径（$\boxed{D}$

或$\boxed{d}$）和圆锥长度 L，标注面轮廓度公差，如图 8-11 所示。面轮廓度法也可以是给定圆锥轴向$\boxed{L_x}$或 $L_x\pm\delta_x$ 及$\boxed{d_x}$或 d_x，并给出理论锥度$\boxed{C}$和面轮廓度公差。面轮廓度法是常用的圆锥公差给定方法，由面轮廓度公差带确定最大与最小极限圆锥，把圆锥的直径偏差、圆锥角偏差、素线直线度误差和横截面圆度误差等都控制在面轮廓度公差带内。这相当于包容要求。

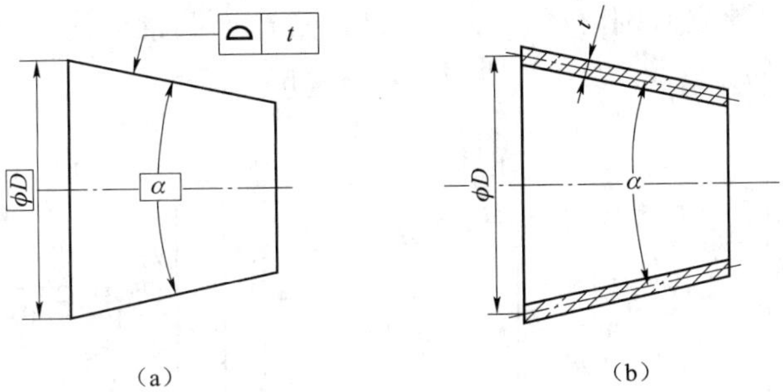

图 8-11　面轮廓度法标注圆锥公差示例

（a）图样标注；（b）公差带

（2）基本锥度法

基本锥度法是表示圆锥要素尺寸与其几何特征具有相互从属关系的一种公差带的标注方法，即由两个同轴圆锥面圆锥要素的最大实体尺寸和最小实体尺寸形成两个具有理想形状的包容面公差带。实际圆锥各处不得超越这两个包容面。因此该公差带既控制圆锥直径的大小和圆锥角的大小，也控制圆锥表面的形状。若有需要可附加给出圆锥角公差和有关形位公差要求，做进一步的控制。

图 8-12 所示为给出圆锥的公称圆锥角$\boxed{\alpha}$和给定截面圆锥直径公差 T_{DS} 的基本锥度法标注圆锥公差示例。图 8-12 中，给定截面在公称圆锥直径 D 处（也可在 d 处），故标注公称圆锥直径 D 及其极限偏差（按相对该直径对称分布取值）。其公差带的特征是，按圆锥直径为最大和最小实体尺寸构成的同轴线圆锥面来形成两个具有理想形状的包容面公差带。实际圆锥各处不得超越这两个包容面。如果对圆锥角公差、圆锥的形状公差有更高的要求时，可再给出圆锥角公差、圆锥的形状公差，但两者的总和仅占 T_D 的一部分。

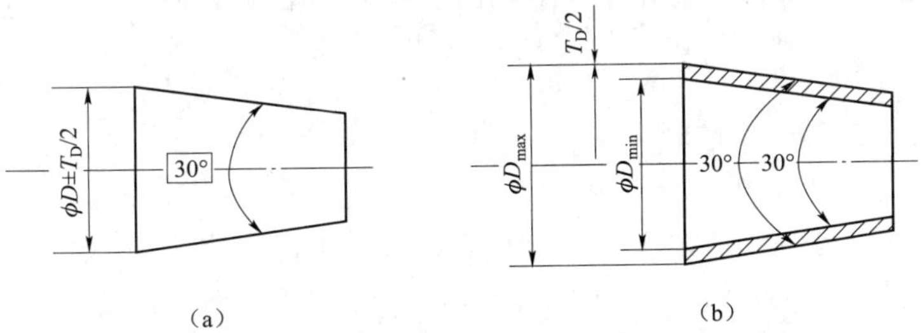

图 8-12　基本锥度法标注圆锥公差示例

（a）图样标注；（b）公差带

基本锥度法通常适用于有配合要求的结构型内、外圆锥。

（3）公差锥度法

公差锥度法是直接给定有关圆锥要素的公差，即同时给出圆锥直径公差 T_{DS} 和圆锥角公

差 AT，不构成二同轴圆锥面公差带的标注方法。此时给定截面圆锥直径公差仅控制该截面的圆锥直径偏差，不再控制圆锥角偏差。T_{DS} 和 AT 各自分别规定，分别满足要求，故按独立原则解释。若有需要，可附加给出有关形位公差要求做进一步控制。

图 8-13 所示为公差锥度法标注圆锥公差示例。图 8-13（a）同时给出最大圆锥直径（也可是最小圆锥直径）极限偏差和圆锥角极限偏差，并标注圆锥长度，它们各自独立，分别满足各自的要求，按独立原则解释。若要对某给定截面圆锥标注，则圆锥直径及其偏差和圆锥长度分别对应解 $\phi d_x \pm T_{DS}/2$ 及 L_x，见图 8-13（b）。

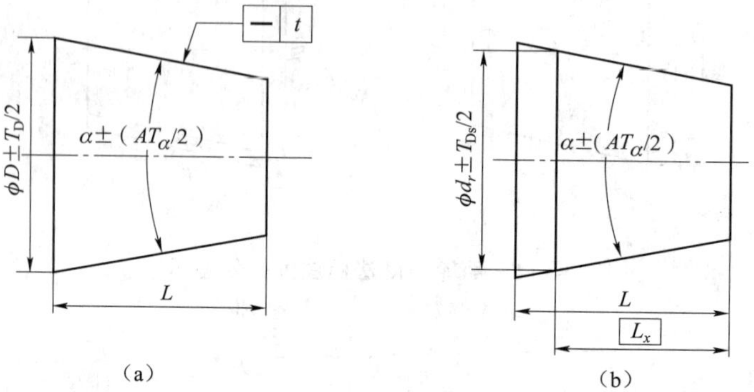

图 8-13　公差锥度法标注圆锥公差示例

公差锥度法仅适用于对某给定截面圆锥直径有较高要求的圆锥和密封及非配合的圆锥。

应当指出，无论采用哪种标注方法，若有需要，可附加给出更高的素线直线度、圆度和倾斜度精度要求；对于面轮廓度法和基本锥度法，还可附加给出圆锥角公差。

习题

1. 圆锥配合有哪些特点？
2. 圆锥的主要几何参数各是何含义？
3. 圆锥配合有哪几种形式？各有何特点？
4. 圆锥公差标注的方法有哪几种？各有什么特征？
5. 某位移圆锥配合的内、外圆锥的公称圆锥直径为 $\phi 80$ mm，锥度 $C=1:20$，要求形成与 H9/h9 相同的配合性质，试计算其极限轴向位移 E_a 和位移公差 T_E。

第 9 章　键与花键的公差与检测

9.1　单键结合的互换性

9.1.1　单键连接的结构和主要几何参数

1. 单键连接的结构

单键连接是一种可拆卸连接，通常用于轴与齿轮、轴与皮带轮的连接。单键连接的结构中，在被连接轴的外圆和齿轮、皮带轮内孔开有键槽，通过键将两者结合，由键传递扭矩和运动，或以键作为导向元件。用于结合的单键主要类型有平键、半圆键和楔键，它们与轴和轮毂的连接形式如图 9-1 所示。

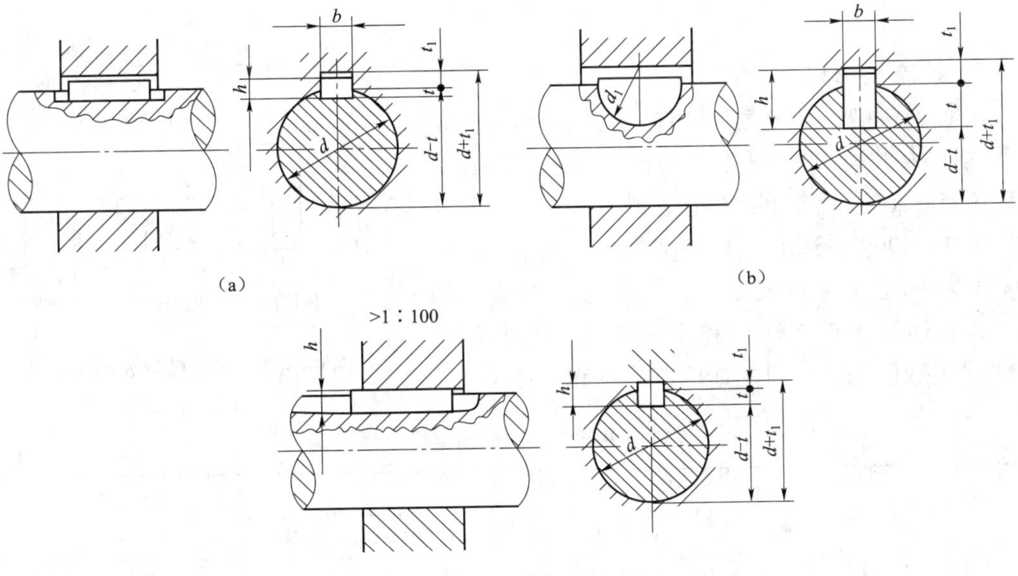

图 9-1　单键结合的形式

(a) 平键连接；(b) 半圆键连接；(c) 楔键连接

单键连接的结构简单可靠、紧凑，装拆方便，且容易加工，所以在各种机械中得到广泛应用。其中，平键连接为典型形式，故以下有关单键结合的内容以平键连接为例。

2. 平键键槽的主要几何参数

GB/T 1095—2003 规定了 $b=2\sim100$ mm 普通型、导向型平键键槽的剖面尺寸，普通型平键键槽的剖面尺寸如图 9-2 所示。

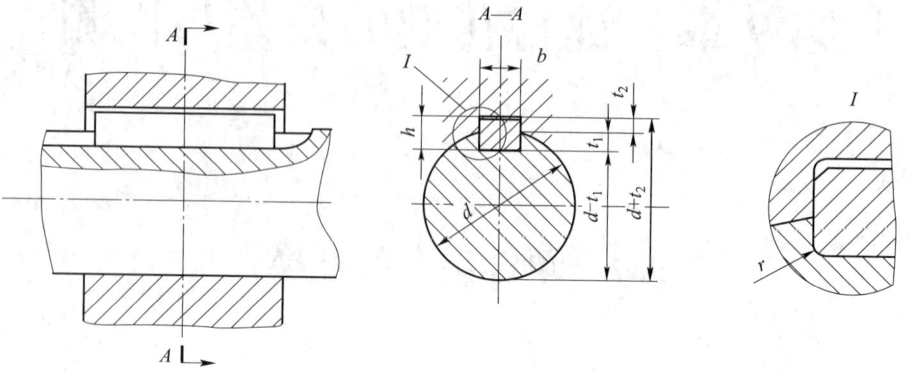

图 9-2　普通平键键槽的主要几何参数

平键的主要尺寸为 $b\times h$，b 为平键的宽度，h 为平键的高度。键槽的尺寸有槽宽 b（与键同宽，键宽与槽宽形成配合）、轴深 t_1、毂深 t_2（$t_1+t_2>h$）及槽内倒角半径 r。以上单位均为 mm。

普通型平键键槽的尺寸与公差的具体数值可查阅 GB/T 1095—2003。

9.1.2　单键连接的配合、技术要求与检测

1. 平键连接的配合

在平键连接中，平键是标准件。键宽和槽宽 b 是配合尺寸，因此键和键槽宽度的配合采用基轴制。GB/T 1095—2003 规定的键和键槽尺寸公差带从 GB/T 1801—1999 中选取，对键宽规定一种公差带，对轴和轮毂的键槽宽各规定三种公差带，构成三类配合，即松连接、正常连接和紧密连接，它们的公差带如图 9-3 所示，各自的适用范围见表 9-1。

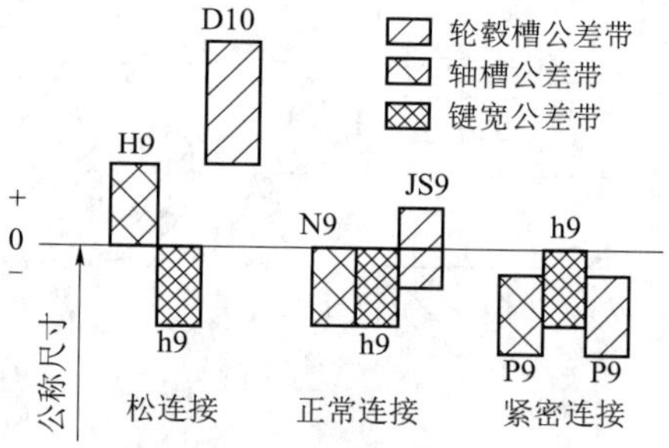

图 9-3　键宽和槽宽 b 的公差带

表 9-1　平键连接的公差带及适用范围

配合种类	尺寸 b 的公差带			适用范围
	键	轴键槽	轮毂键槽	
松连接	h9	H9	D10	导向键连接
正常连接		N9	JS9	一般机械结构
紧密连接		P9		载荷大、有冲击及双向传递扭矩等结构

2. 键与键槽的技术要求

按 GB/T 1095—2003 规定，键与键槽应符合以下技术条件：

1）普通型平键与导向型平键的尺寸应分别符合 GB/T 1096、GB/T 1097 的规定。

2）导向型平键的轴槽与轮毂槽用较松连接的公差。

3）平键轴槽的长度公差用 H14。

4）轴槽及轮毂槽的宽度 b 对轴及轮毂轴心线的对称度，一般可按 GB/T 1184—1996 表 B4 中对称度公差 7~9 级选取。

5）键槽两侧面的表面粗糙度 Ra 值推荐为 1. 6~3. 2 μm，槽底 Ra 值为 6. 3 μm。

3. 键槽的检测

键和键槽的尺寸测量比较简单，在单件小批量生产中可采用通用测量器具（游标卡尺、千分尺等）来测量。在批量生产中，键槽可采用量规检测，分别对其尺寸误差、位置误差进行控制。用光滑极限量规和位置量规检测键槽尺寸误差及形位误差的情况见表 9-2。

表 9-2　用光滑极限量规和位置量规检测键槽尺寸误差及形位误差

检测参数	量规名称及图形	说　明
槽宽 b	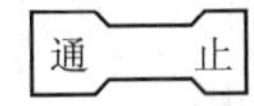 槽宽 b 用的板式塞规	
轮毂槽深（$d+t_2$）	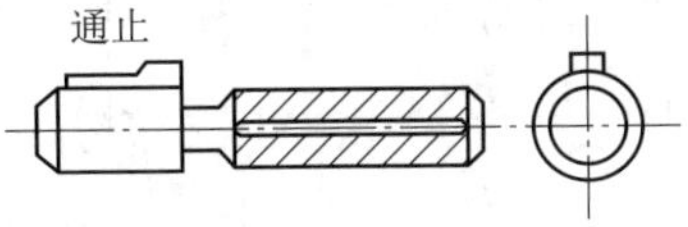 轮毂槽深量规	
轴槽深度（$d-t_1$）	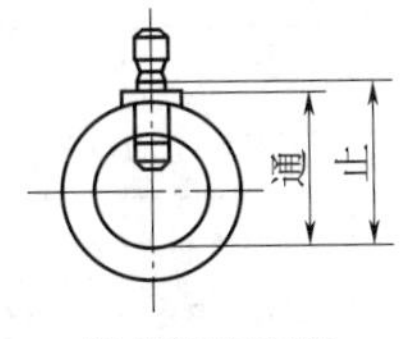 轴槽深度量规	圆环内径为测量基准，上支杆相当于深度尺
轮毂槽的对称度	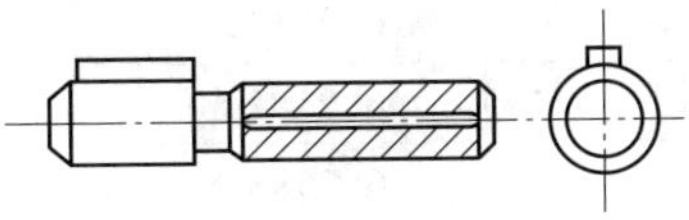 轮毂槽对称性量规	量规能塞入孔内即为合格
轴槽的对称度	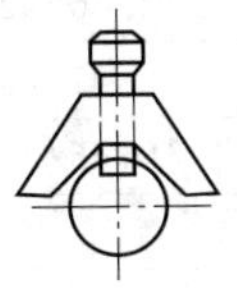 轴槽对称性量规	量规能通过轴槽即为合格。带有中心柱的V 形块只有通端

9.2 矩形花键结合的互换性

花键结合是一种多键整体结合，即具有多个均布键的花键轴与具有多个均布键槽的花键孔的结合。花键结合具有定心精度较高、导向性好、连接可靠等优点，并能传递较大的扭矩，故广泛应用于机床、汽车、拖拉机行业及各种工程机械、矿山机械中。

花键结合的类型较多，按键廓形状的不同可分为矩形花键、渐开线花键和三角形花键。其中矩形花键结合在各种机械中应用最多，结构也相对简单，故下面仅介绍矩形花键。

9.2.1 矩形花键连接的尺寸系列、几何参数及定心方式

矩形花键特别适用于传递扭矩不大而精度要求较高的场合。矩形花键连接由内花键和外花键构成，其主要尺寸为大径 D、小径 d 和键宽（键槽宽）B，如图 9-4 所示。为了便于加工和检测，矩形花键的键数 N 取偶数，有 6、8、10 三种。按承载能力不同，矩形花键可分为轻、中两个系列，中系列矩形花键的大径 D 比轻系列的略大，故承载能力较大。GB/T 1144—2001 规定的矩形花键公称尺寸系列见表 9-3。

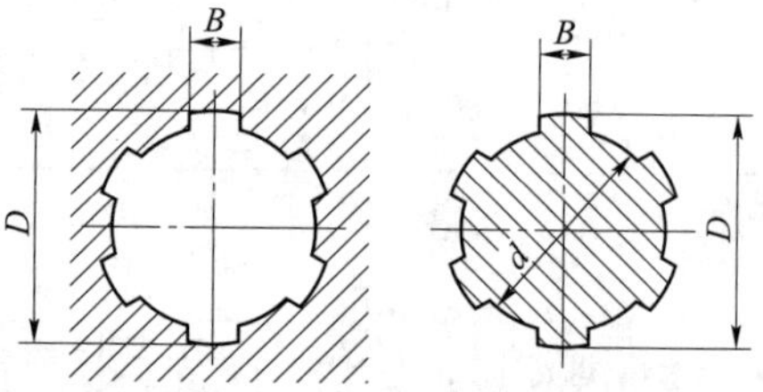

图 9-4 矩形花键连接的主要尺寸

表 9-3 矩形花键公称尺寸系列（摘自 GB/T 1144—2001）

小径	轻系列				中系列			
d/mm	规格 $N\times d\times D\times B$	键数 N	大径 D/mm	键宽 B/mm	规格 $N\times d\times D\times B$	键数 N	大径 D/mm	键宽 B/mm
11	—	—	—	—	6×11×14×3	6	14	3
13					6×13×16×3.5		16	3.5
16					6×16×20×4		20	4
18					6×18×22×5		22	5
21					6×21×25×5		25	5
23	6×23×26×6	6	26	6	6×23×28×6		28	6
26	6×26×30×6		30	6	6×26×32×6		32	6
28	6×28×32×7		32	7	6×28×34×7		34	7
32	8×32×36×6	8	36	6	8×32×38×6	8	38	6
36	8×36×40×7		40	7	8×36×42×7		42	7
42	8×42×46×8		46	8	8×42×48×8		48	8
46	8×46×50×9		50	9	8×46×54×9		54	9
52	8×52×58×10		58	10	8×52×60×10		60	10
56	8×56×62×10		62	10	8×56×65×10		65	10
62	8×62×68×12		68	12	8×62×72×12		72	12

续表

小径	轻系列				中系列			
d/mm	规格 $N×d×D×B$	键数 N	大径 D/mm	键宽 B/mm	规格 $N×d×D×B$	键数 N	大径 D/mm	键宽 B/mm
72	10×72×78×12	10	78	12	10×72×82×12	10	82	12
82	10×82×88×12		88	12	10×82×92×12		92	12
92	10×92×98×14		98	14	10×92×102×14		102	14
102	10×102×108×16		108	16	10×102×112×16		112	16
112	10×112×120×18		120	18	10×112×125×18		125	18

矩形花键连接有三个结合面，即大径 D、小径 d 和键侧（键槽侧）B。在这三个结合面中选取其中一个为主，来确定内、外花键的定心方式和配合性质。用于确定配合性质的结合面称为“定心表面”，理论上这三个结合面都可以作为定心表面。GB/T 1144—2001 规定矩形花键连接以小径结合面作为定心表面，即采用小径定心，如图 9-5 所示。采用小径定心便于内花键的加工与检测。对于定心直径即小径 d 有较高的精度要求，对非定心直径即大径 D 则精度要求较低，且有较大的间隙。对于键宽和键槽宽，必须有足够的精度，以保证传递扭矩及导向的功能要求。

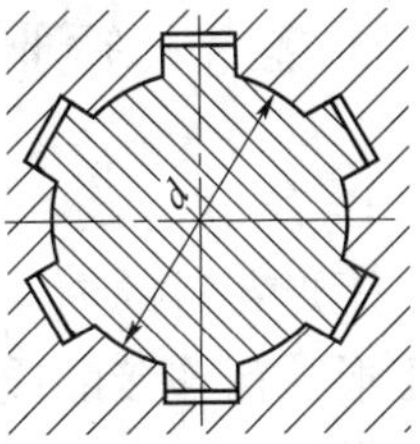

图 9-5 矩形花键连接的定心方式

9.2.2 矩形花键连接的配合及其选用

矩形花键结合按其使用要求分为一般用和精密传动用两类。GB/T 1144—2001 规定的内、外花键尺寸公差带见表 9-4。

表 9-4 内、外花键尺寸公差带（摘自 GB/T 1144—2001）

内花键				外花键			装配形式
d	D	B 拉削后不热处理	B 拉削后热处理	d	D	B	
一般用							
H7	H10	H9	H11	f7	a11	d10	滑动
				g7		f9	紧滑动
				h7		h10	固定
精密传动用							
H5	H10	H7、H9		f5	a11	d8	滑动
				g5		f7	紧滑动
				h5		h8	固定
H6				f6		d8	滑动
				g6		f7	紧滑动
				h6		d8	固定

注：① 精密传动用的内花键，当需要控制键侧配合间隙时，槽宽可选用 H7，一般情况下可选用 H9。
② d 为 H6 和 H7 的内花键，允许与高一级的外花键配合。

一般用花键结合多用于需传递较大转矩的汽车、拖拉机或其他机械结构中，精密传动用花键结合多用于精密变速机构中，如用于机床变速箱中。定心精度要求高或传递扭矩较大时，小径 d 选用较高的公差等级；反之，选用较低的公差等级。

从表 9-4 可以看出，矩形花键连接采用基孔制配合。这样可以减少加工和检验内花键用花键拉刀和花键量规的规格和数量。

花键结合按松紧程度的不同，分为滑动、紧滑动、固定三种装配形式。当花键孔在花键轴上移动频率高且移动距离长时，应选用滑动配合；有移动但移动频率不高时应选用紧滑动配合；当花键孔在花键轴上无轴向移动且传递扭矩较大时则选用固定配合。三种装配形式形成的配合都是间隙配合，但由于受形位误差的影响，实际装配时配合较紧。

9.2.3 矩形花键连接的技术要求、标注与检测

1. 矩形花键的技术要求与标注

矩形花键的内、外结合面较为复杂，且一般情况下键长与键宽的比值较大，故形位误差对矩形花键连接的质量影响较大。因此要对花键的形位误差加以控制。

批量生产中，矩形花键的检测通常采用综合检验法，即用专用综合量规检验，对于内、外花键的分度误差一般规定位置度公差，并采用相关要求。此时的图样标注如图 9-6 所示，其位置度公差见表 9-5。单件小批量生产时，往往没有专用综合量规，会采用单项检验法，一般规定键或键槽两侧面的中心平面对小径表面轴线的对称度公差和花键等分度公差，并遵守独立原则。键槽宽或键宽的等分度公差等于其对称度公差。此时的图样标注如图 9-7 所示，其对称度公差见表 9-6。

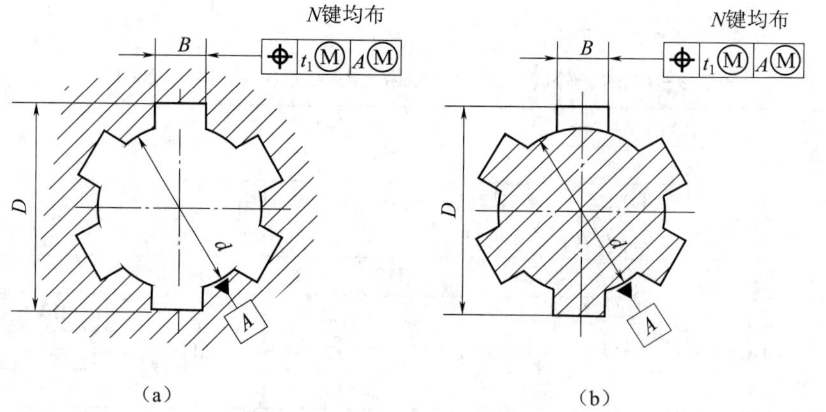

图 9-6 矩形花键的位置度公差标注

(a) 内花键；(b) 外花键

表 9-5 矩形花键的位置度公差（摘自 GB/T 1144—2001） mm

键槽宽或键宽 B			3	3.5~6	7~10	12~18
t_1	键槽宽		0.010	0.015	0.020	0.025
	键宽	滑动、固定	0.010	0.015	0.020	0.025
		紧滑动	0.006	0.010	0.013	0.016

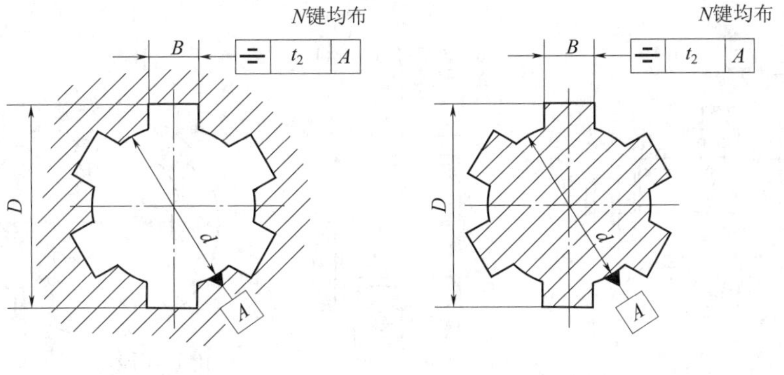

（a）　　　　　（b）

图 9-7　矩形花键的对称度公差标注

（a）内花键；（b）外花键

表 9-6　矩形花键的对称度公差（摘自 GB/T 1144—2001）　　mm

键槽宽或键宽 B		3	3.5~6	7~10	12~18
t_2	一般用	0.010	0.012	0.015	0.018
	精密传动用	0.006	0.008	0.009	0.011

矩形花键结合面的表面粗糙度也会对内、外花键的配合质量产生一定的影响，因此对花键结合面的表面粗糙度也有相关的要求。考虑内、外花键加工的难易程度不同及定心要求，推荐内、外花键小径表面粗糙度 Ra 值不大于 0.8 μm；内花键大径 Ra 值不大于 6.3 μm，外花键大径 Ra 值不大于 3.2 μm；内花键键侧 Ra 值不大于 3.2 μm，外花键键侧 Ra 值不大于 0.8 μm。

2. 矩形花键的标记

GB/T 1144—2001 规定矩形花键的标记应按次序包含下列内容：键数 N、小径 d、大径 D、键宽 B 的公称尺寸及配合公差带代号和标准号。标记示例如图 9-8 所示。

图 9-8（a）所示的是装配图上花键副标注示例，其标记为：

$$6\times 23\frac{H7}{f7}\times 28\frac{H10}{a11}\times 6\frac{H11}{d10}，GB/T\ 1144—2001$$

该标记表示键数为 6，小径尺寸及配合代号为 $23\frac{H7}{f7}$，大径尺寸及配合代号为 $28\frac{H10}{a11}$，键（槽）宽尺寸及配合代号为 $6\frac{H11}{d10}$的花键副。

图 9-8（b）和图 9-8（c）所示的分别是内、外花键的零件图标注示例。也可直接标注各参数的公称尺寸及其极限偏差［见图 9-8（b）和图 9-8（c）的右侧图］。

内花键标记为：6×23H7×28H10×6H11，GB/T 1144—2001；

外花键标记为：6×23f7×28a11×6d10，GB/T 1144—2001。

3. 矩形花键的检测

为确保花键结合的互换性，对加工完的内、外花键各几何参数必须进行检测。花键的检测一般有单项检验法和综合检验法两种。

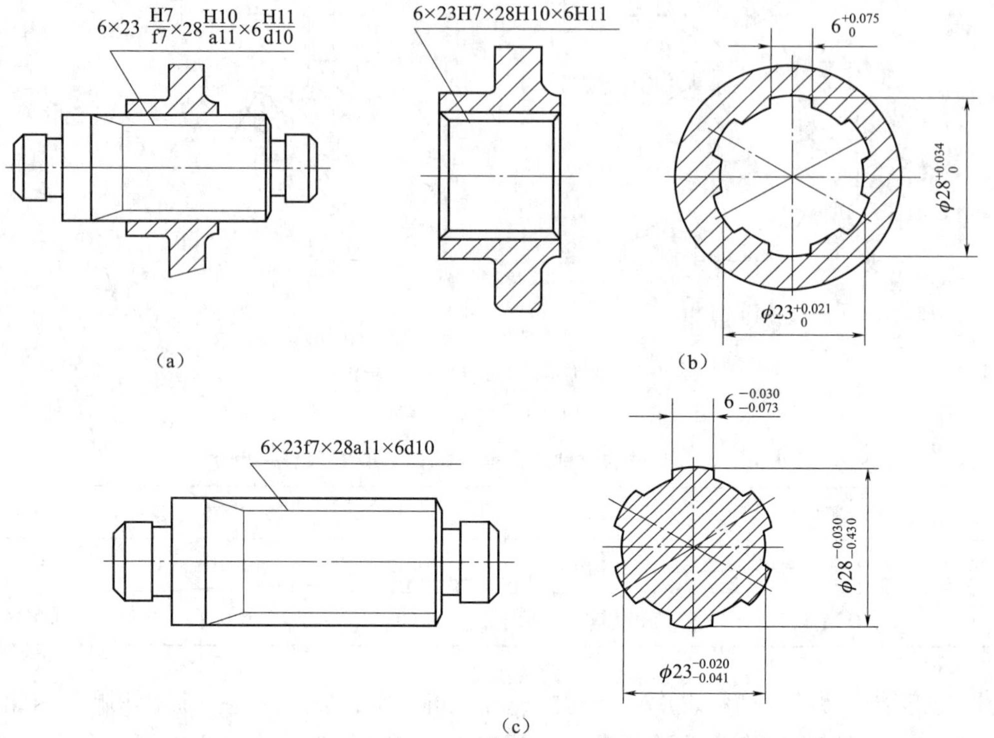

图 9-8　矩形花键的标记

(1) 单项检验法

单项检测法指用通用测量器具分别测量花键的各项尺寸及几何误差。例如，可采用游标卡尺或千分尺测量 d、D、B 的实际尺寸，用光学分度头测量等分度误差（代替位置度公差），然后综合判定花键各实际要素是否超越理想边界。单项检验法多用于单件小批量生产。大批量生产中，需对花键的单项要素进行工艺质量分析时，也采用单项检验法。

(2) 综合检验法

综合检验法指用一套花键综合量规检验内、外花键的各个要素是否超越最大理想边界，并且用各单项要素止规分别判断花键的各单项要素是否超越所规定的最小实体尺寸。内花键综合通规具有外花键轮廓，用以检验内花键的小径 $d_{\min}$、大径 $D_{\max}$、键槽宽 $B_{\min}$ 及大径对小径的同轴度；外花键综合通规具有内花键轮廓，用以检验外花键的小径 $d_{\max}$、大径 $D_{\min}$、键槽宽 $B_{\max}$ 及大径对小径的同轴度。同时，用单项止规（或其他量具）分别检验小径、大径、键（槽）宽的上极限尺寸。键与键槽的位置度通常用单项检验法检验等分度、对称度公差代替位置度公差。

花键综合量规的结构形式如图 9-9 所示。它可以分别对内、外花键同时检验小径、大径、键（槽）宽、大径对小径的同轴度等项目。

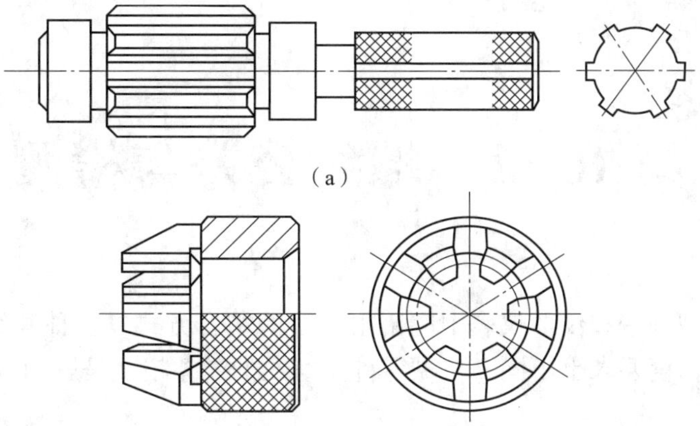

（a）

（b）

图 9-9　花键综合量规

（a）花键塞规；（b）花键环规

习题

1. 平键、键槽的主要几何参数有哪些？
2. 平键连接形成哪几种配合？采用哪种基准制？
3. 表示花键规格的参数有哪些？
4. 花键连接有哪些配合形式？各如何选用？
5. 花键的哪些要素对配合质量产生影响？内、外花键的定心采用哪种方式？
6. 有一花键副标记如下：

$$8\times36\frac{H5}{g5}\times40\frac{H10}{a11}\times7\frac{H7}{f7}$$

试解释该标记的含义，并分别标注在内、外花键的剖面图上。

第 10 章　螺纹公差与检测

螺纹结合是机械制造和仪器仪表中应用很广泛的结合方式。各种螺纹的使用要求不同，牙型也有所不同，精度要求也不同。机械零件上螺纹的公差精度是影响零件功能的重要指标之一。

为了满足普通螺纹的使用要求，保证互换性，我国发布了一系列普通螺纹国家标准：GB/T 14791—2013《螺纹术语》、GB/T 197—2003《普通螺纹 公差》、GB/T 192—2003《普通螺纹 基本牙型》、GB/T 193—2003《普通螺纹 直径与螺距系列》、GB/T 3934—2003《普通螺纹量规 技术条件》、GB/T 5796.3—2005《梯形螺纹 第 3 部分：公称尺寸》、GB/T 5796.4—2005《梯形螺纹 第 4 部分：公差》等。

10.1　螺纹的种类及几何参数偏差对互换性的影响

10.1.1　螺纹的种类、基本牙型及其主要几何参数

1. 螺纹的种类

螺纹是一种最具互换性的典型连接结构。按其结合性质和使用要求不同，可分为以下三类：

（1）普通螺纹

普通螺纹也称“紧固螺纹”，分为粗牙和细牙两种。用于紧固和连接零件。这种螺纹结合应用比较广泛。对这种螺纹结合的主要要求是可旋合性和连接的可靠性。要求其牙侧间的最小间隙等于或接近于零，相当于圆柱体配合中的几种小间隙配合。

（2）紧密螺纹

紧密螺纹用于要求具有气密性或水密性的条件下，如管螺纹连接，在管道中不得漏气、漏水或漏油。其主要要求是具有良好的旋合性及密封性。

（3）传动螺纹

传动螺纹通常指丝杠和测微螺纹，它们都是用来传递运动或实现精确位移的。因此，对它们的主要要求是具有足够的位移精度，即保证传动比的准确性，运动的灵活性、稳定性和较小的空行程。因此，这类螺纹的螺距误差要小，而且应有足够的最小间隙。

2. 螺纹的基本牙型及其主要几何参数

（1）普通螺纹的基本牙型

普通螺纹的基本牙型是指在螺纹轴线剖面内高为 H 的等边三角形（原始三角形）上，

顶部截去 $H/8$、底部截去 $H/4$ 所形成的理论牙型。该牙型具有螺纹的公称尺寸，如图 10-1 所示。

（2）普通螺纹的主要几何参数

1）大径。大径是指与内螺纹牙底或外螺纹牙顶相切的假想圆柱或圆锥的直径。内、外螺纹基本大径分别用符号“D”和“d”表示，如图 10-1 所示。普通螺纹的公称直径是指螺纹的大径。普通螺纹的尺寸系列是以大径与不同螺距的组合。普通螺纹的直径与螺距标准组合系列见表 10-1。

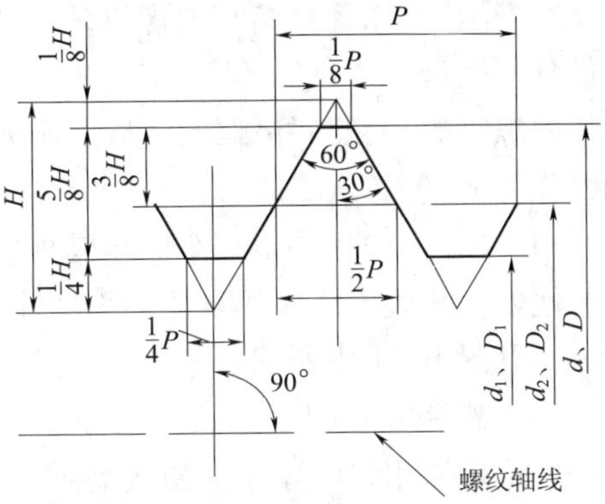

图 10-1　普通螺纹的主要几何参数

表 10-1　普通螺纹的直径与螺距标准组合系列（摘自 GB/T 193—2003）　mm

公称直径 D、d			螺距						
第 1 系列	第 2 系列	第 3 系列	粗牙	细牙					
				3	2	1.5	1.25	1	0.75
	7		1					0.75	
8			1.25				1	0.75	
		9	1.25				1	0.75	
10			1.5				1.25	1	0.75
		11	1.5			1.5		1	0.75*
12			1.75				1.25	1	
			2			1.5	1.25	1	
16	14	15				1.5		1	
			2			1.5		1	
						1.5		1	
20	18	17	2.5		2	1.5		1	
			2.5		2	1.5		1	
	22		2.5		2	1.5		1	
24			3		2	1.5		1	
		25			2	1.5		1	
		26				1.5		1	
	27		3		2	1.5		1	
		28			2	1.5			
30			3.5	(3)	2	1.5		1	
		32			2	1.5			
	33		3.5	(3)	2	1.5			

注：① 带 * 者仅用于发动机的火花塞。
② 应选择与直径处于同一行内的螺距。
③ 优先选用第 1 系列，其次选用第 2 系列，最后选用第 3 系列。
④ 尽可能避免选用括号内的螺距。

2）小径。小径是指与内螺纹牙顶或外螺纹牙底相切的假想圆柱的直径。内、外螺纹的小径分别用符号“D_1” 和 “d_1” 表示，见图 10-1 中所示。

内螺纹的小径和外螺纹的大径统称为“顶径”，内螺纹的大径和外螺纹的小径统称为“底径”。

3）中径。中径是指一个假想圆柱的直径，该圆柱的母线通过牙型上沟槽和凸起宽度相等的地方，此假想圆柱的直径称为“中径”。内、外螺纹的中径分别用符号“D_2” 和“d_2”表示，见图 10-1 中所示。

（3）螺距和导程

螺距是指相邻两牙在中径线上对应两点间的轴向距离。螺距的公称尺寸用符号“P” 表示，见图 10-1 中所示。

导程是指同一条螺旋线上的相邻两牙在中径线上对应两点间的轴向距离，用符号“P_h”表示。

对于单线螺纹，导程与螺距相等，即 $P_h=P$；对于多线螺纹，导程等于螺距 P 与螺纹线数 n 的乘积，即 $P_h=nP$。

（4）单一中径

单一中径是指一个假想圆柱或圆锥的直径，该圆柱或圆锥的母线通过实际螺纹上牙槽宽度等于半个基本螺距的地方。单一中径可以用三针法测得，用来表示螺纹中径的实际尺寸。内、外螺纹的单一中径分别用符号“D_{2s}” 和“d_{2s}” 表示，如图 10-2 所示。

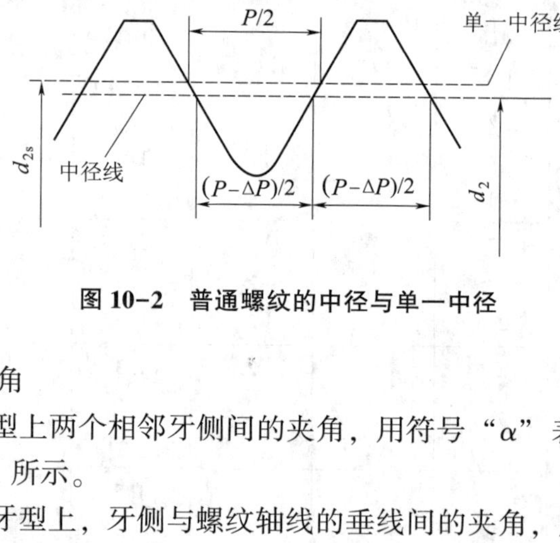

图 10-2　普通螺纹的中径与单一中径

（5）牙型角和牙侧角

牙型角是指螺纹牙型上两个相邻牙侧间的夹角，用符号“α” 表示。米制普通螺纹的牙型角 $\alpha=60°$，如图 10-1 所示。

牙侧角是指在螺纹牙型上，牙侧与螺纹轴线的垂线间的夹角，用符号“$\alpha/2$” 表示。米制普通螺纹的牙侧角 $\alpha/2=30°$，见图 10-1。

（6）螺纹旋合长度

螺纹旋合长度是指两个相互配合的内螺纹与外螺纹，沿螺纹轴线方向相互旋合部分的长度。

3. 螺纹的公称尺寸

国家标准 GB/T 196—2003 规定，普通螺纹的公称尺寸包括内螺纹和外螺纹的大径（D 和 d）、小径（D_1 和 d_1）、中径（D_2 和 d_2）及螺纹的原始三角形高度 H 和螺距 P。公称尺寸值应符合表 10-2 的规定。

表 10-2　普通螺纹的公称尺寸　mm

公称直径（大径） D、d	螺距 P	中径 D_2、d_2	小径 D_1、d_1
8	1. 25	7. 188	6. 647
	1	7. 350	6. 917
	0. 75	7. 513	7. 188
9	1. 25	8. 188	7. 647
	1	8. 350	7. 917
	0. 75	8. 513	8. 188
10	1. 5	9. 026	8. 376
	1. 25	9. 188	8. 647
	1	9. 350	8. 917
	0. 75	9. 513	9. 188
11	1. 5	10. 026	9. 376
	1	10. 350	9. 917
	0. 75	10. 513	10. 188
12	1. 75	10. 863	10. 106
	1. 5	11. 026	10. 376
	1. 25	11. 188	10. 647
	1	11. 350	10. 917
14	2	12. 701	11. 835
	1. 5	13. 026	12. 376
	1. 25	13. 188	12. 647
	1	13. 350	12. 917
15	1. 5	14. 026	13. 376
	1	14. 350	13. 917
16	2	14. 701	13. 835
	1. 5	15. 026	14. 376
	1	15. 350	14. 917
17	1. 5	16. 026	15. 376
	1	16. 350	15. 917
18	2. 5	16. 376	15. 294
	2	16. 701	15. 835
	1. 5	17. 026	16. 376
	1	17. 350	16. 917
20	2. 5	18. 376	17. 294
	2	18. 701	17. 835
	1. 5	19. 026	18. 376
	1	19. 350	18. 917

续表

公称直径（大径） D、d	螺距 P	中径 D_2、d_2	小径 D_1、d_1
22	2.5 2 1.5 1	20.376 20.701 21.026 21.350	19.294 19.835 20.376 20.917
24	3 2 1.5 1	22.051 22.701 23.026 23.350	20.752 21.835 22.376 22.917
25	2 1.5 1	23.701 24.026 24.350	22.835 23.376 23.917
26	1.5	25.026	24.376
27	3 2 1.5 1	25.051 25.701 26.026 26.350	23.752 24.835 25.376 25.917
28	2 1.5 1	26.701 27.026 27.350	25.835 26.376 26.917

10.1.2 螺纹几何参数偏差对互换性的影响

实现普通螺纹的互换性，保证结合精度，要求连接螺纹必须具有良好的可旋入性和一定的连接强度。所以，在螺纹的大径和小径处，内、外螺纹不得相互干涉，在内、外螺纹大径和小径间分别存在间隙，不会影响旋合性。因此，影响螺纹可旋入性和连接强度的主要因素是中径偏差、螺距误差和牙侧角偏差。

1. 中径偏差的影响

螺纹中径偏差是指中径实际尺寸与中径公称尺寸的代数差。由于螺纹是靠牙型侧面进行工作的，所以中径大小直接影响螺纹配合的松紧程度。当外螺纹的中径比内螺纹的中径大时，会影响螺纹的旋合性；反之，则使配合过松而影响连接的可靠性和紧密性，削弱连接强度。因此，对内、外螺纹中径必须加以限制。

2. 螺距误差的影响

对于紧固螺纹而言，螺距误差主要影响螺纹的可旋合性和连接的可靠性；对于传动螺纹而言，螺距误差直接影响传动精度和螺牙上负荷分布的均匀性。

螺距误差包括螺距局部误差（单个螺距误差 ΔP）和螺距累积误差 ΔP_Σ，前者与旋合长度无关、后者与旋合长度有关，而且后者对螺纹的旋合性影响最大，因此必须对其加以限制。

假设一个没有任何误差的理想内螺纹与一个仅有螺距累积误差 ΔP_Σ 的外螺纹结合，会造成理想内螺纹在牙侧部位发生干涉，如图 10-3 所示的阴影部分。为消除此干涉区，可将外螺纹中径减少一个数值 f_P，或将内螺纹增大一个数值 f_P，此值称为“螺距误差中径当量”。由图 10-3 中的几何关系可得：

$$f_P=1.732\left|\Delta P_{\Sigma}\right| \tag{10-1}$$

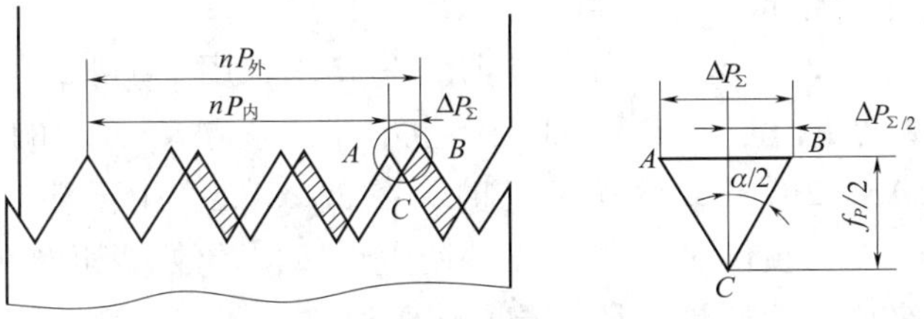

图 10-3　螺距偏差的中径当量

3. 牙侧角偏差的影响

牙侧角偏差是指牙侧角的实际值与其基本值之差，它是螺纹牙侧相对螺纹轴线的位置误差，它对螺纹的旋合性和连接强度均有影响。

假如一个仅有牙侧角偏差的外螺纹与一个没有任何偏差的理想内螺纹结合，也会在小径或大径处牙侧产生干涉，如图 10-4 所示的阴影部分，即不能旋合。为了消除此干涉区，保证旋合性，就必须将外螺纹的牙型沿垂直于螺纹轴线的方向下移至虚线处，从而使外螺纹的中径减小一个数值 $f_{\alpha/2}$。同理，内螺纹存在牙侧角偏差时，为了保证旋合性，就必须将内螺纹的中径增大一个数值 $f_{\alpha/2}$。$f_{\alpha/2}$ 值称为“牙侧角误差中径当量”。

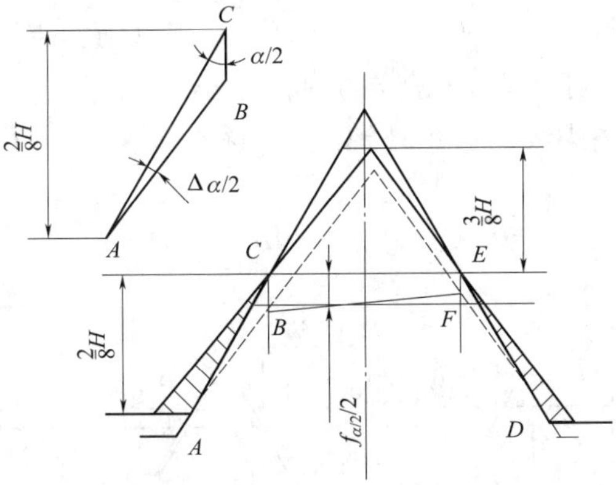

图 10-4　牙侧角偏差的中径当量

图 10-4 所示的仅是外螺纹存在牙侧角偏差的情况，此时干涉区位于小径牙侧面。由 $\triangle ABC$ 和 $\triangle DEF$ 可看出，左、右牙侧角偏差不同，干涉区也不同，因此中径当量应取左右两方的平均值，即：

$$\frac{f_{\alpha/2}}{2}=\frac{BC+EF}{2}$$

根据任意三角形的正弦定理可导出：

$$f_{\alpha/2}=0.073P\left(K_1\left|\frac{\Delta\alpha_1}{2}\right|+K_2\left|\frac{\Delta\alpha_2}{2}\right|\right) \tag{10-2}$$

式中　P——螺距公称值，mm；

K_1，K_2——系数，分别取决于 $\Delta\alpha_1$、$\Delta\alpha_2$ 的正、负号；

$\Delta\alpha_1/2$——左牙侧角偏差；

$\Delta\alpha_2/2$——右牙侧角偏差。

计算结果 $f_{\alpha/2}$ 的单位为 μm。

对于外螺纹，当 $\Delta\alpha_1/2$ 或 $\Delta\alpha_2/2$ 为正值时，在 $H/4$ 处产生干涉，系数 K_1 和 K_2 的值取为 2；当 $\Delta\alpha_1/2$ 或 $\Delta\alpha_2/2$ 为负值时，在 $3H/8$ 处产生干涉，系数 K_1 和 K_2 的值取为 3。

对于内螺纹，当 $\Delta\alpha_1/2$ 或 $\Delta\alpha_2/2$ 为正值时，在 $3H/8$ 处产生干涉，系数 K_1 和 K_2 的值取为 3；当 $\Delta\alpha_1/2$ 或 $\Delta\alpha_2/2$ 为负值时，在 $H/4$ 处产生干涉，系数 K_1 和 K_2 的值取为 2。

所以，对于螺纹来说，无论是中径偏差、螺距误差，还是牙侧角偏差对其旋入性和接触强度均有影响，而且只要存在螺距误差或牙侧角偏差，对外螺纹而言，相当于中径增大了；对内螺纹而言，相当于中径减少了。

10.1.3　螺纹作用中径

1. 螺纹作用中径与中径公差

实际上，螺纹的中径偏差、螺距误差、牙侧角偏差是同时存在的，应分别进行单项检验，但测量起来很困难。如前所述，当外螺纹存在螺距误差和牙侧角偏差时，其作用中径比实际中径要增大 f_P 与 $f_{\alpha/2}$ 值。在规定的旋合长度内，恰好包容（没有间隙或过盈）实际螺纹牙侧的一个假想理想螺纹的中径。该理想螺纹具有基本牙型，并且包容时与实际螺纹在牙顶和牙底处不发生干涉。用符号“d_{2f_e}”表示，如图 10-5 所示。同理，实际内螺纹存在螺距误差和牙侧角偏差，也相当于实际内螺纹的中径减小了 f_P 与 $f_{\alpha/2}$ 值。在规定的旋合长度内，具有基本牙型、包容实际内螺纹的假想外螺纹的中径，就称为“内螺纹的作用中径”，用符号“D_{2f_e}”表示。

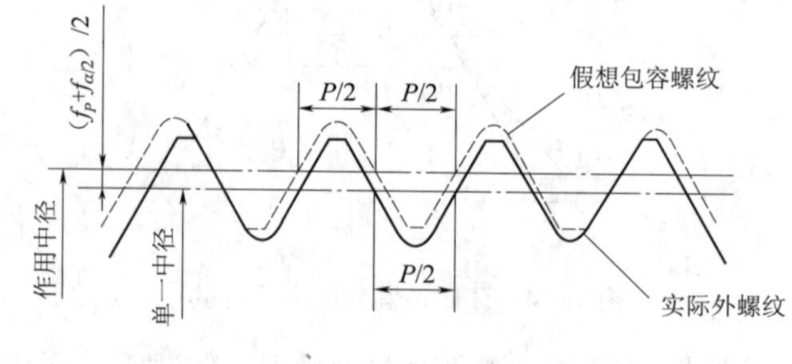

图 10-5　螺纹作用中径

作用中径可按下式计算：

外螺纹

$$d_{2f_e}=d_{2a}+(f_P+f_{\alpha/2}) \tag{10-3}$$

内螺纹

$$D_{2f_e}=D_{2a}-(f_P+f_{\alpha/2}) \tag{10-4}$$

式中　d_{2a}——外螺纹的单一中径；

D_{2a}——内螺纹的单一中径。

对于普通螺纹零件，为了加工和检测的方便，在标准中只规定了一个中径（也叫综合）公差，用这个中径（综合）公差同时控制中径、螺距及牙侧角 3 项参数的偏差，即：

外螺纹

$$T_{d_2} \geqslant f_{d_2} + f_P + f_{\alpha/2} \tag{10-5}$$

内螺纹

$$T_{D_2} \geqslant f_{D_2} + f_P + f_{\alpha/2} \tag{10-6}$$

式中　T_{d_2}，T_{D_2}——外、内螺纹的中径（综合）公差；

f_{d_2}，f_{D_2}——外、内螺纹中径本身的公差。

2. 中径的合格条件

中径为螺纹的配合直径，与圆柱体相似，为保证可旋入性和螺纹件本身的强度及连接强度，实际螺纹的作用中径应不超过最大实体牙型的中径，实际螺纹的单一中径不超过最小实体牙型的中径，用公式表示普通螺纹中径合格的条件为：

外螺纹

$$d_{2f_e} \leqslant d_{2M}\text{；}\ d_{2a} \geqslant d_{2L} \tag{10-7}$$

内螺纹

$$D_{2f_e} \geqslant D_{2M}\text{；}\ D_{2a} \leqslant D_{2L} \tag{10-8}$$

式中　d_{2M}，D_{2M}——外、内螺纹的最大实体牙型中径；

d_{2L}，D_{2L}——外、内螺纹的最小实体牙型中径。

10.2　普通螺纹的公差配合与检测

10.2.1　普通螺纹的公差配合与标注

1. 螺纹公差标准的基本结构

在 GB/T 197—2003《普通螺纹 公差》标准中，只对中径和顶径规定了公差，而对底径（内螺纹大径和外螺纹小径）未给出公差，要求由加工的刀具控制。

在螺纹加工过程中，由于旋合长度不同，加工难易程度也不同。通常短旋合长度容易加工和装配；长旋合长度加工较难保证精度，在装配时由于弯曲和螺距偏差的影响，也较难保证配合性质。因此，螺纹公差精度由公差带（公差大小和位置）及旋合长度构成，如图 10-6 所示。

2. 螺纹公差带

普通螺纹公差带是沿基本牙型的牙侧、牙顶和牙底分布的，由公差（公差带大小）和基本偏差（公差带位置）两个要素构成，在垂直于螺纹轴线方向上计量基本大、中、小径的极限偏差和公差。

(1) 普通螺纹公差等级

普通螺纹公差带的大小由公差值确定，而公差值的大小取决于公差等级和公称直径。普

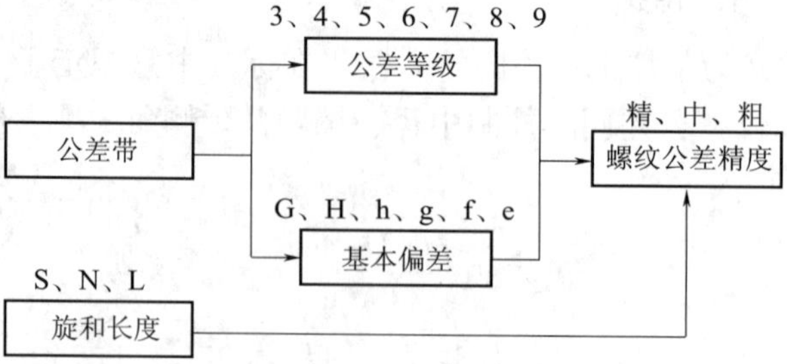

图 10-6　螺纹公差标准的基本结构

通螺纹公差按 GB/T 197—2003《普通螺纹公差》规定，考虑到中径（D_2、d_2）是决定配合性质的主要因素，以及为了测量方便，标准规定有内螺纹和外螺纹的中径公差（T_{D_2}、T_{d_2}）、内螺纹的小径公差 T_{D_1} 和外螺纹的大径公差（T_d）。至于内螺纹的大径和外螺纹的小径，因它们属于限制性尺寸，所以不规定具体的公差数值，只是规定内螺纹和外螺纹的牙底实际轮廓的任何点均不得超过按基本偏差所确定的最大实体牙型。内、外螺纹的中径和顶径的公差等级见表 10-3，其中 6 级为基本级，3 级精度最高，9 级精度最低。各级中径公差和顶径公差的数值分别见表 10-4 和表 10-5。

（2）普通螺纹的基本偏差

普通螺纹公差带的位置由基本偏差确定。螺纹的基本牙型是计算螺纹偏差的基准，内螺纹和外螺纹公差带相对于基本牙型的位置，与圆柱体的公差带位置一样，由基本偏差确定。

表 10-3　螺纹公差等级

μm

种别	螺纹直径		公差等级
内螺纹	中径	D_2	4，5，6，7，8
	小径（顶径）	D_1	
外螺纹	中径	d_2	3，4，5，6，7，8，9
	大径（顶径）	d	4，6，8

表 10-4　内、外螺纹中径公差的数值

μm

公称直径/mm		螺距	内螺纹中径公差 T_{D_2}				外螺纹中径公差 T_{d_2}			
			公差等级							
>	≤	P/mm	5	6	7	8	5	6	7	8
5.6	11.2	0.75	106	132	170	—	80	100	125	—
		1	118	150	190	236	90	112	140	180
		1.25	125	160	200	250	95	118	150	190
		1.5	140	180	224	280	106	132	170	211
11.2	22.4	1	125	160	200	250	95	118	150	190
		1.25	140	180	224	280	106	132	170	212
		1.5	150	190	236	300	112	140	180	224
		1.75	160	200	250	315	118	150	190	236
		2	170	212	265	335	125	160	200	250
		2.5	180	224	280	355	132	170	212	265

续表

公称直径/mm		螺距	内螺纹中径公差 T_{D_2}				外螺纹中径公差 T_{d_2}			
			公差等级							
>	≤	P/mm	5	6	7	8	5	6	7	8
22.4	45	1	132	170	212	—	100	125	160	200
		1.5	160	200	250	315	118	150	190	236
		2	180	224	280	355	132	170	212	265
		3	212	265	335	425	160	200	250	315
		3.5	224	280	355	450	170	212	265	335

表 10-5　内、外螺纹顶径公差的数值　μm

公差等级	内螺纹顶径（小径）公差 T_{D_1}				外螺纹的顶径（大径）公差 T_d		
公差等级 / 螺距 P/mm	5	6	7	8	4	6	8
0.75	150	190	236	—	90	140	—
0.8	160	200	250	315	95	150	236
1	190	236	300	375	112	180	280
1.25	212	265	335	425	132	212	335
1.5	236	300	375	475	150	236	375
1.75	265	335	425	530	170	265	425
2	300	375	475	600	180	280	450
2.5	355	450	560	710	212	335	530
3	400	500	630	800	236	375	600

对于外螺纹，基本偏差是上极限偏差 es；对于内螺纹，基本偏差是下极限偏差 EI。国家标准对内螺纹只规定了 H、G 两种基本偏差，如图 10-7 所示。而对外螺纹规定了 h、g、f 和 e 4 种基本偏差，如图 10-8 所示。内、外螺纹的中径、顶径和底径基本偏差数值相同，见表 10-6。

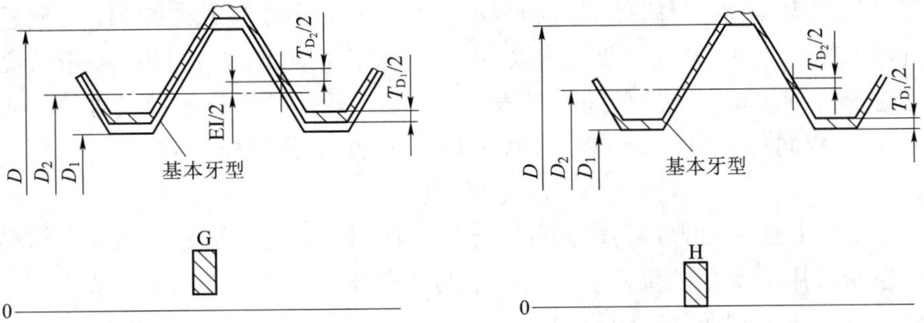

图 10-7　普通内螺纹的公差带位置

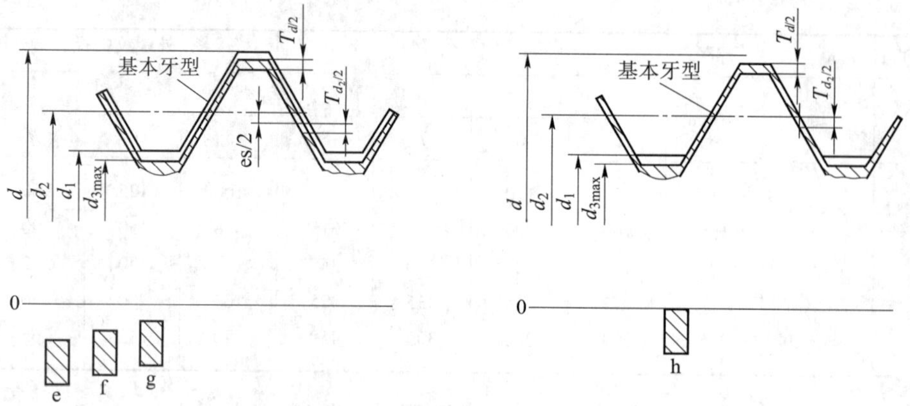

图 10-8　普通外螺纹的公差带位置

表 10-6　内、外螺纹的基本偏差

μm

螺纹 / 基本偏差 / 螺距 P/mm	内螺纹		外螺纹			
	G	H	e	f	g	h
	EI		es			
0.75	+22	0	-56	-38	-22	0
0.8	+24	0	-60	-38	-24	0
1	+26	0	-60	-40	-26	0
1.25	+28	0	-63	-42	-28	0
1.5	+32	0	-67	-45	-32	0
1.75	+34	0	-71	-48	-34	0
2	+38	0	-71	-52	-38	0
2.5	+42	0	-80	-58	-42	0
3	+48	0	-85	-63	-48	0

（3）螺纹的公差带及其选用

按不同的公差带位置（G、H、e、f、g、h）和公差等级（3~9）可以组成不同的公差带。公差带代号由表示公差等级的数字和表示基本偏差的字母组成，如 5H、5g 等。

国家标准 GB/T 197—2003《普通螺纹 公差》规定了表 10-7 中的公差带，除非有特殊要求，不应选择标准规定以外的公差带。表 10-7 中，只有一个公差带代号的，表示中径和顶径的公差带是相同的；有两个公差带代号的，前者表示中径公差带，后者表示顶径公差带。

国家标准 GB/T 197—2003《普通螺纹 公差》将螺纹规定为精密、中等和粗糙三种精度等级，其中精密级用于配合性质要求变动较小的精密螺纹，中等级用于一般机械、仪器或构件，粗糙级用于要求不高或制造困难的场合。

表 10-7　内、外螺纹的公差带　μm

	公差精度	G			H		
		S	N	L	S	N	L
内螺纹	精密	—	—	—	4H	5H	6H
	中等	(5G)	**6G**	(7G)	**5H**	**6H**	**7H**
	粗糙	—	(7G)	(8G)	—	7H	8H

	公差精度	e			f			g			H		
		S	N	L	S	N	L	S	N	L	S	N	L
外螺纹	精密	—	—	—	—	—	—	—	(4g)	(5g4g)	(3h4h)	**4h**	(5h4h)
	中等	—	6e	(7e6e)	—	6f	—	(5g6g)	**6g**	(7g6g)	(5h6h)	6h	(7h6h)
	粗糙	—	(8e)	(9e8e)	—	—	—	—	8g	(9g8g)	—	—	—

注：① 国标中对螺纹旋合长度规定了短旋合长度（S）、中等旋合长度（N）和长旋合长度（L）三组。

② 公差带优先选用顺序：粗体字公差带、一般字体公差带、括号内公差带，带方框的粗体字公差带用于大量生产的紧固件螺纹。

（4）表面粗糙度

普通螺纹一般不规定几何公差，其几何误差不得超出螺纹轮廓公差带所限定的极限区域。仅对高精度螺纹规定了在旋合长度内的圆柱度、同轴度和垂直度等几何公差。它们的公差值一般不大于中径公差的 50%，并按包容要求控制。

螺纹牙侧表面的粗糙度，主要按用途和公差等级确定，可参考表 10-8。

表 10-8　螺纹牙侧表面粗糙度 *Ra*　μm

螺纹工作表面 \ *Ra* 的上限值 \ 螺纹公差等级	4，5	6，7	8，9
螺栓、螺钉、螺母	≤1.6	≤3.2	3.2~6.3
轴及套上的螺纹	0.8~1.6	≤1.6	≤3.2

3. 螺纹的标记

普通螺纹的完整标记由螺纹特征代号、尺寸代号、公差带代号、旋合长度代号和旋向代号组成。

（1）特征代号

普通螺纹特征代号用字母“M”表示。

（2）尺寸代号

尺寸代号包括公称直径（D、d）、导程 P_h 和螺距 P 的代号，对粗牙螺纹可省略标注其螺距项，其数值单位均为 mm。

1）单线螺纹的尺寸代号为“公称直径×螺距”。

2）多线螺纹的尺寸代号为“公称直径×导程（P_h）×螺距（P）”。需要说明螺纹线数时，可在螺距 P 的数值后加括号用英语说明，如双线为 Two Starts、三线为 Three Starts、四线为 Four Starts。

(3) 公差带代号

公差带代号是指中径和顶径公差带代号。中径公差带代号在前，顶径公差带代号在后。如果中径和顶径公差带相同，只标一个公差带代号。螺纹尺寸代号与公差带代号间用半字线“-”分开。

1) 标准规定，在下列情况下，最常用的中等公差精度的螺纹可省略标注公差带代号：① 公称直径 $D \leqslant 1.4$ mm 的 5H、$D \geqslant 1.6$ mm 的 6H 和螺距 $P=0.2$ mm、其公差等级为 4 级的内螺纹；② 公称直径 $d \leqslant 1.4$ mm 的 6h 和 $d \geqslant 1.6$ mm 的 6 g 的外螺纹。

2) 内、外螺纹配合时，它们的公差带中间用斜线分开，左边为内螺纹公差带，右边为外螺纹公差带，如 M20-6H/5g6g。

(4) 旋合长度代号

普通螺纹的旋合长度分为三组：短旋合长度（S)、中等旋合长度（N）和长旋合长度（L)，其中 N 可省略不标。

(5) 旋向代号

对于左旋螺纹，要在旋合长度代号后标注“LH”代号，右旋螺纹省略旋向代号。

(6) 螺纹标注示例

例：M20×2-5g6g-S-LH

表示公称直径为 20 mm，细牙螺纹、螺距为 2 mm，中径公差带为 5g，顶径公差带为6g，短旋合长度，左旋单线细牙普通外螺纹。

10.2.2 普通螺纹的检测

普通螺纹是多参数要素，其检测方法可分为综合检验法和单项测量法两类。

1. 综合检验法

综合检验法是指按泰勒原则使用螺纹量规检验被测螺纹各几何参数误差综合结果的方法。用普通螺纹量规的通规检验被测螺纹的作用中径（含底径)，用止规检验被测螺纹的单一中径，还要用光滑极限量规检验被测螺纹顶径的实际尺寸。

检验内螺纹的量规称为“螺纹塞规”，检验外螺纹的量规称为“螺纹环规”。

螺纹量规通规模拟体现被测螺纹的最大实体牙型，检验被测螺纹的作用中径是否超出其最大实体牙型的中径，并同时检验被测螺纹底径的实际尺寸是否超出其最大实体尺寸。因此，通规应具有完整的牙型，并且其螺纹的长度应等于被测螺纹的旋合长度。止规用于检测被测螺纹的单一中径是否超出其最小实体牙型的中径，因此止规采用截短牙型，并且只有2~3个螺距的螺纹长度，以减小牙侧角偏差和螺距误差对检验结果的影响。

用螺纹量规检验时，若其通规能够旋合通过整个被测螺纹，则认为旋合性合格，否则认为不合格；如果其止规不能旋入或不能完全旋入被测螺纹，则认为连接强度合格，否则认为不合格。

2. 单项测量法

单项测量法常用影像法和三针测量法。

(1) 影像法

影像法可以用来测量螺纹的中径、牙侧角和螺距等参数。此法是在显微镜上，将被测螺纹牙型轮廓放大成像，根据放大的轮廓，测量牙廓与螺纹轴线垂线间的夹角，得牙侧角；再沿垂直于螺纹轴线的方向，测量螺纹轴线两侧牙廓之间的距离，得中径；沿平行于轴线的方向，测量两侧牙廓之间的距离，得累积螺距。

（2）三针测量法

三针测量法主要用于测量外螺纹的实际中径。三针测量法只需要采用三根直径相等的量针和外径千分尺就可测量。它将三根直径相同的量针分别放在螺纹直径两侧的沟槽中，然后用外径千分尺测出针距，根据已知的螺距、牙型角和量针直径，按其几何关系可计算得出实际中径。

10.3　梯形丝杠副与滚珠丝杠副的公差

10.3.1　梯形丝杠副的公差

1. 公称尺寸

梯形丝杠副的螺纹牙型多为梯形螺纹，这是因为梯形螺纹具有传动效率高、精度高和加工方便等优点，并能满足传动螺纹的使用要求。

国家标准 GB/T 5796.3—2005《梯形螺纹 第 3 部分：公称尺寸》规定，梯形螺纹是由原始三角形截去顶部和底部所形成的，其原始三角形为顶角等于 30°的等腰三角形。为了保证梯形螺纹传动的灵活性，必须使内、外螺纹配合后在大径和小径间留有一个保证间隙 α_c，为此，分别在内、外螺纹的牙底上，由基本牙型让出一个大小等于 α_c 的间隙。梯形螺纹公称尺寸的名称、代号及关系式见表 10-9。

表 10-9　梯形螺纹公称尺寸的名称、代号及关系式　μm

名称	代号	关系式
外螺纹大径	d	
螺距	P	
牙顶间隙	α_c	
基本牙型高度	H_1	$H_1=0.5P$
外螺纹牙高	h_3	$h_3=H_1+\alpha_c$
内螺纹牙高	H_4	$H_4=H_1+\alpha_c$
牙顶高	Z	$Z=0.25P$
外螺纹中径	d_2	$d_2=d-2Z$
内螺纹中径	D_2	$D_2=d-2Z$
外螺纹小径	d_3	$d_3=d-2h_3$
内螺纹小径	D_1	$D_1=d-2H_1$
内螺纹大径	D_4	$D_4=d=2\alpha_c$
外螺纹牙顶圆角	R_1	$R_{1max}=0.5\alpha_c$
牙底圆角	R_2	$R_{2max}=\alpha_c$

2. 基本偏差

梯形螺纹的公差是在普通螺纹公差体系基础上建立起来的。国家标准 GB/T 5796. 4—2005《梯形螺纹第 4 部分：公差》对内螺纹的大径 D_4、中径 D_2、小径 D_1只规定了一种基本偏差 H（下极限偏差 EI），其值为零。标准对外螺纹的中径 d_2规定了 e 和 c 两种基本偏差（上极限偏差 es），其值为负；对外螺纹的大径 d 和小径 d_3规定了一种基本偏差 h（上极限偏差 es），其值为零。

外螺纹大径和小径的公差带基本偏差为零，与中径公差带的位置无关。

梯形螺纹中径的基本偏差值见表 10-10。

表 10-10　梯形螺纹中径的基本偏差值　　μm

螺距 P/mm	内螺纹 D_2	外螺纹 d_2	
	H	c	e
	EI	es	es
1. 5	0	-140	-67
2	0	-150	-71
3	0	-170	-85
4	0	-190	-95
5	0	-212	-106
6	0	-236	-118
7	0	-250	-125
8	0	-265	-132
9	0	-280	-140
10	0	-300	-150
12	0	-335	-160
14	0	-355	-180
16	0	-375	-190
18	0	-400	-200
20	0	-425	-212
22	0	-450	-224
24	0	-475	-236
28	0	-500	-250
32	0	-530	-265
36	0	-560	-280
40	0	-600	-300
44	0	-630	-315

3. 公差等级

国家标准 GB/T 5796. 4—2005《梯形螺纹 第 4 部分：公差》中，对内、外螺纹的大、中、小径分别规定了公差等级，见表 10-11。

表 10-11　梯形螺纹的公差等级　μm

螺纹直径	公差等级
内螺纹小径 D_1	4
外螺纹大径 d	4
内螺纹中径 D_2	7、8、9
外螺纹中径 d_2	7、8、9
外螺纹小径 d_3	7、8、9

10.3.2　滚珠丝杠副的公差

GB/T 17587.3—1998《滚珠丝杠副 第 3 部分：验收条件和验收检验》规定滚珠丝杠副分为 1、2、3、4、5、7 和 10 级，其中 1 级最高，10 级最低。一般情况下，标准公差等级 1~5 级精度用于 P 型，即采取预紧型滚珠丝杠副；7 和 10 级精度用于 T 型，即采取非预紧型滚珠丝杠副。

习题

1. 螺纹分为哪几类？各适用于什么场合？

2. 试查表确定 M24×2-6H 螺纹大径和中径的极限尺寸。

3. 有一个 M22×1.5-6h 外螺纹，测得：实际大径 $d_a = 21.950$ mm，实际中径 $d_{2a} = 20.8950$ mm，螺距累积偏差 $\Delta P_{\Sigma} = +0.035$ mm，牙侧角偏差 $\Delta\alpha/2$（右）$= +35'$、$\Delta\alpha/2$（左）$= -20'$，试判断该螺纹中径和顶径是否合格。

4. 说明下列螺纹标注中各代号的含义：

1）M24-6H；2）M36×2-5g6g-20；3）M36×2-6H/5g6g。

第 11 章　圆柱齿轮公差与检测

齿轮传动作为机械传动的基本形式之一，主要用于传递运动和动力。齿轮传动具有可靠性好、承载能力高、传动稳定的特点，它已成为各种机械设备中传递运动和动力的主要机构。渐开线圆柱齿轮是机械传动中重要的基础零部件，被广泛应用于汽车、船舶、飞机、机床、电子、冶金、矿山、农机和军工等领域。

影响齿轮传动质量的因素是多方面的。从系统角度分析，齿轮传动质量不仅与传动元件如齿轮和涡轮的制造精度有关，还与其他相关零件的制造精度、传动装置的装配精度和工作环境，如负载、受热等有关，其中齿轮的几何精度是影响齿轮传动质量的重要组成部分。

目前我国颁布的有关渐开线圆柱齿轮精度的国家标准有 GB/T 10095.1—2008《圆柱齿轮 精度制 第 1 部分：轮齿同侧齿面偏差的定义和允许值》、GB/T 10095.2—2008《圆柱齿轮精度制 第 2 部分：径向综合偏差与径向跳动的定义和允许值》、GB/Z 18620.1—2008《圆柱齿轮 检验实施规范 第 1 部分：轮齿同侧齿面的检验》、GB/Z 18620.2—2008《圆柱齿轮 检验实施规范 第 2 部分：径向综合偏差、径向跳动、齿厚和侧隙的检验》、GB/Z 18620.3—2008《圆柱齿轮 检验实施规范 第 3 部分：齿轮坯、轴中心距和轴线平行度的检验》、GB/Z 18620.4—2008《圆柱齿轮 检验实施规范 第 4 部分：表面结构和轮齿接触斑点的检验》等。

本章以渐开线圆柱齿轮精度为主要内容，以渐开线圆柱齿轮最新国家标准为基础，介绍渐开线圆柱齿轮的主要偏差项目和检验方法，在掌握渐开线圆柱齿轮几何参数定义的基础上，了解和掌握渐开线圆柱齿轮的精度控制和评定方法。

11.1　齿轮的使用要求及加工误差

11.1.1　齿轮的类型和使用要求

1. 齿轮的类型

齿轮机构可分为平面齿轮机构和空间齿轮机构。

(1) 平面齿轮机构

用于传递两平行轴间运动和动力的齿轮机构称为“平面齿轮机构”。平面齿轮机构主要有直齿圆柱齿轮机构、斜齿圆柱齿轮机构和人字齿轮机构三种。

1) 直齿圆柱齿轮机构。直齿圆柱齿轮机构中，各轮齿的方向与齿轮的轴线平行。

直齿圆柱齿轮机构又分为外啮合直齿圆柱齿轮机构、内啮合直齿圆柱齿轮机构和齿轮齿条机构三种。

2）斜齿圆柱齿轮机构。斜齿圆柱齿轮机构的轮齿方向与其轴线方向有一倾斜角，称为“斜齿圆柱齿轮螺旋角”。

3）人字齿轮机构。人字齿轮机构的齿形如“人”字，可看成由两个螺旋方向相反的斜齿轮构成。

（2）空间齿轮机构

用于传递相交轴或交错轴间运动和动力的齿轮机构称为“空间齿轮机构”。空间齿轮机构主要有锥齿轮机构、交错轴斜齿轮机构和蜗杆传动机构三种。

1）锥齿轮机构。锥齿轮机构的轮齿分布在圆锥体的表面上，两齿轮的轴线相交。

锥齿轮机构又可分为直齿锥齿轮机构、斜齿锥齿轮机构和曲齿锥齿轮机构三种。直齿锥齿轮制造简单，应用广泛；斜齿锥齿轮的轮齿倾斜于圆锥母线，制造困难，应用较少；曲齿锥齿轮的轮齿为曲线形，传动平稳，适用于高速、重载传动中，但是制造成本较高。

2）交错轴斜齿轮机构。交错轴斜齿轮机构中，两轴线交错，两齿轮传动为点接触，传动效率低，主要用于小载荷、低速传动中。

3）蜗杆传动机构。蜗杆传动机构中，两轴线交错，一般成 90°角；传动幅度比较大，结构紧凑，传动平稳，噪声和振动小。

2. 齿轮的使用要求

齿轮传动种类很多，应用范围广泛，不同的用途对齿轮的要求也不同。根据齿轮主要用于传递运动和动力的特点，综合齿轮的各种应用，将其中带有共同性的和典型的使用要求加以概括，对齿轮传动的要求可归纳为以下 4 个方面。

（1）传递运动的准确性

要求从动轮与主动轮运动协调，限制从动齿轮在转动一周的范围内传动比的变化幅度。

从齿轮啮合原理可知，一对渐开线齿轮传动过程中，两轮之间的传动比是恒定的，如图 11-1（a）所示，这时传递运动是准确的。但实际上由于齿轮的制造和安装误差，在从动轮转过 360°的过程中，两轮之间的传动比是呈周期性变化的，如图 11-1（b）所示。图 11-1（b）中使从动轮在一周过程中，其实际转动角往往不同于理论转角，发生转角误差，导致传递运动不准确。这种转角误差常影响产品的使用性能，必须加以限制。

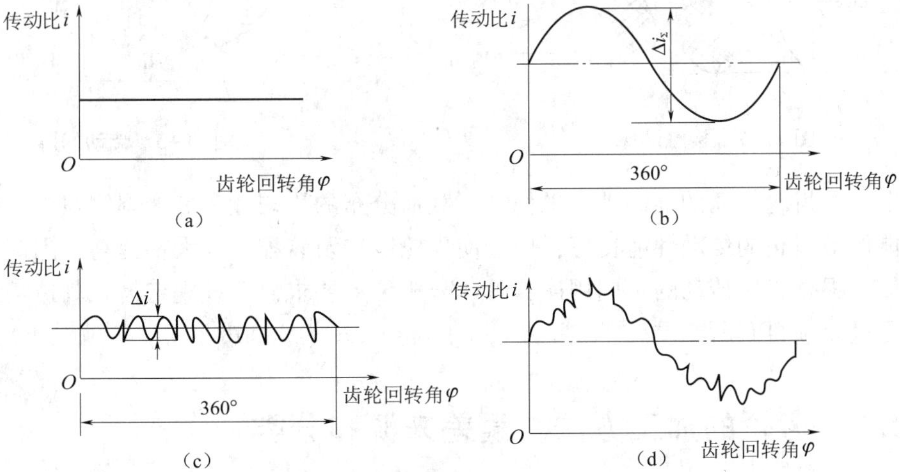

图 11-1　齿轮传动比的变化

（2）传递运动的平稳性

要求瞬时传动比的变化幅度小。由于齿轮齿廓制造有误差，在一对轮齿啮合过程中，传动比发生高频的瞬时突变，如图 11-1（c）所示。传动比这种小周期的变化将引起齿轮传动产生冲击、振动和噪声等现象，影响平稳传动的质量，因此也必须加以控制。

实际传动过程中，图 11-1（b）和（c）所述的两种传动比变化同时存在，如图 11-1（d）所示。

（3）载荷分布均匀性

齿轮在传动载荷时，由于齿面上的载荷集中于齿面局部区域而导致齿面产生应力集中，引起齿面的磨损加剧、点蚀甚至轮齿折断。

载荷分布的均匀性就是要求齿轮相互啮合的齿面有良好的接触，其接触的痕迹应足够大，以使轮齿均匀承载，从而提高轮齿的承载能力和使用寿命。要求一对齿轮啮合时，工作齿面要保证接触良好，避免应力集中，减少齿面磨损，提高齿面强度和寿命。这项要求可用沿轮齿齿宽和齿高方向上保证一定的接触区域来表示，如图 11-2 所示。对齿轮的此项精度要求又称为“接触精度”。

（4）合理的齿侧间隙

在齿轮传动中，为了储存润滑油，补偿齿轮受力变形和热变形以及齿轮制造和安装误差，相互啮合轮齿的非工作表面之间应留有一定的齿侧间隙，否则轮齿传动过程中可能会出现卡死或烧伤的现象。但该侧隙也不能过大，尤其是对于经常需要正反转的传动齿轮，侧隙过大，会产生空程，引起换向冲击。因此，应合理地确定侧隙的数值，要求一对齿轮啮合时，在非工作齿面间应存在间隙。如图 11-3 所示，法向间隙 j_{bn} 是为了使齿轮传动灵活，用以储存润滑油、补偿齿轮的制造与安装误差以及热变形等所需要的侧隙，否则齿轮传动过程中会出现卡死或烧伤现象。在圆周方向测得的间隙称为“圆周侧隙 j_{wt}”。

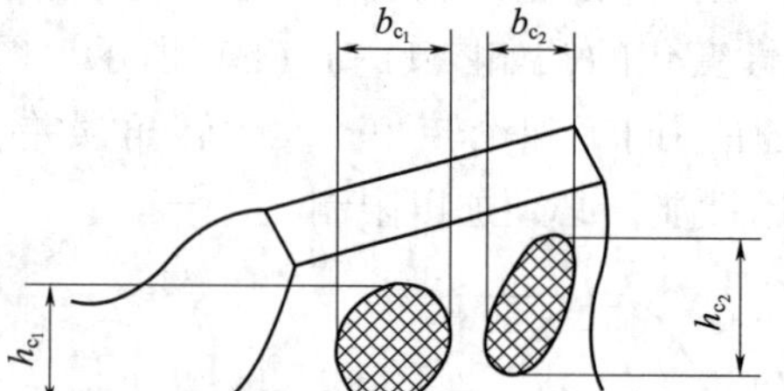

图 11-2　接触区域

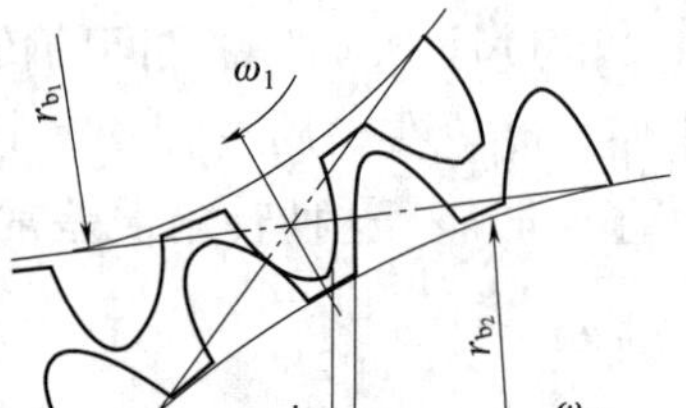

图 11-3　传动间隙

理论上，对齿轮传动的准确性、平稳性、载荷分布的均匀性和齿轮副侧隙提出较高的要求，无疑能保证齿轮的传动性能良好，但会使齿轮制造及装配成本大幅提高。因此，在实际应用中，应当根据齿轮传动的不同用途，具体分析传动要求，合理规定齿轮制造精度，对齿轮及齿轮副偏差项目有所侧重。

11.1.2　齿轮的加工方法、误差来源和分类

在机械制造中，齿轮的加工方法很多。按齿廓形成原理可分为仿形法与展成法，如用成

形铣刀在铣床上铣齿属于仿形法；用滚刀在滚齿机上滚齿属于展成法。

齿轮的加工误差主要来源于加工工艺系统，如齿轮加工机床的误差、刀具的制造与安装误差等。

现以滚齿加工为例，将上述误差归纳为以下几个方面。

1. 几何偏心

几何偏心是齿坯在机床上加工时的安装偏心。造成安装偏心的原因是由于齿坯定位孔与机床芯轴之间有间隙，使齿坯定位孔中心与机床工作台的回转中心 o-o 不重合，如图 11-4 所示。

具有几何偏心的齿轮如图 11-5 所示，一边的齿高增大，另一边的齿高减少。轮齿在以 o 为圆心的圆周上分布是均匀的，但在以 O' 为圆心的圆周上分布是不均匀的。齿轮工作时不能保证回转中心与几何中心重合，所以齿距呈周期性变化。

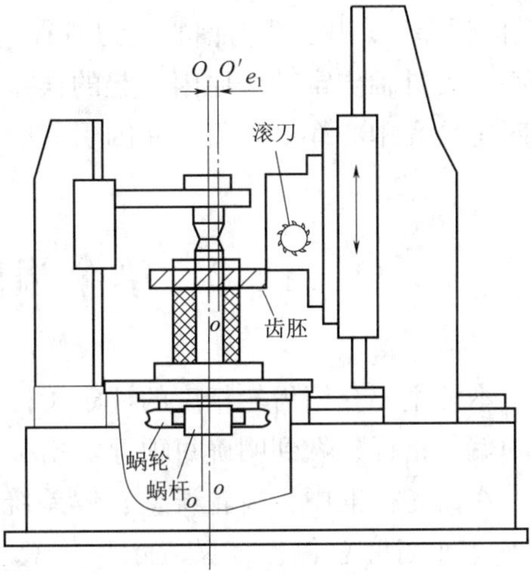

图 11-4　滚齿机加工齿轮

2. 运动偏心

它是由机床分度蜗轮中心与工作台回转中心不重合引起的。加工齿轮时，由于分度蜗轮的中心与机床工作台的回转中心 o-o 不重合（图 11-4），使分度蜗轮与蜗杆的啮合半径发生变化，导致工作台连同固定在其上的齿坯以一整周为周期时快时慢的旋转。这种由分度蜗轮旋转速度变化引起的偏心称为“运动偏心”。具有运动偏心的齿轮如图 11-6 所示，齿坯相对于滚刀无径向位移，但有分度圆切线方向的位移，因而使分度圆上的齿距大小呈周期性变化。

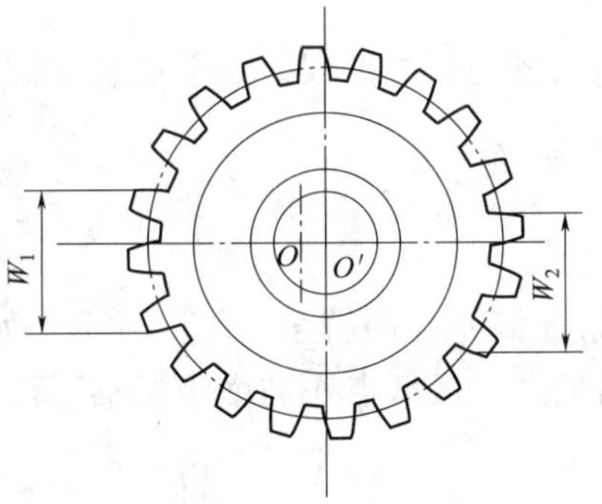

图 11-5　具有几何偏心的齿轮

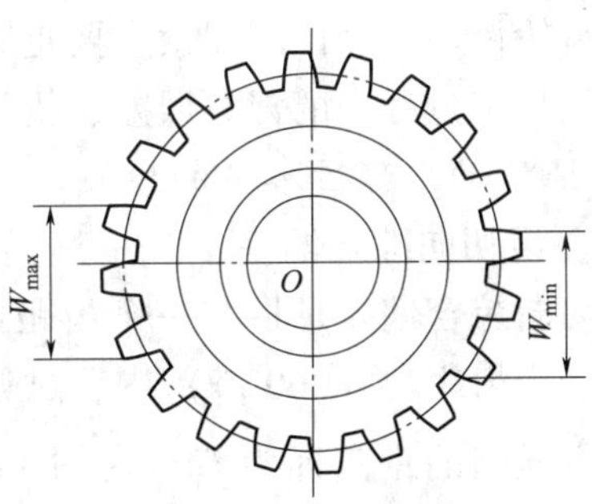

图 11-6　具有运动偏心的齿轮

3. 机床传动链的高频误差

加工直齿轮主要受分度链中各传动元件误差的影响，尤其是分度蜗杆的安装偏心（它引起分度蜗杆的径向圆跳动）和轴向窜动的影响，使蜗轮（齿坯）在一周范围内转速出现多次变化，加工出来的齿轮产生齿距偏差和齿形误差。

加工斜齿轮时，除受分度链误差影响外，还受差动链误差的影响。

4. 滚刀的制造和安装误差

滚刀的制造和安装误差主要指滚刀的径向跳动、轴向窜动、滚刀的齿形误差和基节误差等。这是造成被加工齿轮齿形误差和基节误差的主要原因。

由于滚齿过程是滚刀对齿坯周期地连续切削过程，因此，加工误差具有周期性，这是齿轮误差的特点。上述4个方面的加工误差中，由前两种因素所导致的误差以齿轮转一整周为周期，称为“长周期误差（低频误差）”；由后两种因素导致的误差，在齿轮转一整周中，多次重复出现，称为“短周期误差（高频误差）”。

为了便于分析齿轮各种误差对齿轮质量的影响，按误差相对于齿轮的方向，又分为“径向误差”（由于几何偏心、刀具径向跳动等原因引起的误差）、“切向误差”（如由运动偏心、刀具轴向窜动等原因引起的误差）和“轴向误差”（如由于滚刀导轨的倾斜和齿坯端面对定位孔中心线不垂直等原因引起的误差）。

11.2 单个齿轮的评定参数及其检测

本节主要介绍齿轮精度的评定指标及检测，要求重点掌握影响齿轮传动四项使用要求的各项偏差指标，做到明确每项评定指标的代号、定义、作用及检测方法。

在齿轮标准中，齿轮误差、偏差统称为“齿轮偏差”，偏差与公差共用一个符号表示，如 F_a 表示齿廓总偏差，又表示齿廓总公差。单项要素测量所用到的偏差符号用小写字母（如 f）加上相应的下标表示。

11.2.1 影响齿轮传动平稳性的误差及检测

1. 影响传动平稳性的因素

影响齿轮传递平稳性的因素主要是同侧齿面间的各类短周期误差。造成这类偏差的主要原因是齿轮加工过程中的刀具误差、机床传动链误差等。

2. 保证传动平稳性参数的检测

（1）一齿切向综合偏差

一齿切向综合偏差是指在一个齿距内的切向综合偏差，用符号“f_i”表示。如图11-7所示，在一个齿距角（360°/z）内，过偏差曲线的最高、最低点作与横坐标轴平行的两条直线，两平行线间的距离即为 f'_i。在图11-7曲线上小波纹的最大幅度值为 f'_i。

f'_i 反映齿轮一齿距角内的转角误差，在齿轮转一整周中多次重复出现，是评定齿轮传动平稳性的一项指标。f'_i 与切向综合总偏差一样，用单啮仪进行测量。

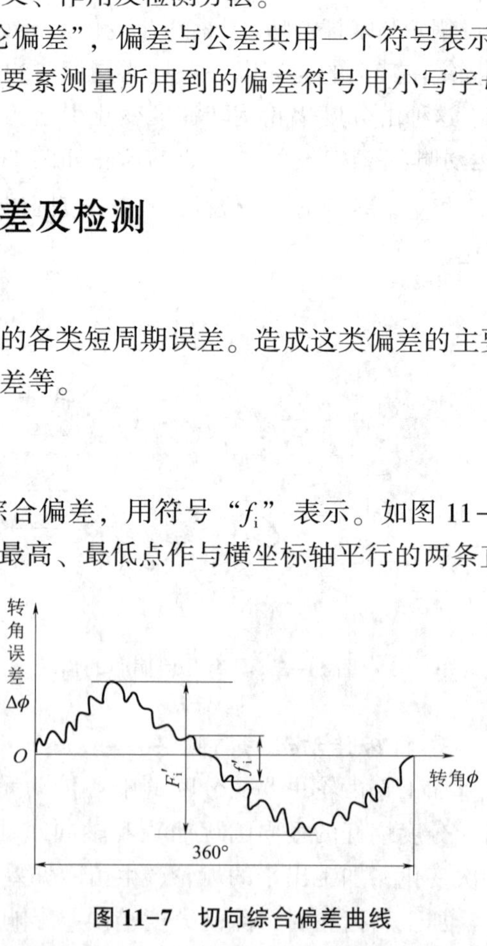

图11-7 切向综合偏差曲线

（2）一齿径向综合偏差

一齿径向综合偏差是指被测齿轮在径向（双

面）综合检验时，对应一个齿距角的径向综合偏差值，用符号“f''_i”表示，如图 11-8（b）所示。

f''_i 采用双啮仪测量，它反映齿轮的短周期径向误差。由于该仪器结构简单，操作方便，所以在成批生产中广泛使用。

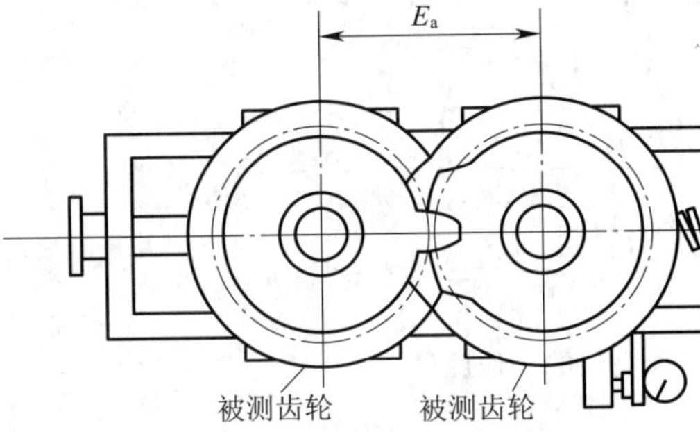

（a）

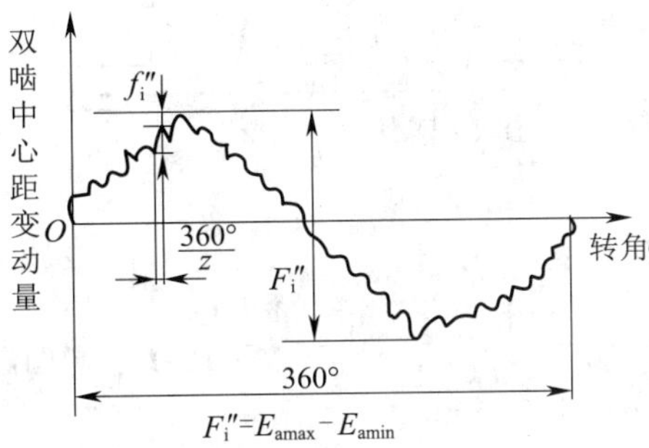

（b）

图 11-8　用双啮仪测径向综合偏差

（3）齿形误差

齿形误差是在齿轮端截面上齿形工作部分（齿顶倒棱部分除外），包容实际齿形，且距离为最小的两条实际齿形之间的法向距离，用符号“f_f”表示，如图 11-9 所示。

通常的齿形工作部分为理论渐开线。齿轮设计中，有时需要对理论渐开线做些修正（如修缘齿形、凸齿形等），此时就应以修正齿形作为设计齿形。

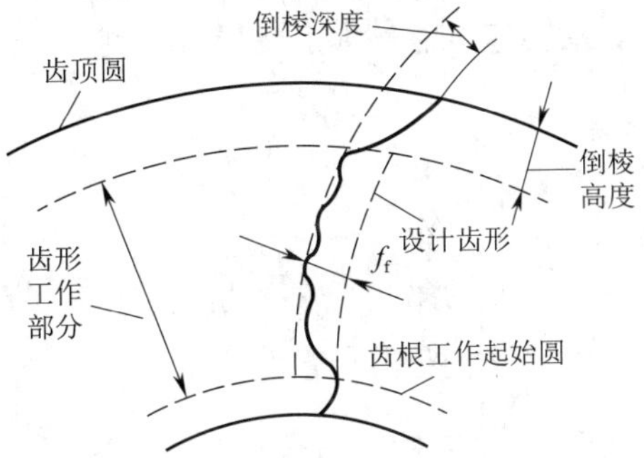

图 11-9　齿形误差

齿形误差的存在，将破坏齿轮副的正常啮合，使啮合点偏离啮合线，从而引起瞬时传动比的变化，导致传动不平稳，所以它是反映一对齿轮在啮合的过程中平稳性的指标。

齿形误差可在渐开线检查仪上测量。渐开线检查仪有单圆盘式和万能式两种。单圆盘式针对每种规格的被测齿轮需要一个专用的基圆盘，只适用于批量生产；万能式则不需要专用的基圆盘，但结构复杂，价格较贵。

图 11-10（a）所示为单圆盘渐开线检测仪的工作原理。仪器通过直尺 2 和基圆盘 1 的纯滚动产生精确的渐开线。被测齿轮 3 与基圆盘同轴安装。传感器 4 和测头装在直尺上面，随直尺一起移动。测量时，按基圆半径 r_b 调整测头的位置，使测头与被测齿面接触。移动直尺 2，在摩擦力作用下，基圆盘与被测齿轮一起转动。如果齿形有误差，则在测量过程中测头相对于齿面之间就有相对移动，此运动通过传感器等测量系统记录下来，如图 11-10（b）所示。图中实线为齿形误差的记录图形，虚线为设计齿形，包容实际齿形的两条虚线之间的距离就是 f_f。

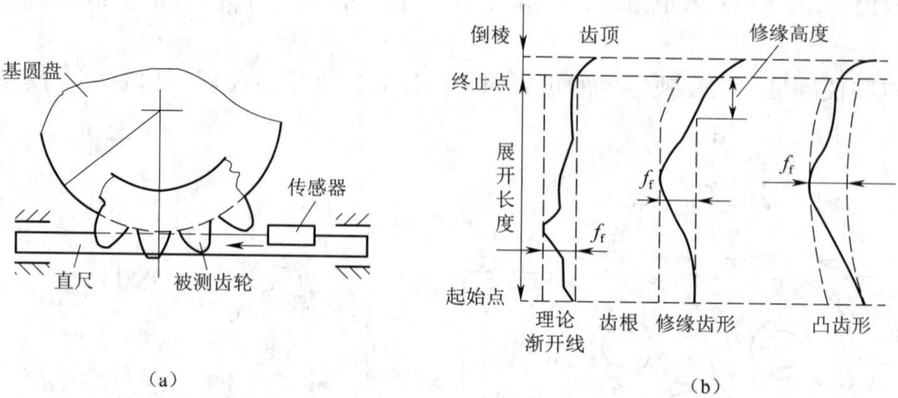

图 11-10　单圆盘式渐开线检测仪的工作原理

（4）基节偏差

基节偏差是实际基节与公称基节之差，用符号“f_{pb}”表示。实际基节是指基圆柱切平面所截两相邻同侧齿面的交线之间的法向距离，如图 11-11 所示。

f_{pb}使齿轮传动在两对轮齿交替啮合的瞬间发生冲击。当主动轮基节大于从动轮基节时，前对轮齿啮合完成而后对轮齿尚未进入啮合，发生瞬间脱离，引起换齿冲击，如图 11-12（a）所示；当主动轮基节小于从动轮基节时，前对轮齿啮合尚未结束，后对轮齿啮合已开始，从动轮转速加快，同时引起换齿撞击、振动和噪声，影响传动平稳性，如图 11-12（b）所示。

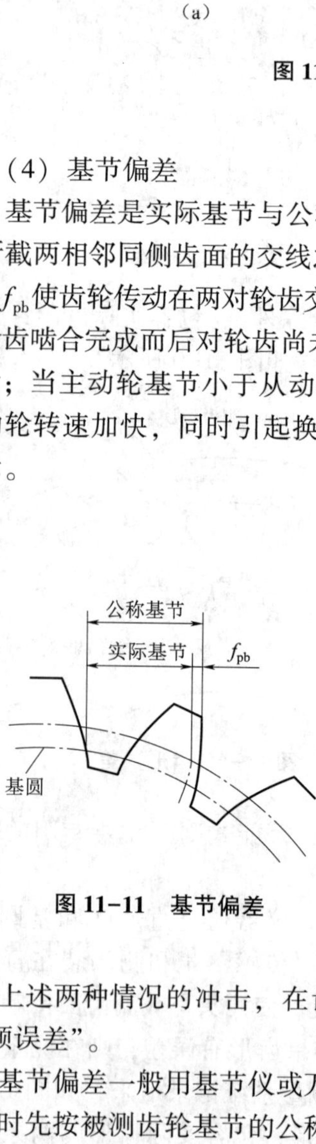

图 11-11　基节偏差

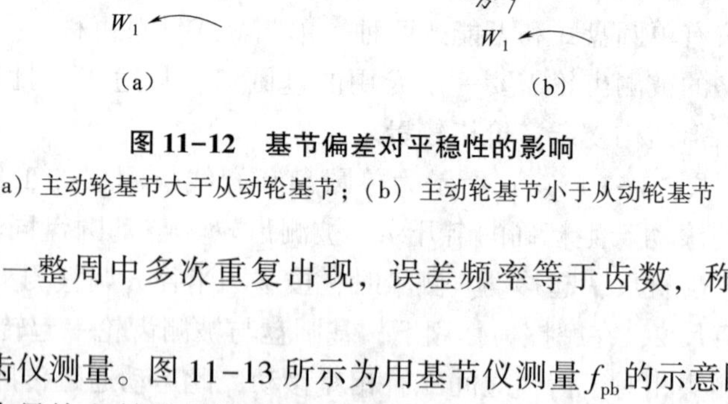

图 11-12　基节偏差对平稳性的影响

（a）主动轮基节大于从动轮基节；（b）主动轮基节小于从动轮基节

上述两种情况的冲击，在齿轮转一整周中多次重复出现，误差频率等于齿数，称为“齿频误差”。

基节偏差一般用基节仪或万能测齿仪测量。图 11-13 所示为用基节仪测量f_{pb}的示意图。测量时先按被测齿轮基节的公称值组合量块，并按量块组尺寸调整相平行的活动量爪 1 与固定量爪 2 之间的距离，使指示表为零，然后将支脚 3 靠在轮齿上，并使两个量爪在基圆柱切线与两相邻同侧齿面的交点接触。测量两点之间的直线距离，从指示表上读出基节偏差数值。

（5）齿距偏差

齿距偏差是分度圆上实际齿距与公称齿距之差，用符号“f_{pt}”表示，如图 11-14 所示。用相对法测量时，公称齿距是指所有实际齿距的平均值。

由齿轮啮合原理可知，理论上齿距 P_t 与基节 P_b 有下列关系：

$$P_b = P_t \cos\alpha$$

式中　α——分度圆上的齿形角。

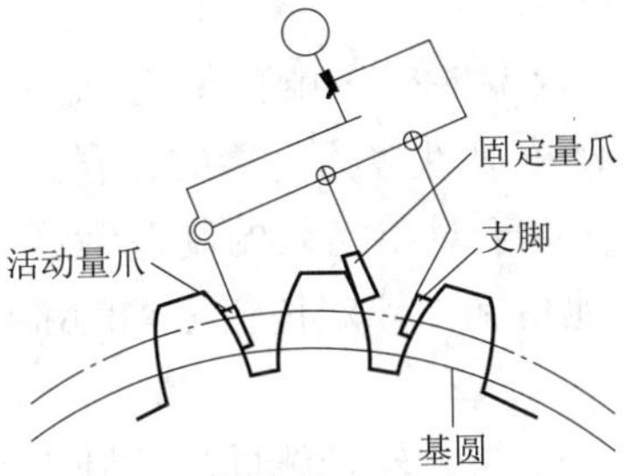

图 11-13　用基节仪测量基节偏差

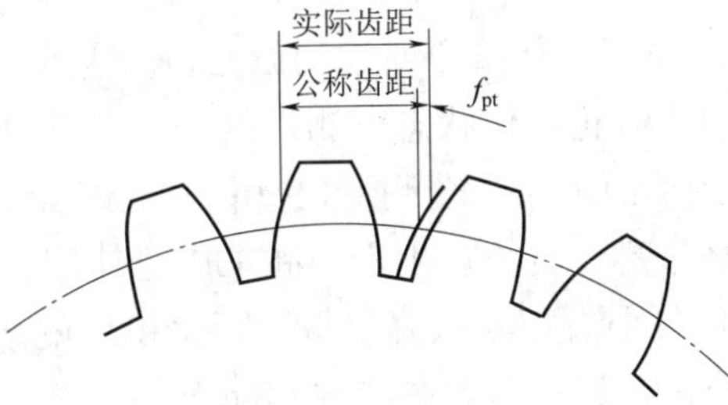

图 11-14　齿距偏差

对上式进行微分可得：

$$\Delta P_b = \Delta P_t \cos\alpha - P_t \sin\alpha \cdot \Delta\alpha$$

所以有：

$$\Delta P_t = \frac{\Delta P_b + P_t \sin\alpha \cdot \Delta\alpha}{\cos\alpha}$$

可见，齿距误差（体现 f_{pt}）和基节误差 ΔP_b（体现 f_{pb}）及齿形角误差 $\Delta\alpha$ 有一定的函数关系（体现 f_f），所以齿距偏差在一定程度上反映了基节偏差和齿形误差的综合影响，故可用 f_{pt} 来评价齿轮工作的平稳性。

f_{pt} 是在测量齿距累积误差时同时测得的。

（6）螺旋线波度误差

螺旋线波度误差是指宽斜齿轮齿高中部实际齿线波纹的最大波幅，沿齿面法线方向计值，用符号“$f_{f\beta}$”表示，图 11-15 所示。它相当于直齿轮的齿形误差，可用来评价宽斜齿轮传动的平稳性。

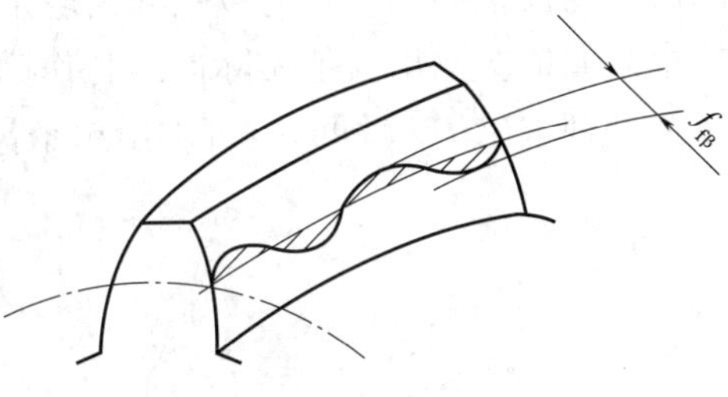

图 11-15　螺旋线波度误差

齿线是齿面与分度圆柱面的交线。通常，直齿轮的齿线为直线，斜齿轮的齿线为螺旋线。

$f_{f\beta}$ 可用波度仪测量。

11.2.2　影响传递运动准确性的因素及检测参数

1. 影响传递运动准确性的因素

影响传递运动准确性的因素主要是同侧齿面间的各类长周期偏差。造成这类偏差的主要因素是运动偏心和几何偏心。几何偏心影响齿廓位置沿径向方向变动，称为“径向误差”。

而运动偏心是齿廓位置沿圆周切线方向变动，称为“切向误差”。

2. 影响运动准确性的参数检测

为了保证运动准确性，规定有 6 个评定参数。

（1）切向综合总偏差

切向综合总偏差是指被测齿轮与理想精确的测量齿轮单面啮合检验时，在被测齿轮转一整周内，齿轮分度圆上实际圆周位移与理论圆周位移的最大差值，用“F_i'”表示，如图 11-7 所示。

F_i' 反映了几何偏心、运动偏心以及基节偏差、轮廓形状偏差等影响的综合结果，而且是在近似于齿轮工作状态下测得的，所以它是评定传递运动准确性较为完善的综合指标。

F_i' 用单面啮合综合测量仪（简称“单啮仪”）进行。由于对单啮仪的制造精度要求很高，价格昂贵，目前在生产中尚未广泛使用，因此常用其他指标来评定传递运动的准确性。

（2）各个齿距累积偏差与齿距累积总偏差

各个齿距累积偏差是指在端面上，在接近齿高中部的一个与齿轮轴线同心的圆上，任意 k 个齿距的实际弧长与理论弧长之差的最大绝对值，用“F_{pk}”表示。

F_{pk}值被限定在不大于 1/8 的圆周上评定。因此，F_{pk}的允许值适用于齿距数 $k=2\sim z/2$ 的弧段内。通常 F_{pk}取 $k=z/8$ 就足够了。

齿距累积总偏差是指齿轮同侧齿面任意弧段（$k=1\sim k=z$）内的最大齿距累积偏差。它表现为齿距累积偏差曲线的总幅度值，用“F_p”表示。

齿距累积偏差主要是滚切齿形过程中由几何偏差和运动偏心造成的。它能反映齿轮一转中偏心误差引起的转角误差，因此 $F_p(F_{pk})$ 可代替 F_i' 作为评定齿轮运动准确性的指标。但 F_p是逐齿测得的，每齿只测一个点，而 F_i' 是在连续运转中测得的，它更全面。由于 F_p的测量可用较普及的齿距仪、万能测齿仪等仪器，因此是目前工厂中常用的一种齿轮运动精度的评定指标。

测量齿距累积误差通常用相对法，可用万能测齿仪或齿距仪进行测量。图 11-16 为万能测齿仪测齿距简图。首先以被测齿轮上任一实际齿距作为基准，将仪器指示表调零，然后沿整个齿圈依次测出其他实际齿距与作为基准的齿距的差值（称为“相对齿距偏差”），经过数据处理求出 F_p（同时也可求出单个齿距偏差 F_{pk}）。

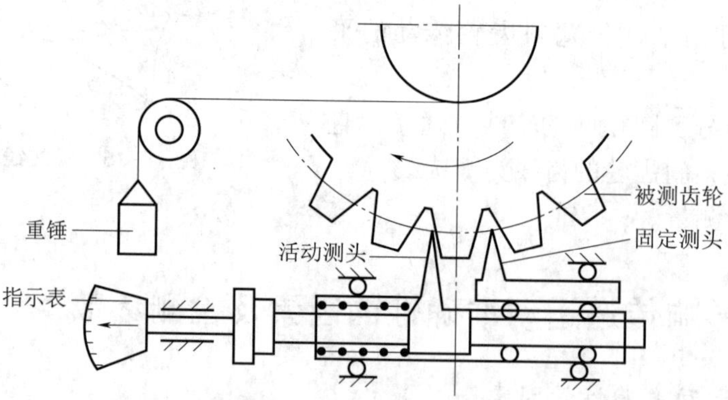

图 11-16　万能测齿仪测齿距简图

(3) 径向跳动

齿轮径向跳动是指齿轮转一周范围内，测头（球形、圆柱形、砧形）相继置于每个齿槽内时，从它到齿轮轴线的最大径向距离和最小径向距离的差值，用“F_r”表示。检查中，测头在近似齿高中部与左右齿面接触，如图 11-17所示。F_r主要是由几何偏心引起的，不能反映运动偏心，它以齿轮转一周所需时间为周期，属于长周期径向误差，所以它必须与能揭示切向误差的单项指标组合，才能全面评定传递运动的准确性。径向跳动 F_r可在齿轮跳动检查仪上进行检测。

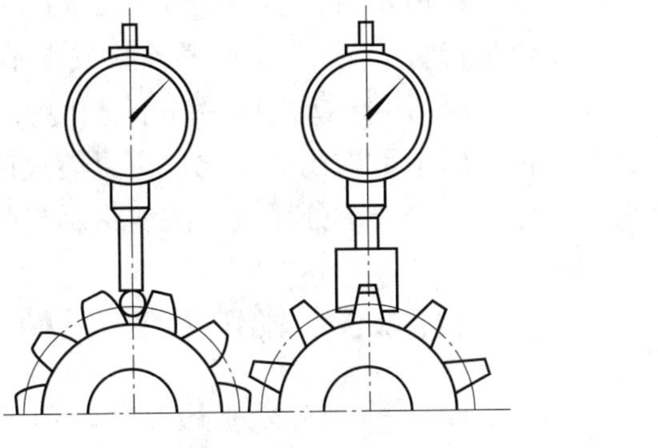

图 11-17　径向跳动

(4) 径向综合总偏差

径向综合总偏差是指在径向（双面）综合检验时，产品齿轮的左右齿面同时与测量齿轮接触，并转过一整周时出现的中心距最大值和最小值之差，用“F''_i”表示。

F''_i 的测量用双面啮合综合检查仪（简称“双啮仪”）进行，如图 11-18 所示。

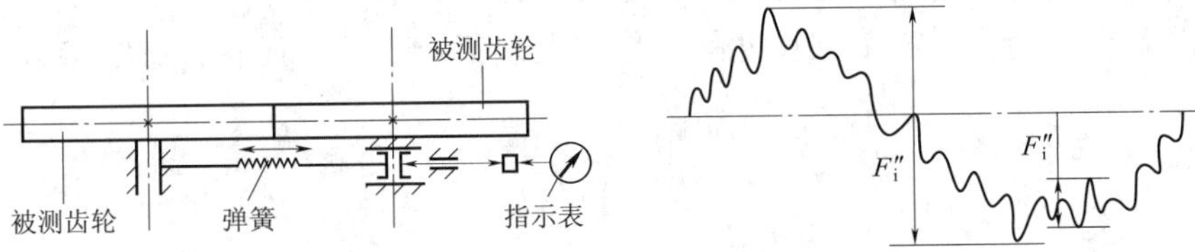

(a)　　(b)

图 11-18　径向综合总偏差的测量

若齿轮存在径向误差（如几何偏心）及短周期误差（如齿形误差、基节偏差等），则齿轮与测量齿轮双面啮合的中心距发生变化。

F''_i 主要反映径向误差，由于 F''_i 的测量操作简便，效率高，仪器结构比较简单，因此在批量生产中普遍应用。但其也有缺点，由于测量时被测齿轮齿面是理想精确测量齿轮啮合，与工作状态不完全符合。F''_i 只能反映齿轮的径向误差，而不能反映切向误差，所以 F''_i 并不能确切和充分地用来评定齿轮传递运动的准确性。

(5) 公法线长度变动量

公法线长度变动量是指在齿轮转一周范围内，实际公法线长度的最大值与最小值之差，用“F_W”表示，如图 11-19 所示。

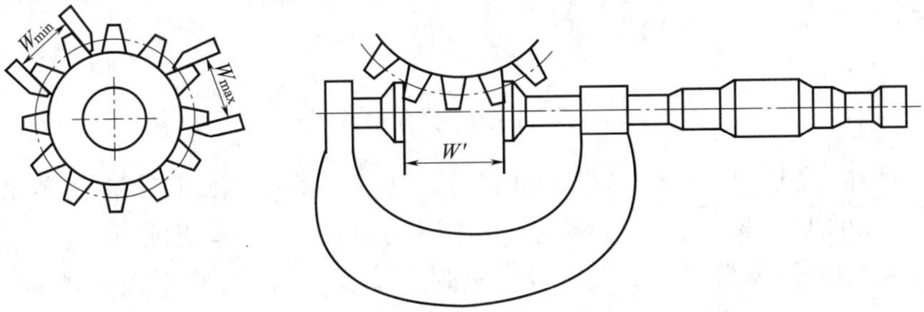

(a)　　$F_W=W_{max}-W_{min}$　　(b)

图 11-19　公法线长度变动量及测量

在齿轮新标准中没有 F_W 此项参数，但从我国的齿轮实际生产情况看，经常用 F_r 和 F_W 组合来代替 F_p 或 F''_i，这样检验成本不高且行之有效，故在此保留供参考。

F_W 是由运动偏心引起的，使各齿廓的位置在圆周上分布不均匀，使公法线长度在齿轮转一周中呈周期性变化。它只能反映切向误差，不能反映径向误差。公法线长度变动量 F_W 可用公法线千分尺或公法线指示卡规测量得到。

11.2.3 影响齿轮载荷分布均匀性的误差及检测

1. 影响载荷分布均匀性的因素

齿轮轮齿载荷分布是否均匀，与一对啮合齿面沿齿高和齿宽方向的接触状态有关。按啮合原理，一对轮齿在啮合过程中，是由齿顶到齿根或由齿根到齿顶在全齿宽上依次接触。对直齿轮，接触线为直线，该接触直线应在基圆柱切平面内且与齿轮轴线平行；对斜齿轮，该接触直线应在基圆柱切平面内且与齿轮轴线成 β_b 角。沿齿高方向，该接触直线应按渐开面（直齿轮）或螺旋渐开面（斜齿轮）轨迹扫过整个齿廓的工作部分。

实际上，由于齿轮的制造和安装误差，啮合齿并不是沿全齿宽接触。就单个齿轮的制造误差而言，对于直齿轮，影响接触长度的是齿向误差；对于宽斜齿轮，影响接触长度主要是螺旋线的误差。

2. 载荷分布均匀性的检验参数

(1) 齿向误差

齿向误差是指在分度圆柱面上齿宽工作部分范围内（端部倒角部分除外），包容实际齿线的两条设计线之间的端面距离，用符号"F_β"表示，如图 11-20（a）所示。

如前所述，直齿轮的设计齿线一般是直线，斜齿轮的设计齿线一般是圆柱螺旋线，如图 11-20（b）所示。为了改善齿轮接触状况，提高承载能力，设计齿线也可采用修正齿线［如鼓形齿线，见图 11-20（c）］和齿轮两端修薄［见图 11-20（d）］，以及其他修正齿线。

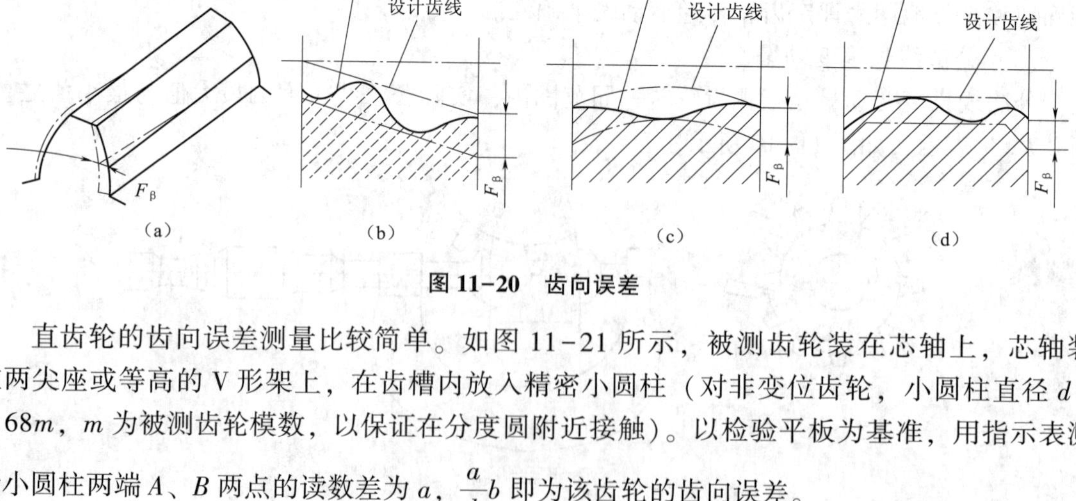

图 11-20 齿向误差

直齿轮的齿向误差测量比较简单。如图 11-21 所示，被测齿轮装在芯轴上，芯轴装在两尖座或等高的 V 形架上，在齿槽内放入精密小圆柱（对非变位齿轮，小圆柱直径 $d=1.68m$，m 为被测齿轮模数，以保证在分度圆附近接触）。以检验平板为基准，用指示表测量小圆柱两端 A、B 两点的读数差为 a，$\frac{a}{l}b$ 即为该齿轮的齿向误差。

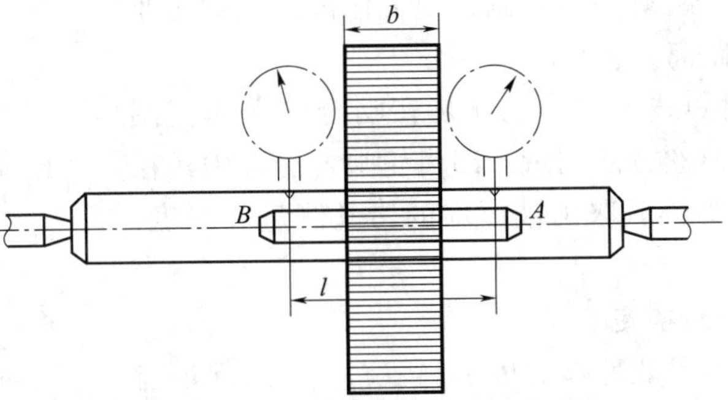

图 11-21　直齿圆柱齿轮齿向误差的测量

斜齿圆柱齿轮的齿向误差可在导程仪、螺旋角检查仪或万能测齿仪上测量。

（2）接触线误差

接触线误差是指在基圆柱的切平面内平行于公称接触线且包容实际接触线的两条最近的直线间的法向距离，用符号“F_b”表示，如图 11-22 所示。它包括斜齿轮的齿向误差和齿形误差。

如前所述，基圆柱切平面与齿面的交线即为接触线，斜齿轮的接触线为一条与基圆柱母线夹角为 β_b 的直线。接触线误差 F_b 反映了斜齿轮的齿形误差和齿向误差，是斜齿轮控制接触均匀性的参数。它可在接触仪上测量。

（3）轴向齿距偏差

轴向齿距偏差是在与齿轮基准轴线平行而大约通过齿高中部的一条直线上，任意两个同侧齿面间的实际距离与公称距离之差，沿齿面法线方向计值，用符号“F_{px}”表示，如图 11-23 所示。

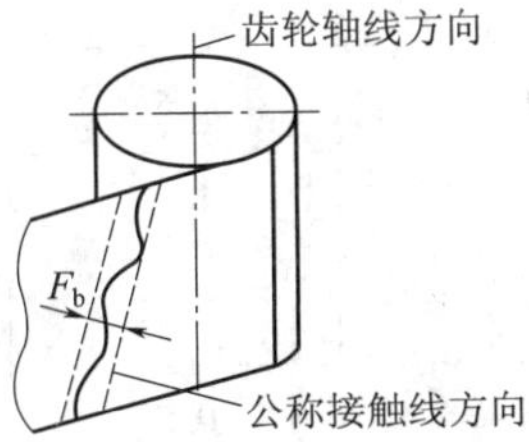

图 11-22　接触线误差

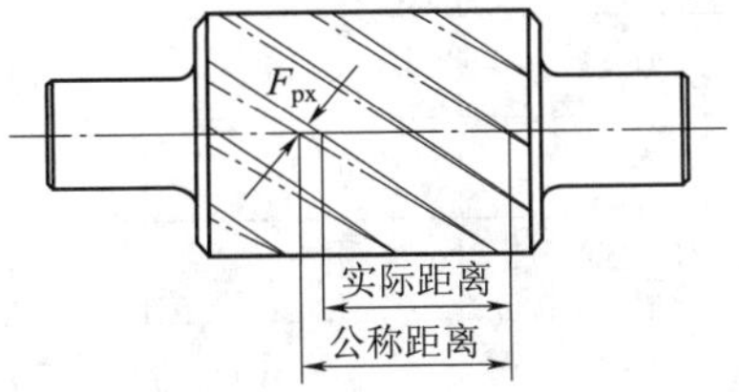

图 11-23　轴向齿距偏差

F_{px} 主要反映了斜齿轮的螺旋角误差，它是宽斜齿轮（$\varepsilon_\beta > 1.25$）评价接触均匀性的指标。F_{px} 可用齿距仪测量。

11.2.4　影响齿轮副侧隙的因素及检测

为保证齿轮润滑，补偿齿轮的制造误差、安装误差以及热变形等造成的误差，必须在非工作齿面留有侧隙。轮齿与配对齿间的配合相当于圆柱体孔、轴的配合，这里采用的是“基中心距制”，即在中心距一定的情况下，用控制轮齿齿厚的方法获得必要的侧隙。

1. 齿侧间隙

齿侧间隙通常有两种表示方法，即圆周侧隙 j_{wt} 和法向侧隙 j_{bn}，如图 11-24 所示。

圆周侧隙j_{wt}是指安装好的齿轮副，当工作齿面接触时非工作齿面之间的最短距离。

测量j_{wt}需在基圆切线方向，也就是在啮合线方向上测量，一般可以通过压铅丝方法测量，即齿轮啮合过程中，在齿间放入一块铅丝，啮合后取出被压扁的铅丝测量其厚度，也可以用塞尺直接测量j_{bn}。

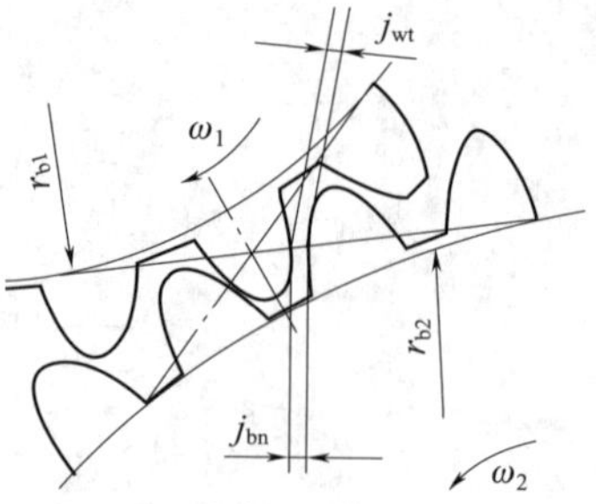

图 11-24　齿轮侧隙

2. 最小侧隙j_{bnmin}的确定

齿轮传动时，必须保证足够的最小侧隙j_{bnmin}，以保证齿轮机构正常工作。对于用黑色金属材料齿轮和黑色金属材料箱体的齿轮传动，工作时齿轮节圆的线速度小于 15 m/s，其箱体、轴和轴承都采用常用的商业制造公差，j_{bnmin}（mm）可按下式计算：

$$j_{bnmin}=\frac{2}{3}(0.06+0.005|a_i|+0.03m_n)$$

式中　a_i——中心距；

m_n——法向模数。

按上式计算可以得出如表 11-1 所示的推荐数据。

表 11-1　对于中、大模数齿轮最小侧隙j_{bnmin}的推荐数据　mm

模数 m_n	中心距 a_i					
	50	100	200	400	800	1 600
1.5	0.09	0.11	—	—	—	—
2	0.10	0.12	0.15	—	—	—
3	0.12	0.14	0.17	0.24	—	—
5	—	0.18	0.21	0.28	—	—
8	—	0.24	0.27	0.34	0.47	—
12	—	—	0.35	0.42	0.55	—
18	—	—	—	0.54	0.67	0.94

3. 齿侧间隙的获得和检验项目

如前所述，齿轮轮齿的配合采用“基中心距制”，在此前提下，齿侧间隙必须通过减薄齿厚来获得，由此还可以派生出通过控制公法线长度等方法来控制齿厚。

（1）用齿厚极限偏差控制齿厚

为了获得最小侧隙j_{bnmin}，齿厚应保证最小减薄量，它是由分度圆齿厚上极限偏差E_{sns}形成的，如图 11-25 所示。

对于E_{sns}的确定，可以参考同类产品的设计经验或其他有关资料选取，当缺少此方面的资料时可参考下述方法计算选取。

当主动轮与被动轮齿厚都做成最小值即做成上极限偏差时，可获得最小侧隙 j_{bnmin}。通常取两齿轮的齿厚上极限偏差相等，此时：

$$j_{bnmin}=2\left|E_{sns}\cos\alpha_n\right|$$

因此有：

$$E_{sns}=\frac{j_{bnmin}}{2\cos\alpha_n}$$

按上式求得的 E_{sns} 应取负值。

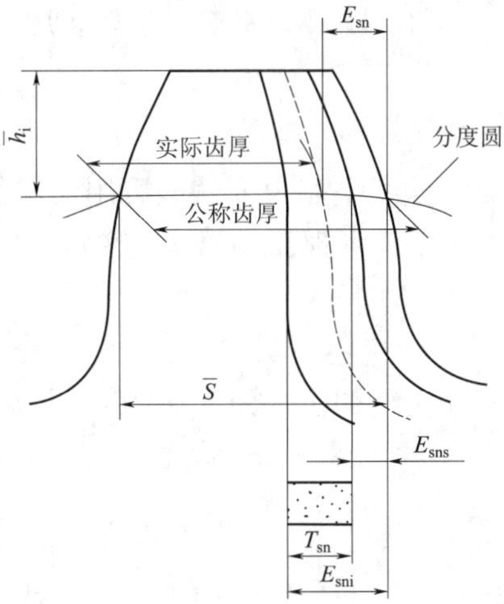

图 11-25　齿厚偏差

齿厚公差 T_{sn} 大体上与齿轮精度无关，如对最大侧隙有要求时，就必须进行计算。齿厚公差的选择要适当，公差过小，势必增加齿轮制造成本；公差过大，则会使侧隙增大，使齿轮正、反转时，空行程过大。齿厚公差可按下式求得：

$$T_{sn}=2\tan\alpha_n\sqrt{F_r^2+b_r^2}$$

式中　b_r——切齿径向进刀公差，可按表 11-2 选取。

表 11-2　切齿径向进刀公差 b_r 值

齿轮精度等级	4	5	6	7	8	9
b_r	1.26IT7	IT8	1.26IT8	IT9	1.26IT9	IT10
注：查 IT 值的主参数为分度圆直径尺寸。						

为了使齿侧间隙不至过大，在齿轮加工过程中需根据加工设备的情况适当地控制齿厚下极限偏差 E_{sni}，其可按下式求得：

$$E_{sni}=E_{sns}-T_{sn}$$

显然，若齿厚偏差合格，则实际齿厚偏差 E_{sn} 应处于齿厚公差带内。

一般用齿厚游标卡尺测量分度圆弦齿厚，如图 11-26 所示。用齿厚游标卡尺测量分度圆弦齿厚是以齿顶圆定位测量，因受齿顶圆偏差影响，测量精度较低，故适用于较低精度的齿轮测量或模数较大的齿轮测量。

测量时，先将齿厚卡尺的高度游标尺调至相对分度圆弦齿高 $\overline{h}_a$ 位置，再用宽度游标卡尺测出分度圆弦齿厚 $\overline{s}$ 值，将其与理论值比较即可得到齿厚偏差 E_{sn}。

对于非变位直齿轮 $\overline{s}$ 与 $\overline{h}_a$ 按下式计算：

$$\left.\begin{aligned}\overline{s}&=2r\sin\frac{90^\circ}{z}\\ \overline{h}_a&=m\left[1+\frac{z}{2}\left(1-\cos\frac{90^\circ}{z}\right)\right]\end{aligned}\right\}$$

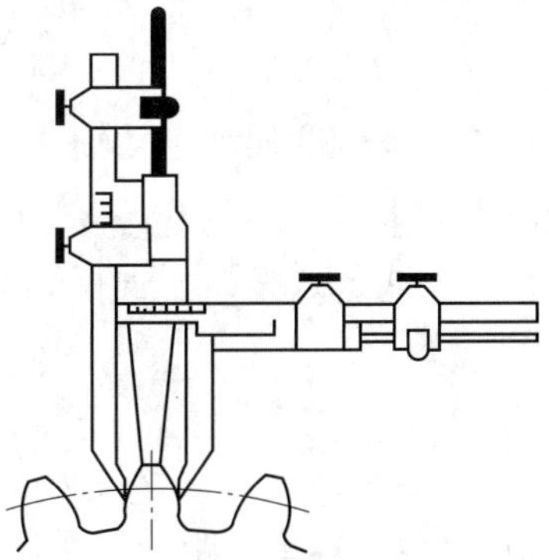
图 11-26　齿厚测量

(2) 用公法线平均长度极限偏差控制齿厚

齿轮齿厚的变化必然引起公法线长度的变化。测量公法线长度同样可以控制齿侧间隙。公法线长度的上极限偏

差 E_{bns} 和下极限偏差 E_{bni} 与齿厚偏差分别有如下关系：

$$\left.\begin{aligned}E_{bns}&=E_{sns}\cos\alpha_n\\E_{bni}&=E_{sni}\cos\alpha_n\end{aligned}\right\}$$

公法线平均长度偏差可用公法线千分尺或公法线指示卡规进行测量，如图 11-19 所示。度量表面间所跨的齿数 k 通常可按下式计算：

$$k=\frac{z}{9}+0.5\ \text{（取近似的整数）}$$

非变位的齿形角为 20°的直齿轮公法线长度为：

$$W_k=m[2.952(k-0.5)+0.014z]$$

11.3　齿轮副的评定指标与检测

11.3.1　轴线平行度偏差及检测

如果一对相互啮合的圆柱齿轮的两条轴线不平行，形成空间的异面（交叉）直线，则将影响齿轮的接触精度，因此必须对其加以控制，如图 11-27 所示。

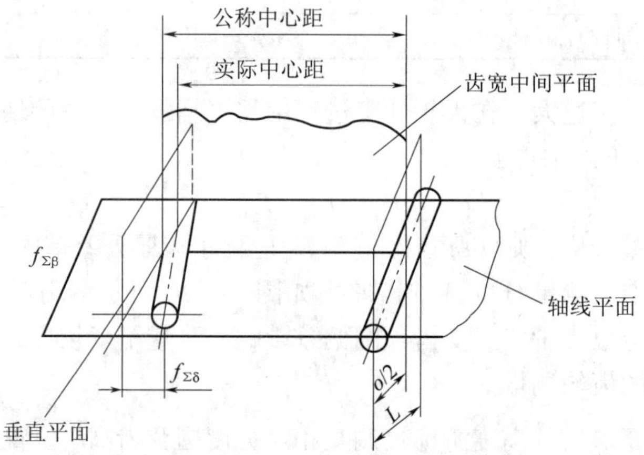

图 11-27　轴线平行度偏差

轴线平行度偏差包括轴线平面内的平行度偏差 $f_{\Sigma\delta}$ 和垂直平面上的平行度偏差 $f_{\Sigma\beta}$。轴线平面内的平行度偏差 $f_{\Sigma\delta}$，是在两轴线的公共平面上测量的；垂直平面上的平行度偏差 $f_{\Sigma\beta}$，是在与轴线公共平面相垂直的平面上测量的。$f_{\Sigma\delta}$ 与 $f_{\Sigma\beta}$ 的最大推荐值为：

$$f_{\Sigma\beta}=0.5\frac{L}{b}F_\beta$$

$$f_{\Sigma\delta}=2f_{\Sigma\beta}$$

式中　L——轴承跨距；

b——齿宽。

11.3.2　接触斑点及检测

齿轮副的接触斑点是指安装好的齿轮副，在轻微制动下，运转后齿面上分布的接触擦亮痕迹。对于在齿轮箱体上安装好的配对齿轮所产生的接触斑点大小，可用于评估齿面接触精度。也可以将被测齿轮安装在机架上使用测量齿轮在轻载下测量接触斑点，可评估装配后的齿轮螺旋线精度和齿廓精度。图 11-28 所示为接触斑点分布示意图，图中 b_{c1} 为接触斑点的较大长度，b_{c2} 为接触斑点的较小长度，h_{c1} 为接触斑点的较大高度，h_{c2} 为接触斑点的较小高度。表 11-3 给出了装配后齿轮副接触斑点的最低要求。

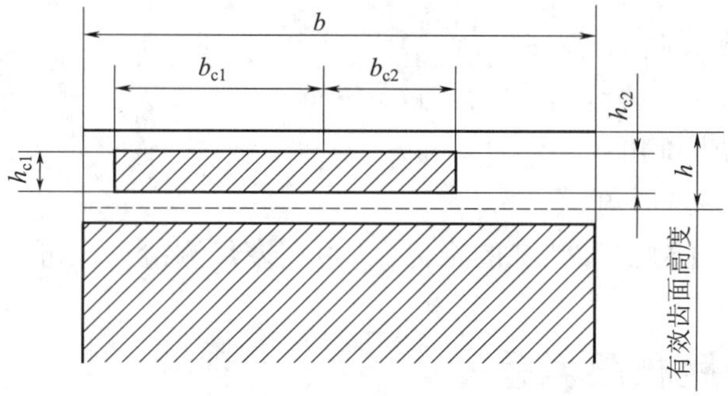

图 11-28　接触斑点的分布图

表 11-3　装配后齿轮副接触斑点的最低要求

精度等级	$(b_{c1}/b)\times100\%$		$(h_{c1}/h)\times100\%$		$(b_{c2}/b)\times100\%$		$(h_{c2}/h)\times100\%$	
	直齿轮	斜齿轮	直齿轮	斜齿轮	直齿轮	斜齿轮	直齿轮	斜齿轮
4 级及更高	50	50	70	50	40	40	40	30
5 和 6	45	45	50	40	35	35	30	20
7 和 8	35	35	50	40	35	35	30	20

接触斑点的检验方法比较简单，对大规格齿轮更有现实意义，因为对较大规格的齿轮副一般是在安装好的传动中检验。对成批生产的机床、汽车、拖拉机等中小齿轮，允许在啮合机上与精度齿轮啮合检验。

11.3.3　齿轮副侧隙及检验

齿轮副侧隙分圆周侧隙 j_t 和法向侧隙 j_n 两种。

圆周侧隙是指装配好的齿轮副，当工作齿面接触时，非工作齿面的圆周晃动量，如图 11-29（a）所示，以分度圆弧长计值。

法向侧隙是指安装好的齿轮副，当工作齿面接触时，非工作齿面之间的最小距离，如图 11-29（b）所示。

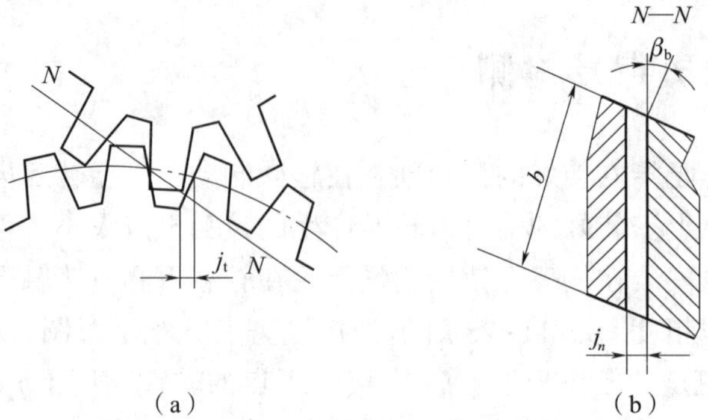

图 11-29 齿轮副侧隙

法向侧隙与圆周侧隙的关系为：

$$j_n = j_t \cos\beta_b \cos\alpha$$

式中 β_b——基圆上的螺旋角；

α——分度圆上的齿形角。

j_t、j_n是直接反映齿轮副侧隙状况的指标。j_n可用塞尺测量，也可以用上式换算而得。

11.3.4 中心距极限偏差

中心距极限偏差是指在齿轮副的齿宽中间平面内，实际中心距与公称中心距之差，用符号“$\pm f_a$”表示。齿轮副中心距的大小直接影响齿侧间隙的大小。在实际生产中，通常以齿轮箱体支撑孔中心距代替齿轮副中心距进行测量。表 11-4 所示为中心距极限偏差数值，供参考。

表 11-4 中心距极限偏差$\pm f_a$ μm

中心距 a/mm	齿轮精度等级	
	5，6	7，8
≥6~10	7.5	11
>10~18	9	13.5
>18~30	10.5	16.5
>30~50	12.5	19.5
>50~80	15	23
>80~120	17.5	27
>120~180	20	31.5
>180~250	23	36
>250~315	26	40.5
>315~400	28.5	44.5
>400~500	31.5	18.5

11.3.5　齿轮副切向综合误差

齿轮副切向综合误差 $\Delta f'_{ic}$（公差 F'_{ic}）是指装配好的齿轮副，在啮合转动足够的转数内，一个齿轮相对于另一个齿轮的实际转角与公称转角之差的总幅度值（见图 11-30），以分度圆弧长计。这里所说的足够多转数，是为了使一对齿轮在相对位置变化的全部周期中，让误差全部显示出来。

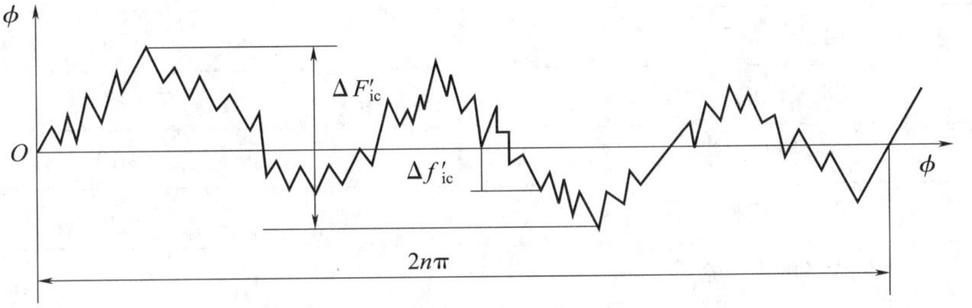

图 11-30　齿轮副切向综合误差曲线

11.4　渐开线圆柱齿轮精度标准

对于本节内容，要求掌握齿轮精度等级及其选择；会查用各项齿轮偏差数值；能根据生产情况合理选择齿轮偏差的检验组；了解齿轮副侧隙的评定指标及齿坯的精度含义；能够正确标注齿轮零件的各项精度要求。GB/T 10095.1—2008 和 GB/T 10095.2—2008 对齿轮规定了精度等级及各项偏差的允许值。

11.4.1　齿轮的精度等级与检测

最新国家标准对单个齿轮规定了 13 个精度等级，分别用阿拉伯数字 0，1，2，3，…，12 表示。其中，0 级精度等级最高，12 级精度等级最低。其中 5 级精度为基本等级，是计算其他等级偏差允许值的基础。0~2 级目前加工工艺尚未达到标准要求，是为了将来发展而规定的特别精密的齿轮等级；3~5 级为高精度齿轮等级；6~8 级为中等精度齿轮等级；9~12 级为低精度（粗糙）齿轮等级。

各级常用精度的各项偏差的数值可查国家标准 GB/T 10095.1—2008《圆柱齿轮 精度制 第 1 部分：轮齿同侧齿面偏差的定义和允许值》和 GB/T 10095.2—2008《圆柱齿轮 精度制 第 2 部分：径向综合偏差与径向跳动的定义和允许值》。

在确定齿轮精度等级时，主要依据齿轮的用途、使用要求和工作条件。选择齿轮精度等级的方法有计算法和类比法，一般主要用类比法选择。类比法是根据以往产品设计、性能试验、使用过程中所累积的经验以及较可靠的技术资料进行对比，从而确定齿轮的精度等级。表 11-5 所示为各种机械采用的齿轮精度等级，可供参考。

表 11-5 各类机械采用的齿轮精度等级

应用范围	精度等级
测量齿轮	2~5
汽轮机减速器	3~6
金属切削机床	3~8
内燃机车与电力机车	6~7
轻型汽车	5~8
重型汽车	6~9
航空发动机	3~7
拖拉机	6~10
一般用途的减速器	6~9
轧钢设备的小齿轮	6~10
矿山绞车	8~10
起重机	7~10
农业机械	8~11

在机械传动中应用最多的齿轮既传递运动又传递动力，其精度等级与圆周速度密切相关，因此可计算出齿轮的最高圆周速度，然后根据圆周速度参考表 11-6 来确定齿轮的精度等级。

表 11-6 齿轮精度等级的选用

精度等级	圆周速度/（$m\cdot s^{-1}$）		面的终加工	工作条件
	直齿	斜齿		
3 级	到 40	到 75	特精密的磨削和研齿；用精密滚刀或单边剃齿后大多数不经淬火的齿轮	要求特别精密的或在最平稳且无噪声的特别高速条件下工作的齿轮传动；特别精密机构中的齿轮；特别高速传动；检测 5~6 级齿轮用的测量齿轮
4 级	到 35	到 70	精密磨齿；用精密滚刀和挤齿或单边剃齿后的大多数齿轮	特别精密分度机构中或在最平稳且无噪声的极高速条件下工作的齿轮颤动；特别精密分度机构中的齿轮；高速透平传动；检测 7 级齿轮用的测量齿轮
5 级	到 20	到 40	精密磨齿；大多数用精密滚刀加工，进而挤齿或剃齿的齿轮	精密分度机构中或要求极平稳且无噪声的高速工作的齿轮传动；精密机构用齿轮；透平齿轮；检测 8~9 级齿轮用的测量齿轮
6 级	到 15	到 30	精密磨齿或剃齿	要求最高效率且无噪声的高速条件下平稳工作的齿轮传动；特别重要的航空、汽车齿轮、读数装置用特别精密传动的齿轮

续表

精度等级	圆周速度/（m·s⁻¹）		面的终加工	工作条件
	直齿	斜齿		
7 级	到 10	到 15	无须热处理仅用精确刀具加工的齿轮；淬火齿轮必须精整加工（磨齿、挤齿、剃齿等）	减速或增速用齿轮传动；金属切削机床递刀机构用齿轮；高速减速器用齿轮；航空、汽车用齿轮；读数装置用齿轮
8 级	到 6	到 10	不磨齿，不必光整加工或对研	无须特别精密的一般机械制造用齿轮：在分度链中的机床传动齿轮；飞机、汽车制造业中的不重要齿轮；起重机构用齿轮；农业机械中的重要齿轮。通用减速器齿轮
9 级	到 2	到 4	无须特殊光整工作	用于粗糙工作的齿轮

11.4.2　齿轮副侧隙的选择及计算

1. 有关侧隙的规定

齿轮副侧隙是装配好的齿轮副，当工作齿面接触时，非工作齿面之间的最小距离。它的大小主要取决于齿厚和中心距。当中心距不能调整时，就应减薄齿厚。在 GB/T 10095—2008 中，对每一种精度等级只规定了一种中心距极限偏差，因此侧隙的大小主要取决于齿厚，这种侧隙体制称为“基中心距制”。

因为侧隙用减薄齿厚来获得，所以可用齿厚极限偏差来控制侧隙的大小。国家标准中规定了 14 种齿厚极限偏差代号，用 14 个大写英文字母表示，每种代号所表示的齿厚极限偏差值为该代号所对应的系数与齿距极限偏差的乘积，如图 11-31 所示。选取其中两个字母组

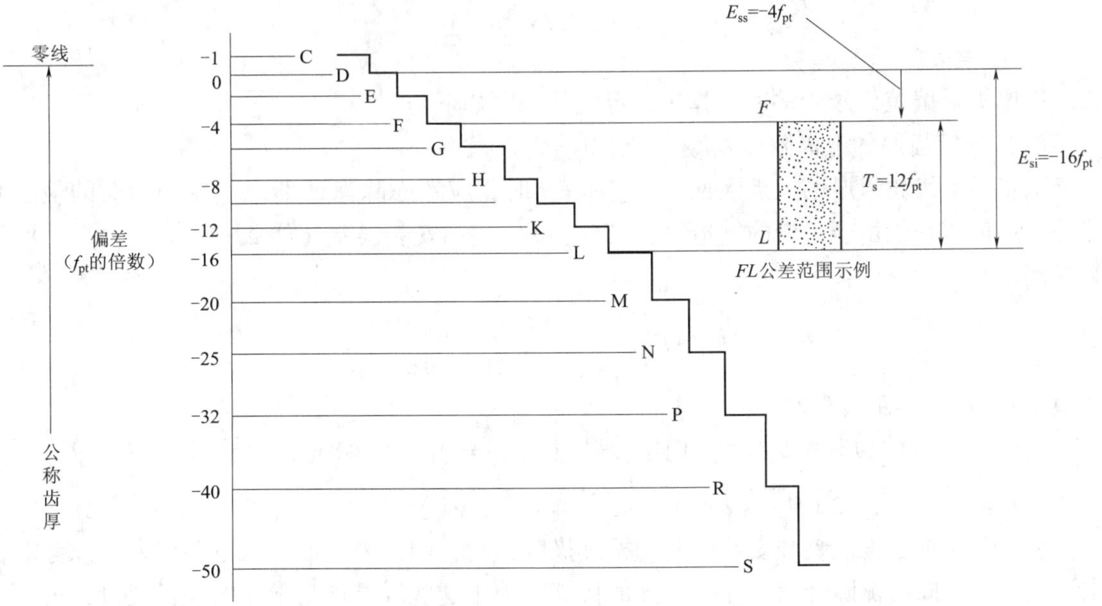

图 11-31　14 种齿厚极限偏差

成侧隙代号，前一个字母表示齿厚上极限偏差，后一个字母表示齿厚下极限偏差。

GB/T 10095—2008 规定，当所选的极限偏差超过图 11－31 所列代码时，允许自行规定。

2. 最小法向侧隙的确定

齿轮的最小法向侧隙是保证齿轮正常储油和补偿材料变形所需的间隙大小。

1）考虑正常润滑条件所需的法向侧隙 j_{bn2} 取决于齿轮的圆周速度和润滑方式，可参考表 11－7。

表 11－7　j_{bn2} 推荐值

润滑方式	圆周速度/（$m\cdot s^{-1}$）			
	≤10	>10～25	>25～60	>60
喷油润滑	$0.01m_n$	$0.02m_n$	$0.03m_n$	$(0.03-0.05)m_n$
油池润滑	$(0.005\sim0.01)m_n$			

2）为了补偿温升引起变形所需的最小侧隙 j_{bn1}，由下式计算：

$$j_{bn1}=a(\alpha_1\cdot\Delta t_1-\alpha_2\cdot\Delta t_2)\cdot 2\sin\alpha_n$$

式中　a——齿轮副中心距，mm；

α_1，α_2——齿轮和箱体材料的线胀系数；

Δt_1，Δt_2——齿轮和箱体工作温度与标准温度 20 ℃之差；

α_n——齿轮法向啮合角，(°)。

3）最小法向侧隙 j_{bnmin} 应足以补偿齿轮工作时因温度升高而引起的变形，以保证正常润滑。

齿轮副的最小法向侧隙应为：

$$j_{bnmin}=j_{bn1}+j_{bn2}$$

3. 齿厚极限偏差的确定

齿厚极限偏差代号通常用计算法确定，其步骤如下：

(1) 确定齿厚的上极限偏差

确定两个齿轮齿厚的上极限偏差 E_{ss1} 和 E_{ss2} 时，应考虑除保证形成齿轮副所需的最小侧隙外，还需要补偿由于齿轮的制造（如 Δf_{pb}、ΔF_b）和安装误差（如 Δf_{pa}、Δf_{px}、Δf_{py}）所引起的侧隙减少量，即：

$$E_{ss1}+E_{ss2}=-\left(2f_a\tan\alpha_n+\frac{j_{nmin}+J_n}{\cos\alpha_n}\right)$$

式中　f_a——中心距极限偏差；

f_n——除 Δf_a 以外，齿轮的加工误差和安装误差引起的侧隙减少量；

$J_n=\sqrt{f_{pb1}^2+f_{pb2}^2+2\,(F_\beta\cos\alpha_n)^2+(f_x\sin\alpha_n)^2+(f_y\cos\alpha_n)^2}$。

上式中各项加工误差和安装误差均按其极限情况，即按公差或极限偏差代入，并考虑各项误差计值方向与侧隙计值方向不一致的换算。由于这些误差均为独立的随机变量，故按平方和合成。

因 $f_x=f_\beta$，$f_y=0.5F_\beta$，当 $\alpha_n=20°$时，上式可简化为：

$$J_n=\sqrt{f_{pb1}^2+f_{pb2}^2+2.104F_\beta^2}$$

求出两个齿轮齿厚上极限偏差之和，便可将此值分配给两个齿轮。一般为等值分配，即设 $E_{ss1}=E_{ss2}=E_{ss}$，则：

$$E_{ss}=\frac{E_{ss1}+E_{ss2}}{2}$$

如果采用不等值分配，一般大齿轮的齿厚减薄量略大于小齿轮，以尽量避免削弱小齿轮轮齿的强度。

（2）确定齿厚公差 T_s和齿厚下极限偏差 E_{si}

齿厚公差由齿圈径向跳动公差 F_r和切齿时径向进刀公差 b_r两项组成，将它们按随机误差合成，如下式所示。

$$T_s=2\tan\alpha_n\sqrt{F_r^2+b_r^2}$$

b_r的大小根据表 11-2 来确定。

齿厚下极限偏差 E_{si}由下式计算而得。

$$E_{si}=E_{ss}-T_s$$

（3）确定齿厚极限偏差代号

将上面计算的 E_{ss}、E_{si}分别除以齿距极限偏差 f_{pt}，根据其商并圆整从图 11-31 中选取相应的代号。

4. 公法线平均长度极限偏差

大模数齿轮在生产中通常测量齿厚；中、小模数齿轮在批量生产中，一般以测量公法线的长度来代替测量齿厚。可用公法线平均长度的极限偏差来代替齿厚极限偏差标注在图样上。公法线平均长度上、下极限偏差及公差（E_{wms}、E_{wmi}、T_{wm}）与齿厚上、下极限偏差及公差（E_{ss}、E_{si}、T_s）的换算关系如下：

对于外齿轮：

$$E_{wms}=E_{ss}\cos\alpha_n-0.72F_r\sin\alpha_n$$
$$E_{wmi}=E_{si}\cos\alpha_n+0.72F_r\sin\alpha_n$$
$$T_{wn}=T_s\cos\alpha_n-1.44F_r\sin\alpha_n$$

对于内齿轮：

$$E_{wms}=-E_{si}\cos\alpha_n-0.72F_r\sin\alpha_n$$
$$E_{wmi}=-E_{ss}\cos\alpha_n+0.72F_r\sin\alpha_n$$

用计算法确定齿厚的上、下极限偏差代号比较麻烦，对一般的传动齿轮，也可参考《机械设计手册》用类比法确定。

11.4.3　齿轮精度和表面粗糙度选择与齿轮精度标注

由于齿坯的内孔、顶圆和端面通常作为齿轮的加工、测量和装配的基准，齿坯的加工精度对齿轮加工的精度、测量准确度、安装精度影响很大，所以在一定的条件下，用控制齿坯精度来保证和提高齿轮加工精度是一项积极措施。

齿坯是指轮齿在加工前供制造齿轮用的工件。齿坯的尺寸偏差和几何误差直接影响齿轮的加工和检验，影响齿轮副的接触和运行，因此必须加以控制。齿坯公差包括齿轮内孔（或齿轮轴的轴颈）、齿顶圆和端面的尺寸公差、几何公差及各表面的粗糙度要求等。

齿轮内孔或轴颈常作为加工、测量和安装基准，按齿轮精度等级对它们的尺寸和形状提出了一定的精度要求。

齿顶圆在加工时也常作为安装基准使用，尤其是单件生产或生产尺寸较大的齿轮时，或把齿顶圆作为测量基准使用（如测量齿厚时），而使用时又以内孔或轴颈为基准，这种基准不一致就会影响传动质量，故对齿顶圆直径及其相对于内孔或轴颈都提出了一定的几何公差的要求。加工时，端面也常作为定位基准，若其与孔心线不垂直就会产生齿向误差，所以也要提出一定的位置要求。图 11-32 和图 11-33 所示分别为两种常用的齿轮结构形式，在此给出其尺寸公差（见表 11-8）、几何公差的给定方法供参考。

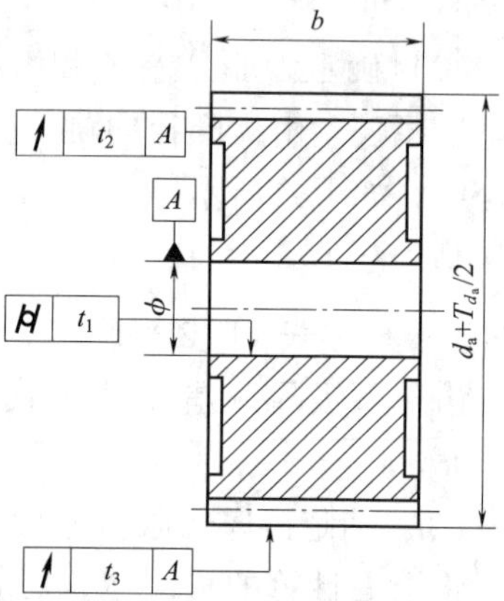

图 11-32　用一个“长”基准面确定基准轴线

图 11-32 中是用一个“长”基准面（内孔）确定基准轴线的例子。内孔的尺寸精度根据与轴的配合性质要求确定。内孔圆柱度公差 t_1 取 $0.004\frac{L}{b}F_{\beta}$ 和 $0.1F_{p}$ 两者中的较小值（L 为支承该齿轮的较大的轴承跨距）。齿轮基准端面圆跳动公差 t_2 和齿顶圆径向圆跳动公差 t_3 可参考表 11-9。

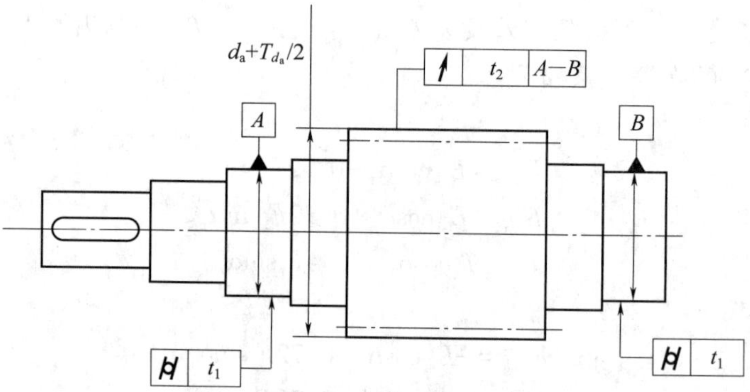

图 11-33　用两个“短”基准面确定基准轴线

表 11-8　齿坯尺寸公差

齿轮精度等级		5	6	7	8	9	10	11	12
孔	尺寸公差	IT5	IT6	IT7		IT8		IT9	
轴	尺寸公差	IT5		IT6		IT7		FIT8	
顶圆直径偏差		$\pm0.05m_n$							

表 11-9　齿坯径向和端面圆跳动公差　μm

分度圆直径 d/mm	齿轮精度等级			
	3~4	5~6	7~8	9~10
至 125	7	11	18	28
>125~400	9	14	22	36
>400~800	12	20	32	50
>800~1 600	18	28	45	71

齿顶圆直径偏差对齿轮重合度及齿轮顶隙都有影响，有时还作为测量、加工的基准，因此也要给出公差，一般可以按±0. 05 mm 给出。图 11-33 中是用两个“短”基准面确定基准轴线的例子。左右两个短圆柱面是与轴承的配合面，其圆度公差 t_1 取 0. 004（L/b）F_β 和 0. 1F_p 两者中的较小值。齿顶圆径向圆跳动公差 t_2 按表 11-9 查取，顶圆直径偏差取±0. 05 mm。

齿面表面粗糙度推荐极限值可参考表 11-10。

表 11-10　齿面表面粗糙度推荐极限值　μm

齿轮精度等级	*Ra*		*Rz*	
	$m_n<6$	$6 \leqslant m_n \leqslant 25$	$m_n<6$	$6 \leqslant m_n \leqslant 25$
3	—	0. 16	—	1. 0
4	—	0. 32	—	2. 0
5	0. 5	0. 63	3. 2	4. 0
6	0. 8	1. 00	5. 0	6. 3
7	1. 25	1. 60	8. 0	10
8	2. 0	2. 5	12. 5	16
9	3. 2	4. 0	20	25
10	5. 0	6. 3	32	40

齿轮各基准面的表面粗糙度 *Ra* 推荐值可参考表 11-11。

表 11-11　齿轮各基准面的表面粗糙度 *Ra* 推荐值

项目	齿轮精度等级						
	5	6	7		8	9	
齿面加工方法	磨齿	磨或珩齿	剃或珩齿	精滚精插	插齿或滚齿	滚齿	铣齿
齿轮基准孔	0. 32~0. 63	1. 25	1. 25~2. 5		5		
齿轮轴基准轴颈	0. 32	0. 63	1. 25		2. 5		
齿轮基准端面	1. 25~2. 5	2. 5~5			3. 2~5		
齿轮顶圆	1. 25~2. 5	3. 2~5					

习题

1. 齿轮传动有哪些使用要求？当齿轮的用途和工作条件不同时，其要求的侧重点有何不同？

2. 切向综合偏差有什么特点和作用？
3. 径向综合偏差（或径向跳动）与切向综合偏差有何区别？用于什么场合？
4. 齿轮精度等级的选择主要有哪些方法？
5. 如何考虑齿轮的检验项目？单个齿轮有哪些必检项目？
6. 齿轮副的精度项目有哪些？
7. 齿轮副侧隙的确定主要有哪些方法？齿厚极限偏差如何确定？
8. 对齿坯有哪些精度要求？
9. 齿厚上、下极限偏差如何确定？
10. 公法线长度上、下极限偏差如何确定？

参考文献

[1] 王金武.互换性与测量技术[M].2版.北京:中国农业出版社,2013.
[2] 王伯平.互换性与技术测量基础[M].4版.北京:机械工业出版社,2013.
[3] 周玉凤.互换性与技术测量[M].北京:清华大学出版社,2008.
[4] 刘金华,谭湘夫.互换性与测量技术基础[M].北京:化学工业出版社,2013.
[5] 黄茂林.机械原理[M].2版.北京:机械工业出版社,2013.
[6] 张春林.机械原理(英汉双语)[M].北京:机械工业出版社,2014.
[7] 张玉.几何量公差与测量技术[M].3版.沈阳:东北大学出版社,2006.
[8] 王晓方,等.互换性与技术测量[M].北京:中国轻工业出版社,2015.
[9] 周彩荣.互换性与测量技术[M].北京:机械工业出版社,2011.
[10] 徐茂功.公差配合与技术测量[M].北京:机械工业出版社,2008.